普通高等学校"十四五"规划新形态一体化教材
军队院校军士数学系列通用教材

GAODENG SHUXUE

高等数学

■ 主　编／廖毕文　青山良
■ 副主编／张　敏　曲　晨　蔡　威
　　　　　郎　冰　孟明强
■ 编　者／（按姓氏笔画排序）
　　　　　刘希军　孙梅慈　肖　峰
　　　　　宋　娜　张　宇　张晓洁
　　　　　陈　霞　苑婷婷　郑和柏
　　　　　徐　兵　柴春红

U0172591

华中科技大学出版社
http://press.hust.edu.cn
中国·武汉

内 容 提 要

本书是为了适应军队新军事革命、转型和军士职业技术教育的发展,依据军队院校军士大专的教学基本要求,充分考虑军士学员的文化基础现状和认知特点,由陆军工程大学军械士官学校、通信士官学校、石家庄校区、训练基地和空军通信士官学校、空军工程大学航空机务士官学校、陆军特种作战学院等七所院校的资深数学教师合作编写而成的.本书具有逻辑结构清晰、叙述通俗易懂、呈现直观形象并融入建模思想、渗透人文精神、培养数学意识、立足能力培养、突出军事应用等特点.本书内容包括函数、极限与连续、微分学及其应用、积分学及其应用、常微分方程、无穷级数等 6 章内容,并附 MATLAB 数学实验、拓展阅读及习题.另外,本书配有免费的电子教学课件、习题答案等电子资源.

本书是面向军队院校职业技术教育军士大专的数学教材,也可供高职高专院校工程技术、光电、机电等专业学生参考使用.

图书在版编目(CIP)数据

高等数学/廖毕文,青山良主编.—武汉:华中科技大学出版社,2023.7(2024.3 重印)
ISBN 978-7-5680-9668-3

Ⅰ.①高… Ⅱ.①廖… ②青… Ⅲ.①高等数学-军事院校-教材 Ⅳ.①O13

中国国家版本馆 CIP 数据核字(2023)第 126864 号

高等数学 廖毕文 青山良 主编
Gaodeng Shuxue

策划编辑:王汉江 周芬娜
责任编辑:王汉江
封面设计:原色设计
责任监印:周治超
出版发行:华中科技大学出版社(中国·武汉) 电话:(027)81321913
　　　　　武汉市东湖新技术开发区华工科技园 邮编:430223
录　排:武汉市洪山区佳年华文印部
印　刷:武汉市首壹印务有限公司
开　本:787mm×1092mm 1/16
印　张:15
字　数:469 千字(含网络资源 96 千字)
版　次:2024 年 3 月第 1 版第 3 次印刷
定　价:52.00 元

华中出版

前　　言

随着新军事革命和转型发展以及新制定的《军士职业发展管理暂行规定》的发布施行,军队对军士队伍职业化建设、专业化培养、精确化管理提出了新的更高要求,军士在军队的地位和作用更加突出,军士教育也进一步得到重视和发展. 定位于职业技术教育的军士教育,其培养目标体现在对学员技能和综合素质的培养上. 不仅如此,随着我军士兵学历的提升和院校智慧教学的实施,军士学员"高等数学"的教学目标也发生了根本性的改变,除了作为专业知识学习的必要基础和运算工具,更侧重于对学员的思维训练、智慧启迪、能力培养和素质提高. 编者在坚持国家关于理工科类同等学历层次的"高等数学"课程教学内容标准的基础上,立足新的教学目标,根据多年的军士教学经验,充分考虑军士学员的文化基础和学习特点,编写了本教材.

本教材主要特点有以下四点:

一是在内容选取上,依据教育部对高职高专学生的知识要求"必需,够用"的原则,充分考虑新的教学目标和军士学员的知识基础,强化概念理解、适度理论论证、弱化计算技巧、突出实际应用、引入数学实验、渗透建模思想.

二是在内容的呈现上,强调适合军士学员的认知特点,文字叙述通俗易懂,大量采用数据、图象等直观手段解释相关理论,减少学员学习障碍,突出"军味",尽可能通过军事应用强化学员的学习兴趣和职业认同. 在习题编排上,由易到难,层次分明,以适应军士学员的基础差异和可能的分层教学需求.

三是在内容结构上采用模块式结构.本书内容分为函数、极限与连续、微分学及其应用、积分学及其应用、常微分方程、无穷级数等六个模块,不同专业可依据人才培养方案和课程教学计划,考虑学时安排,灵活选用教学内容(略有超过大纲要求的内容为楷体呈现,各节中难度较大的例题、习题标有"＊"号).

四是在内容的辅助上采用了信息技术.每节内容配有电子教学课件,每章习题配有答案,通过扫描相应的二维码查看.

本书由廖毕文、青山良任主编,张敏、曲晨、蔡威、郎冰、孟明强任副主编,全军数学联席会前总召集人、空军工程大学教授李炳杰任主审. 刘希军、孙梅慈、肖峰、宋娜、张宇、张晓洁、陈霞、苑婷婷、郑和柏、徐兵、柴春红等参与编写.

在本教材编写过程中,参考了部分国内外教材,得到了学校领导和相关部门的大力支持,也获得了同行的指导,在此一并表示感谢. 由于作者水平有限,书中难免有疏漏之处,敬请广大读者批评指正.

编　者
2023 年 6 月

目　　录

第1章 函　　数

在自然界和人类社会,运动与变化无处不在,因而刻画这种运动与变化的量与量之间的依赖关系也就无处不在.数学上,我们通常用函数模型来描述这种依赖关系,并通过研究函数的性质,了解它们的变化规律.

本章首先给出集合的概念、函数的概念与性质,然后深入讨论基本初等函数的性质和应用,最后介绍初等函数的概念和类型.

1.1 集　　合

本节课件

集合是现代数学中最基本的概念之一,它广泛运用于数学的各个领域. 在日常生活、生产和学习中,常常也会遇到集合的问题. 本节学习集合的基本概念、集合之间的关系及集合的运算.

1.1.1 集合的基本概念

1. 集合与元素

在现实生活和数学中,常常需要把一些对象作为一个整体来研究. 例如:

(1) 某连所有的战士;

(2) 某团所有的重机枪;

(3) 平面上所有的锐角三角形.

上述(1)中把某连每一名战士作为元素,这些元素的全体就是一个集合;同样地,(2)中把某团每一把重机枪作为元素,这些元素的全体也是一个集合.

一般地,我们把具有某种特定性质的对象组成的总体称为**集合**(也简称集),把组成集合的每个对象称为这个集合的**元素**(也称元).

对于给定的集合,它的元素必须是确定的. 也就是说,给定一个集合,那么任何一个元素在与不在这个集合中就是确定的了,这个性质是集合元素的**确定性**. 一个给定集合中的元素是互不相同的,这是集合元素的**互异性**. 也就是说,集合中的元素是不重复出现的. 集合中的元素没有排列次序上的要求,这是集合元素的**无序性**.

习惯上,我们通常用大写字母 $A,B,C,\cdots$ 表示集合,而用小写字母 $a,b,c,\cdots$ 表示集合的元素. 如果 a 是集合 A 的元素,就说 a 属于集合 A,记作"$a\in A$";如果 a 不是集合 A 的元素,就说 a 不属于集合 A,记作"$a\notin A$".

高等数学主要研究集合中的点集和数集两大类. 由点组成的集合称为**点集**,由数组成的集合称为**数集**. 常用的数集及其记法为:

(1) 全体非负整数组成的集合称为**非负整数集**(或**自然数集**),记作 **N**;

（2）所有正整数组成的集合称为**正整数集**，记作 $\mathbf{N}^*$ 或 $\mathbf{N}^+$；

（3）全体整数组成的集合称为**整数集**，记作 $\mathbf{Z}$；

（4）全体有理数组成的集合称为**有理数集**，记作 $\mathbf{Q}$；

（5）全体实数组成的集合称为**实数集**，记作 $\mathbf{R}$.

为方便起见，也用 $\mathbf{Q}^+$ 表示**正有理数集**，用 $\mathbf{R}^-$ 表示**负实数集**，等等. 如未做特殊说明，本教材所讨论数集均为实数集.

如果按集合中元素的个数来分，集合又可以分为**有限集合**和**无限集合**. 含有限个元素的集合称为**有限集**；含无限个元素的集合称为**无限集**. 只含一个元素的集合称为**单元素集**；不含任何元素的集合称为**空集**，记为 $\varnothing$. 如方程 $x^2+1=0$ 在实数范围内无解，故其解集为空集.

2. 集合的表示方法

集合最常见的表示方法有两种：列举法和描述法.

把属于某个集合的元素一一列举出来，元素之间用逗号分开，写在大括号内，这种表示集合的方法称为**列举法**.

注意：用列举法表示集合时，每个元素只能写一次，可以不考虑顺序. 例如，由数 1，2，3，4，5 组成的集合，可表示为 $\{1,2,3,4,5\}$，也可表示为 $\{2,3,1,4,5\}$，它们表示的是同一个集合.

把集合中元素所具有的共同性质描述出来，写在大括号内，这种表示集合的方法称为**描述法**. 用描述法表示集合的一般形式是

$$A=\{x \mid x \text{ 具有的性质}\},$$

其中，大括号内竖线左边的 x 是这个集合元素的一般表示形式，右边写的是该集合中元素所具有的共同特性.

例如：不等式 $2x-1>0$ 的解集可以表示为 $\{x \mid 2x-1>0\}$；圆 $x^2+y^2=9$ 上所有的点组成的集合可以表示为 $\{(x,y) \mid x^2+y^2=9, x\in\mathbf{R}, y\in\mathbf{R}\}$.

例 1 试分别用列举法和描述法表示下列集合.

（1）大于 6 小于 20 的偶数；

（2）不等式 $x^2-9\leqslant 0$ 的整数解.

解 （1）列举法可表示为

$$\{8,10,12,14,16,18\};$$

描述法可表示为

$$\{x \mid x=2n, 4\leqslant n\leqslant 9, n\in\mathbf{N}\}.$$

（2）列举法可表示为

$$\{-3,-2,-1,0,1,2,3\};$$

描述法可表示为

$$\{x \mid x^2-9\leqslant 0, x\in\mathbf{Z}\}.$$

1.1.2 集合之间的关系

1. 子集

对于 $A=\{1,3,5,7,9\}$，$B=\{1,5,7\}$，显然，集合 B 中所有元素都是集合 A 的元素.

一般地，对于两个集合 A 与 B，如果集合 B 中的元素都是集合 A 的元素，那么集合 B 就

叫做集合 A 的子集,记作

$$B\subseteq A\text{（或 }A\supseteq B\text{）},$$

读作"B 包含于 A"（或"A 包含 B"）.

在数集中,有以下包含关系:

$$\mathbf{N}\subseteq\mathbf{Z},\quad \mathbf{N}\subseteq\mathbf{Q},\quad \mathbf{R}\supseteq\mathbf{Z},\quad \mathbf{R}\supseteq\mathbf{Q}.$$

根据子集的定义可知,任何一个集合都是它本身的子集,即 $A\subseteq A$. 此外,规定空集是任何集合的子集,即 $\varnothing\subseteq A$.

2. 真子集

对于两个集合,如果 $B\subseteq A$,并且 A 中至少有一个元素不属于 B,那么集合 B 叫做集合 A 的真子集,记作

$$B\subset A\quad\text{（或 }A\supset B\text{）},$$

读作"B 真包含于 A"（或"A 真包含 B"）.

例如,$\{2\}\subset\{1,2,3\}$,$\{1,3\}\subset\{1,2,3\}$,$\{a,b,c\}\supset\{a,b\}$ 等.

显然,空集是任何非空集合的真子集.

例 2　写出集合 $\{2,3\}$ 的所有子集及真子集.

解　集合 $\{2,3\}$ 的所有子集是 $\varnothing$,$\{2\}$,$\{3\}$,$\{2,3\}$,其中 $\varnothing$,$\{2\}$,$\{3\}$ 是真子集.

3. 相等

对于集合 A 和 B,如果 $A\subseteq B$,同时 $B\subseteq A$,则称集合 A 与集合 B 相等,记作 $A=B$,读作"A 等于 B".

例如,$A=\{x\mid x^2+2x-3=0\}$,$B=\{1,-3\}$,则 $A=B$.

1.1.3　区间与邻域

1. 区间

介于两个实数之间的所有实数的集合称为**区间**,这两个实数称为区间的**端点**.

一般地,设 a,b 为任意两个实数,且 $a<b$,规定:

(1) 满足不等式 $a\leqslant x\leqslant b$ 的所有实数的集合 $\{x\mid a\leqslant x\leqslant b\}$ 称为**闭区间**,记作 $[a,b]$;

(2) 满足不等式 $a<x<b$ 的所有实数的集合 $\{x\mid a<x<b\}$ 称为**开区间**,记作 (a,b);

(3) 满足不等式 $a\leqslant x<b$ 的所有实数的集合 $\{x\mid a\leqslant x<b\}$ 称为**右开区间**,记作 $[a,b)$;

(4) 满足不等式 $a<x\leqslant b$ 的所有实数的集合 $\{x\mid a<x\leqslant b\}$ 称为**左开区间**,记作 $(a,b]$.

左开区间和右开区间统称为**半开区间**. 这些区间都可以在数轴上表示出来. 上述四种区间在数轴上表示如图 1.1.1 所示.

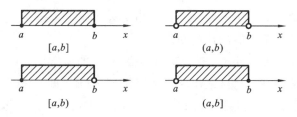

图 1.1.1

区间的长度为有限时,称为**有限区间**. 以上四种区间都是有限区间. 区间的长度为无限时,称为**无限区间**.

关于无限区间,有如下规定:

(1) 满足不等式 $x \geqslant a$ 的所有实数的集合 $\{x \mid x \geqslant a\}$,记作 $[a, +\infty)$;

(2) 满足不等式 $x > a$ 的所有实数的集合 $\{x \mid x > a\}$,记作 $(a, +\infty)$;

(3) 满足不等式 $x \leqslant b$ 的所有实数的集合 $\{x \mid x \leqslant b\}$,记作 $(-\infty, b]$;

(4) 满足不等式 $x < b$ 的所有实数的集合 $\{x \mid x < b\}$,记作 $(-\infty, b)$;

(5) 实数集 **R** 记作 $(-\infty, +\infty)$. 记号"∞"读作"无穷大",但它不是一个具体的数,只是一个记号,前面的"$+$"和"$-$"号表示方向. 例如,"$+\infty$"表示数在数轴上向正方向无限变大.

前四种情形在数轴上的表示如图 1.1.2 所示.

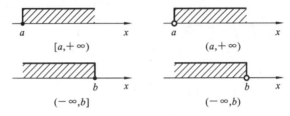

图 1.1.2

2. 邻域

设 $a, \delta \in \mathbf{R}$ 且 $\delta > 0$,称开区间 $(a - \delta, a + \delta) = \{x \mid |x - a| < \delta\}$ 为点 a 的 δ **邻域**,记为 $U(a, \delta)$. a 称为邻域的中心,δ 称为邻域的半径. $U(a, \delta)$ 在数轴上表示与点 a 的距离小于 δ 的一切点 x 的集合,如图 1.1.3 所示.

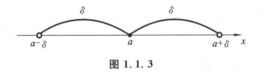

图 1.1.3

如果去掉邻域的中心,称为点 a 的**去心 δ 邻域**,记作 $\mathring{U}(a, \delta)$,即

$$\mathring{U}(a, \delta) = \{x \mid 0 < |x - a| < \delta\}.$$

当不需要指明邻域的半径时,可以简单地用 $U(a)$ 或 $\mathring{U}(a)$ 表示点 a 的邻域或去心邻域.

1.1.4　集合的运算

1. 交集

设集合 $A = \{1, 2, 3, 4, 5\}$,$B = \{1, 3, 4, 6\}$,由集合 A 和集合 B 中所有公共元素组成的集合 $C = \{1, 3, 4\}$ 称为集合 A 和集合 B 的交集.

一般地,设 A 和 B 是两个集合,既属于 A 又属于 B 的所有元素组成的集合称为 A 与 B 的**交集**,记作 $A \cap B$,读作"A 交 B",即

$$A \cap B = \{x \mid x \in A \text{ 且 } x \in B\}.$$

集合 A 与集合 B 的交集可用图 1.1.4 中阴影部分表示.

由交集的定义容易得出,对于任何集合 A 与 B,都有

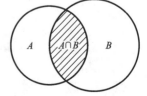

图 1.1.4

$$A \cap A = A, \quad A \cap \varnothing = \varnothing, \quad A \cap B = B \cap A.$$

例 3 设 $A = \{x \mid x > -2\}, B = \{x \mid x \leqslant 3\}$，求 $A \cap B$.

解 集合 A 在数轴上表示如图 1.1.5(a)所示，集合 B 在数轴上表示如图 1.1.5(b)所示，集合 $A \cap B$ 在数轴上表示如图 1.1.5(c)所示，即

$$A \cap B = \{x \mid x > -2\} \cap \{x \mid x \leqslant 3\} = \{x \mid -2 < x \leqslant 3\}.$$

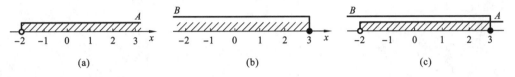

图 1.1.5

例 4 设 $A = \{(x, y) \mid 2x - 3y = 1\}, B = \{(x, y) \mid x + y = 3\}$，求 $A \cap B$.

解 $A \cap B = \{(x, y) \mid 2x - 3y = 1 \text{ 且 } x + y = 3\}$

$$= \left\{(x, y) \,\middle|\, \begin{cases} 2x - 3y = 1 \\ x + y = 3 \end{cases}\right\} = \{(2, 1)\}.$$

例 5 已知 $A = \{2, 5, a^2 - a + 1\}, B = \{3, 7\}$，且 $A \cap B = \{7\}$，求实数 a.

解 因为 $A \cap B = \{7\}$，所以 $a^2 - a + 1 = 7$，解得 $a = -2$ 或 $a = 3$.

2. 并集

设集合 $A = \{1, 2, 3, 4, 5\}, B = \{3, 4, 5, 6\}$，由集合 A 和集合 B 的所有元素合并在一起组成的集合 $C = \{1, 2, 3, 4, 5, 6\}$ 称为集合 A 与集合 B 的并集.

一般地，设 A 和 B 是两个集合，把 A 和 B 的所有元素合并在一起组成的集合，称为 A 与 B 的**并集**，记作 $A \cup B$，读作"A 并 B"，即

$$A \cup B = \{x \mid x \in A \text{ 或 } x \in B\}.$$

集合 A 与 B 的并集可用图 1.1.6 中阴影部分表示.

由并集的定义容易得出，对于任何集合 A 与 B，都有

$$A \cup A = A, \quad A \cup \varnothing = A, \quad A \cup B = B \cup A.$$

例 6 设 $A = \{1, 5, 7, 8\}, B = \{4, 5, 6, 8\}$，求 $A \cup B$.

图 1.1.6

解 $A \cup B = \{1, 5, 7, 8\} \cup \{4, 5, 6, 8\} = \{1, 4, 5, 6, 7, 8\}$.

例 7 设 $A = \{x \mid -2 < x < 1\}, B = \{x \mid 0 < x \leqslant 2\}$，求 $A \cup B$.

解 在数轴上集合 A, B 的表示如图 1.1.7 所示，其中阴影部分为 $A \cup B$，即

$$A \cup B = \{x \mid -2 < x < 1\} \cup \{x \mid 0 < x \leqslant 2\} = \{x \mid -2 < x \leqslant 2\}.$$

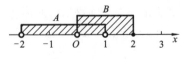

图 1.1.7

例 8 已知集合 $M = \{x \mid x^2 < 4\}, N = \{x \mid x^2 - 2x - 3 < 0\}$，求 $M \cap N, M \cup N$.

解 解不等式 $x^2 < 4$，得 $-2 < x < 2$，所以

$$M = \{x \mid x^2 < 4\} = \{x \mid -2 < x < 2\}.$$

解不等式 $x^2 - 2x - 3 < 0$，得 $-1 < x < 3$，所以

$$N=\{x\,|\,x^2-2x-3<0\}=\{x\,|-1<x<3\}.$$

因此 $M\cap N=\{x\,|-1<x<2\}$, $M\cup N=\{x\,|-2<x<3\}$.

3. 全集与补集

如果一个集合含有我们所研究问题中涉及的所有元素,那么就称这个集合为**全集**,通常用符号 S,U,I 来表示. 例如,在实数范围内讨论问题时,可以把实数集 **R** 看作全集,那么有理数集,无理数集都是全集 R 的子集.

一般地,设 U 为全集, A 为 U 的子集,由 U 中所有不属于 A 的元素组成的集合,称为集合 A 在集合 U 中的补集,记作 $\complement_U A$,读作"A 补",即

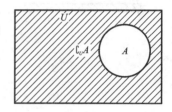

$$\complement_U A=\{x\,|\,x\in U\text{ 且 }x\notin A\}$$

图 1.1.8 中的阴影部分表示集合 A 在集合 U 中的补集.

由补集定义易知,对于全集 U 中的任意集合 A,有

$$A\cup\complement_U A=U,\quad A\cap\complement_U A=\varnothing,\quad \complement_U(\complement_U A)=A.$$

图 1.1.8

注意　补集是相对全集而言的,同一个集合,若所取的全集不同,则它的补集也不同.

例 9　设 $U=\{1,2,3,4,5,6\}$, $A=\{1,2,3\}$, $B=\{2,3,4,5\}$,求 $\complement_U A$, $\complement_U B$, $\complement_U A\cap\complement_U B$, $\complement_U A\cup\complement_U B$.

解　$\complement_U A=\{4,5,6\}$, $\complement_U B=\{1,6\}$, $\complement_U A\cap\complement_U B=\{6\}$, $\complement_U A\cup\complement_U B=\{1,4,5,6\}$.

例 10　在实数 **R** 范围内,设 $A=\{x\,|\,x>0\}$, $B=\{x\,|-1<x<2\}$,求 $\complement_{\mathbf{R}} A$, $\complement_{\mathbf{R}} B$.

解　$\complement_{\mathbf{R}} A=\{x\,|\,x\leqslant 0\}$, $\complement_{\mathbf{R}} B=\{x\,|\,x\leqslant-1\text{ 或 }x\geqslant 2\}$.

1.2　函　　数

本节课件

17 世纪初,人们在天文、航海等运动的研究中发现不同的变量之间会有一定的依赖关系,经过逐步的探索,这种变量之间的依赖关系在实际应用中大量存在,最后由数学家莱布尼茨定义这种关系为函数.

1.2.1　函数的概念

1. 函数的定义

定义 1.2.1　设非空数集 D、Y,对于集合 D 中的变量 x 的每一个值,按照某个确定的对应关系 f,在集合 Y 中都有唯一确定的 y 值和它对应,则称 f 为从集合 D 到集合 Y 的一个函数,记为 $f:D\rightarrow Y$,通常简记为

$$y=f(x),\quad x\in D.$$

数集 D 称为函数的**定义域**, x 称为**自变量**, y 称为**因变量**. 与 x_0 对应的 y 的值称为**函数值**,记为 $f(x_0)$;全体函数值的集合 $R_f=\{y\,|\,y=f(x),x\in D\}$ 称为函数的**值域**.

例如,圆的面积 A 与半径 r 之间的关系为

$$A=\pi r^2,$$

这里 π 为**常量**(称为**圆周率**).

再如,空军某团接到上级命令,今晚战机执行巡航任务.设战机从开始滑跑($t=0$)到起飞阶段做匀加速直线运动,其加速度为 a,则此阶段路程 s 与时间 t 的关系表示为

$$s=\frac{1}{2}at^2.$$

根据函数的定义,函数的值域是由函数的定义域和对应关系所确定的,因此,函数的定义域和对应关系是确定函数的两个要素.当且仅当两个函数的定义域和对应关系都相同时,两个函数才是同一函数.例如,$y=|x|$ 与 $y=\sqrt{x^2}$ 就是同一函数;而 $y=x-3$ 与 $y=\dfrac{x^2-9}{x+3}$ 就不是同一函数,因为前者的定义域为 $x\in\mathbf{R}$,而后者的定义域为 $\{x\,|\,x\in\mathbf{R}$ 且 $x\neq-3\}$.

例 1 已知函数 $f(x)=x^2+x+1$,求:

(1) $f(-2)$,$f(0)$; (2) $f(a)$,$f(b^2)$; (3) $f(x+1)$.

解 (1) $f(-2)=(-2)^2+(-2)+1=3$, $f(0)=0^2+0+1=1$;

(2) $f(a)=a^2+a+1$, $f(b^2)=(b^2)^2+b^2+1=b^4+b^2+1$;

(3) $f(x+1)=(x+1)^2+(x+1)+1=x^2+2x+1+x+2=x^2+3x+3$.

例 2 设 $f(x)=1+x^2$,求 $f[f(x)]$.

解 因为 $f(x)=1+x^2$,所以

$$f[f(x)]=1+[f(x)]^2=1+(1+x^2)^2=x^4+2x^2+2.$$

2. 函数的定义域

函数的定义域通常指使得函数表达式有意义的自变量 x 的集合,确定函数定义域的原则如下:

(1) 分式函数的分母不能等于零;

(2) 偶次根式的被开方数大于等于零;

(3) 对数函数的底数大于零且不等于 1,真数大于零;

(4) 反三角函数 $\arcsin()$、$\arccos()$ 的括号部分的绝对值小于等于 1;

(5) 三角函数 $\tan()$、$\cot()$ 的括号部分分别不能等于 $n\pi+\dfrac{\pi}{2}$,$n\pi(n=0,\pm1,\pm2,\cdots)$.

说明:若函数由多个部分构成,则该函数的定义域是各部分定义域的交集.

例 3 求下列函数的定义域:

(1) $f(x)=\dfrac{1}{x^2+3x+2}$; (2) $f(x)=\sqrt{x+2}+\dfrac{1}{x-1}$.

解 (1) 要使函数有意义,则 $x^2+3x+2\neq0$,即

$$x^2+3x+2=(x+2)(x+1)\neq0,$$

所以 $x\neq-2$ 且 $x\neq-1$,故函数的定义域为

$$(-\infty,-2)\cup(-2,-1)\cup(-1,+\infty).$$

(2) 要使 $f(x)=\sqrt{x+2}+\dfrac{1}{x-1}$ 有意义,必须使 $x+2\geqslant0$ 和 $x-1\neq0$ 同时成立,即

$$\begin{cases}x\geqslant-2,\\x\neq1,\end{cases}$$

所以 $f(x)$ 的定义域为 $[-2,1)\cup(1,+\infty)$.

对于描述实际问题的函数,其定义域是使实际问题有意义的自变量的全体.

例 4　在军事作战中,一枚常规导弹发射后,经过 26 s 落到地面击中目标,炮弹的竖直初速度为 130 m/s,求炮弹距地面高度 h 随时间 t 的变化规律.

解　由题意得,炮弹距地面高度 h 随时间 t 的变化规律为

$$h = 130t - 5t^2, \quad t \in [0, 26].$$

3. 函数的表示方法

表示函数常用的方法有**解析法**、**表格法**和**图象法**三种.

(1) 解析法:就是用数学式子表示函数关系. 例如,圆的面积 A 与半径 r 之间的关系由解析式 $A = \pi r^2$ 表示.

(2) 表格法:就是将自变量的一系列取值和对应函数值列成表格的形式进行表示. 例如,表 1.2.1 表示了某公司上半年的每月 t 与当月利润 Q(亿元)的函数关系.

表 1.2.1

月份(t)	1	2	3	4	5	6
利润(Q)	22.2	23.5	23.8	26.1	25.7	24.2

(3) 图象法:就是在坐标系中,用曲线来反映函数关系,方法直观. 例如,图 1.2.1 是某地某一天的气温 T 用自动记录仪记录的气温变化曲线,反映了与气温 T 时刻 t 之间的依赖关系.

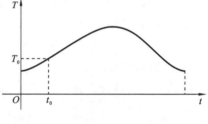

图 1.2.1

三种表示法的优缺点比较如下.

解析法:一是简明、精确地概括了变量间的关系;二是可以通过公式求出自变量任何一个值所对应的函数值. 中学阶段所研究的主要是用公式表示的函数,但是函数的性质不够直观.

表格法:不需要计算就可以直接看出与自变量相对应的函数值,简洁明了,但这种表达函数关系仅适用于自变量为取值有限个数的情况.

图象法:直观形象地表示自变量与因变量的变化趋势,不便于函数关系的研究.

1.2.2　反函数

函数 $y = f(x)$ 中 x 为自变量,y 为因变量,D 为定义域,R_f 为值域.有时我们要讨论与之相反的对应关系,即要求函数的反函数.

定义 1.2.2　设函数 $y = f(x)$,如果对于 y 在 R_f 中的每一个值,都有唯一确定的 $x \in D$ 使 $f(x) = y$ 与之对应,于是就定义了在 R_f 上的一个新函数,称之为函数 $y = f(x)$ 的**反函数**,记为 $x = f^{-1}(y)$.

习惯上常用 x 表示自变量,用 y 表示函数,为此,我们把 $x = f^{-1}(y)$ 中字母 x,y 对换,将反函数记为 $y = f^{-1}(x)$,相对地称 $y = f(x)$ 为直接函数.

根据反函数的定义,若点 (a, b) 在函数 $y = f(x)$ 的图象上,那么点 (b, a) 必在其反函数 $y = f^{-1}(x)$ 的图象上,如图 1.2.2 所示,且点 (a, b) 和点 (b, a) 关于直线 $y = x$ 对

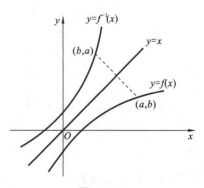

图 1.2.2

称,所以函数 $y=f(x)$ 的图象与它的反函数 $y=f^{-1}(x)$ 的图象关于直线 $y=x$ 对称. 反函数的定义域与直接函数的值域相同,反函数的值域与直接函数的定义域相同.

例 5　求函数 $y=\dfrac{3x-2}{x+1}$ 的反函数,并确定反函数的定义域和值域.

解　函数 $y=\dfrac{3x-2}{x+1}$ 的定义域为 $(-\infty,-1)\bigcup(-1,+\infty)$,从 $y=\dfrac{3x-2}{x+1}$ 中解出 x,得

$$x=\frac{y+2}{3-y},$$

交换 x,y,得 $y=\dfrac{3x-2}{x+1}$ 的反函数为 $y=\dfrac{x+2}{3-x}$.

反函数的定义域为 $(-\infty,3)\bigcup(3,+\infty)$,值域为 $(-\infty,-1)\bigcup(-1,+\infty)$.

1.2.3　函数的性质

1. 函数的单调性

定义 1.2.3　若函数 $y=f(x)$ 在区间 (a,b) 内有定义,对任意 $x_1,x_2\in(a,b)$,如果

(1) 当 $x_1<x_2$ 时,都有 $f(x_1)<f(x_2)$,则称函数 $f(x)$ 在区间 (a,b) 内是**单调递增函数**,(a,b) 称为 $f(x)$ 的**单调递增区间**(见图 1.2.3(a));

(2) 当 $x_1<x_2$ 时,都有 $f(x_1)>f(x_2)$,则称函数 $f(x)$ 在区间 (a,b) 内是**单调递减函数**,(a,b) 称为 $f(x)$ 的**单调递减区间**(见图 1.2.3(b)).

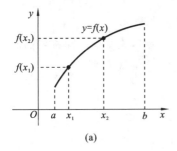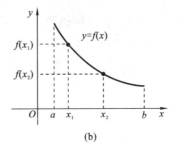

图 1.2.3

函数 $y=f(x)$ 在某个区间内是单调递增函数或单调递减函数,就说它在该区间内具有**单调性**,该区间称为函数的**单调区间**.

例 6　证明函数 $f(x)=x^2$ 在 $(0,+\infty)$ 内的单调性.

证明　任取 $x_1,x_2\in(0,+\infty)$,且 $x_1<x_2$,因为

$$f(x_1)-f(x_2)=x_1^2-x_2^2=(x_1+x_2)(x_1-x_2)<0,$$

即

$$f(x_1)<f(x_2),$$

所以 $f(x)=x^2$ 在 $(0,+\infty)$ 内是单调递增函数.

思考:函数的反函数与直接函数是否具有相同的单调性?

2. 函数的奇偶性

已知函数 $y=f(x)$ 的定义域 D 关于原点对称,如果对任意的 $x\in D$ 有 $f(-x)=f(x)$(或 $f(-x)=-f(x)$)成立,则称函数 $f(x)$ 为**偶函数**(或**奇函数**).

函数在其定义域 D 上是奇函数或偶函数的这种性质称为函数的**奇偶性**,它是函数在整个定义域内具有的一种性质,这种性质在几何上表现出对称性,即偶函数的图形关于 y 轴对称,奇函数的图形关于原点对称. 若函数既不是奇函数,也不是偶函数,则称之为**非奇非偶函数**.

例如,$y=x^2$ 是偶函数,$y=\dfrac{1}{x}$ 是奇函数,它们的函数图形分别如图 1.2.4(a)、(b)所示.

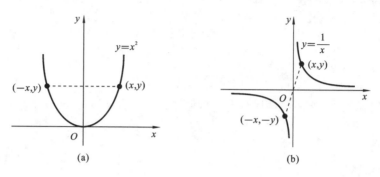

图 1.2.4

例 7 判断下列函数的奇偶性:

(1) $f(x)=3x^2+2x^4$;   (2) $f(x)=x-\dfrac{1}{x}$;   (3) $f(x)=x^2+3x$.

解 (1) 函数的定义域为 $\mathbf{R}$,因为
$$f(-x)=3(-x)^2+2(-x)^4=3x^2+2x^4=f(x),$$
所以,函数 $f(x)=3x^2+2x^4$ 是偶函数.

(2) 函数 $f(x)$ 的定义域为 $D:(-\infty,0)\bigcup(0,+\infty)$,关于原点对称,取任意 $x\in D$,有
$$f(-x)=(-x)-\dfrac{1}{-x}=-\left(x-\dfrac{1}{x}\right)=-f(x),$$
所以,函数 $f(x)=x-\dfrac{1}{x}$ 是奇函数.

(3) 虽然函数 $f(x)$ 的定义域 $(-\infty,+\infty)$ 关于原点对称,但是
$$f(-x)=(-x)^2+3(-x)=x^2-3x,$$
既不满足 $f(-x)=f(x)$,又不满足 $f(-x)=-f(x)$,所以 $f(x)$ 为非奇非偶函数.

注意 判定函数的奇偶性首先看其定义域是否关于原点对称.

3. 函数的有界性

已知函数 $y=f(x)$ 在数集 D 上定义,如果存在一个正实数 M,对任意的 $x\in D$,总有 $|f(x)|\leqslant M$ 成立,则称函数 $f(x)$ 在 D 上**有界**;否则,称函数 $f(x)$ 在 D 上**无界**.例如,$y=\sin x,x\in\mathbf{R}$,因为 $|\sin x|\leqslant 1$,所以函数 $y=\sin x$ 在 $\mathbf{R}$ 上有界.

因为 $|f(x)|\leqslant M\Leftrightarrow -M\leqslant f(x)\leqslant M$,所以有界函数的图象必介于两条平行于 x 轴的直线 $y=-M$ 和 $y=M$ 之间,如图 1.2.5 所示.

函数的有界性是与自变量取值范围有关的概念.例如,函数 $y=\dfrac{1}{x}$ 在 $(0,1)$ 内是无界的,但在 $[1,+\infty)$ 内是有

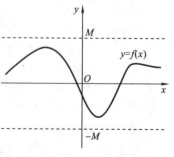

图 1.2.5

界的.

4. 函数的周期性

已知函数 $y=f(x)$ 的定义域为 D,如果存在常数 $T\neq0$,对任意 $x\in D$,有 $x+T\in D$ 且 $f(x+T)=f(x)$ 恒成立,则称函数 $f(x)$ 为**周期函数**,称常数 T 为函数的一个**周期**. 例如,$y=\sin x$,$y=\cos x$ 的周期都为 2π.

对于周期函数,每当自变量 x 取值变动了一个周期 T 时,函数值就会重复出现,所以周期函数的图形可以按周期重复叠加,如图 1.2.6 所示.

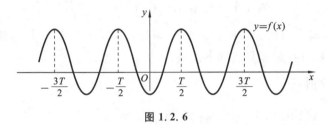

图 1.2.6

显然,如果函数 $f(x)$ 以 T 为周期,那么 $\pm T$,$\pm 2T$,$\pm 3T$,… 都是它的周期. 一般地,如果周期函数的周期存在着一个最小的正数,则把函数的最小正周期称为周期.

1.3　基本初等函数

本节课件

常数函数、幂函数、指数函数、对数函数、三角函数和反三角函数统称为**基本初等函数**. 对于这些函数中的多数,我们在中学已经学习过,考虑到后续专业课程的需求,在此再将基本初等函数内容进行深入地学习.

1.3.1　指数幂

1. 整数指数幂

整数指数幂包括:

(1) 正整数指数幂,如 $a^n=\underbrace{a \cdot a \cdot \cdots \cdot a}_{n\text{个}a}(n\in \mathbf{N}^+)$;

(2) 零指数幂,如 $a^0=1$ $(a\neq0)$;

(3) 负整数指数幂,如 $a^{-n}=\dfrac{1}{a^n}$ $(a\neq0,n\in \mathbf{N}^+)$.

运算法则如下:

(1) $a^m a^n=a^{m+n}$;

(2) $(a^m)^n=a^{mn}$;

(3) $(ab)^n=a^n b^n$;

(4) $\dfrac{a^n}{b^n}=\left(\dfrac{a}{b}\right)^n$,其中 $a\neq0,b\neq0,m,n\in \mathbf{Z}$.

例如,$5^2 \cdot 5^8=5^{2+8}=5^{10}$, $(3^2)^4=3^{2 \cdot 4}=3^8$, $\dfrac{10^6}{7^6}=\left(\dfrac{10}{7}\right)^6$.

2. n 次方根的概念

一般地,若 $x^n = a (n>1$ 且 $n \in \mathbf{N})$,则称 x 为 a 的 n 次方根.

当 n 为奇数时,正数 a 的 n 次方根是一个正数;负数 a 的 n 次方根是一个负数,它们都可记为 $\sqrt[n]{a}$.例如,27 的 3 次方根为 $\sqrt[3]{27} = 3$,-27 的 3 次方根为 $\sqrt[3]{-27} = -3$.

当 n 为偶数时,正数 a 的 n 次方根是两个相反数,记为 $\pm \sqrt[n]{a}$,其中 $\sqrt[n]{a}$ 称为 a 的 n **次算术根**.例如,16 的 4 次方根为 $\pm \sqrt[4]{16} = \pm 2$.

负数 a 没有偶次方根.0 的 n 次方根是 0,记作 $\sqrt[n]{0} = 0$.

当 $\sqrt[n]{a}$ 有意义时,式子 $\sqrt[n]{a}$ 称为 a 的 n 次根式,其中 n 称为根指数,a 称为被开方数.

根据方根的定义,n 次根式具有以下性质:

(1) 当 $\sqrt[n]{a}$ 有意义时,$(\sqrt[n]{a})^n = a$;

(2) 当 n 是奇数时,$\sqrt[n]{a^n} = a$;当 n 是偶数时,$\sqrt[n]{a^n} = |a| = \begin{cases} a, & a \geqslant 0, \\ -a, & a < 0. \end{cases}$

3. 分数指数幂

分数指数幂包括:

(1) 正分数指数幂,如 $a^{\frac{m}{n}} = \sqrt[n]{a^m}$;

(2) 负分数指数幂,如 $a^{-\frac{m}{n}} = \dfrac{1}{\sqrt[n]{a^m}}$ $(m, n \in \mathbf{N}^+$,且 $n>1)$;

(3) 0 的正分数指数幂为 0,0 的负分数指数幂无意义.

例如,$6^{\frac{3}{4}} = \sqrt[4]{6^3}$,$6^{-\frac{3}{4}} = \dfrac{1}{\sqrt[4]{6^3}}$,$\sqrt[4]{a^{12}} = \sqrt[4]{(a^3)^4} = a^3 = a^{\frac{12}{4}}$ $(a>0)$.

整数指数幂和分数指数幂均为有理数指数幂,整数指数幂的运算法则对有理数指数幂也成立,所以有理数指数幂有下面的运算法则:

$$a^r \cdot a^s = a^{r+s}, \quad (a^r)^s = a^{rs}, \quad (ab)^r = a^r b^r,$$

其中 $a>0, b>0$,且 $r, s \in \mathbf{Q}$.

事实上,有理数指数幂还可以推广到实数指数幂,且有理数指数幂的运算法则同样适用于实数指数幂.

例 1　求下列各式的值:

(1) $(\sqrt[3]{7})^3$;　(2) $81^{-\frac{3}{4}}$;　(3) $\sqrt[4]{(\pi-3)^4}$;　(4) $3 \cdot \sqrt{3} \cdot \sqrt[3]{3} \cdot \sqrt[6]{3}$.

解　(1) $(\sqrt[3]{7})^3 = 7$;

(2) $81^{-\frac{3}{4}} = (3^4)^{-\frac{3}{4}} = 3^{-3} = \dfrac{1}{27}$;

(3) $\sqrt[4]{(\pi-3)^4} = |\pi-3| = \pi-3$;

(4) $3 \cdot \sqrt{3} \cdot \sqrt[3]{3} \cdot \sqrt[6]{3} = 3^1 \cdot 3^{\frac{1}{2}} \cdot 3^{\frac{1}{3}} \cdot 3^{\frac{1}{6}} = 3^{1+\frac{1}{2}+\frac{1}{3}+\frac{1}{6}} = 3^2 = 9.$

例 2　化简下列各式(其中 x, y 都是正数):

(1) $(2x^{\frac{1}{2}} y^{\frac{1}{3}})\left(-\dfrac{1}{2} x^{-\frac{3}{2}} y^{-\frac{1}{2}}\right)$;　(2) $\dfrac{\sqrt[5]{x^2} \cdot \sqrt[10]{x}}{\sqrt{x}}$.

解 (1) $\left(2x^{\frac{1}{2}}y^{\frac{1}{3}}\right)\left(-\frac{1}{2}x^{-\frac{3}{2}}y^{-\frac{1}{2}}\right)=2\times\left(-\frac{1}{2}\right)\cdot x^{\frac{1}{2}-\frac{3}{2}}\cdot y^{\frac{1}{3}-\frac{1}{2}}=-x^{-1}\cdot y^{-\frac{1}{6}}$;

(2) $\dfrac{\sqrt[5]{x^2}\cdot\sqrt[10]{x}}{\sqrt{x}}=x^{\frac{2}{5}}\cdot x^{\frac{1}{10}}\cdot x^{-\frac{1}{2}}=x^{\frac{2}{5}+\frac{1}{10}-\frac{1}{2}}=x^0=1$.

例 3 已知通信电路中,阳极电流 i 与阳极电压 u 之间的对应规律为 $i=Ku^{\frac{3}{2}}$(K 为常数),试计算当 $u=100$ V 时 i 的值.

解 当 $u=100$ V 时,$i=K(100)^{\frac{3}{2}}=1000K$(A).

1.3.2 幂函数

函数 $y=x,y=x^2,y=x^3,y=x^{-1}$ 等,它们的表达式都是一个幂的形式,且指数是常数,底数是自变量,对于这样的函数,有如下定义:

形如 $y=x^a$(a 是常数)的函数称为**幂函数**.

下面观察幂函数 $y=x,y=x^2,y=x^{\frac{1}{2}}$ 与 $y=x^{-1},y=x^{-2},y=x^{-\frac{1}{2}}$ 的图象(见图 1.3.1).

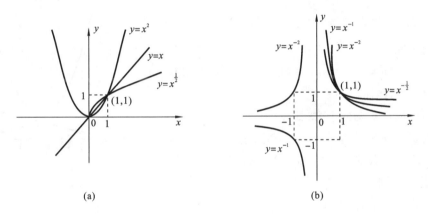

图 1.3.1

由图 1.3.1 可见,幂函数 $y=x^a$ 的图象有下列特性:

(1) 不论 a 为何值,图象都通过 $(1,1)$ 点,当 $a>0$ 时,幂函数图象都过 $(0,0)$ 点;

(2) 当 a 为偶数时,它是偶函数,函数的图象关于 y 轴对称;当 a 为奇数时,它是奇函数,函数的图象关于原点对称;

(3) 当 $a>0$ 时,幂函数在区间 $[0,+\infty)$ 内单调递增;当 $a<0$ 时,幂函数在区间 $(0,+\infty)$ 内单调递减.

例 4 比较下列各组数值的大小:

(1) $3^{\frac{3}{2}}$ 与 $4^{\frac{3}{2}}$； (2) $4^{-\frac{4}{3}}$ 与 $5^{-\frac{4}{3}}$.

解 (1) 因为 $a=\dfrac{3}{2}>0$,所以 $y=x^{\frac{3}{2}}$ 在 $[0,+\infty)$ 内是单调递增函数,又因为 $3<4$,所以 $3^{\frac{3}{2}}<4^{\frac{3}{2}}$.

(2) 因为 $a=-\dfrac{4}{3}<0$,所以 $y=x^{-\frac{4}{3}}$ 在 $(0,+\infty)$ 内是单调递减函数,又因 $4<5$,所以

$$4^{-\frac{4}{3}}>5^{-\frac{4}{3}}.$$

例 5　为了保证信息的安全传输,有一种密码系统,其加密原理为:发送方将明文按照密钥规定的加密方式转化成密文发送出去,接收方接收后再按照密钥将此密文转化为明文.已知密钥为 $y=x^{\alpha}(\alpha>0$ 且 $\alpha\neq1)$,又知道 4 通过加密后得到密文为 2,现在接收方接收到密文 $\dfrac{1}{32}$,问解密后得到的明文是什么?

解　由题意知,加密密钥为 $y=x^{\alpha}$,代入密文和明文,即 $x=4$,$y=2$,所以 $\alpha=\dfrac{1}{2}$. 现有接收到的密文为 $\dfrac{1}{32}$,得 $x^{\frac{1}{2}}=\dfrac{1}{32}$,即 $x=2^{-10}$.

1.3.3　指数函数

形如 $y=a^{x}(a>0$ 且 $a\neq1)$ 的函数称为**指数函数**,其定义域为 $(-\infty,+\infty)$,值域为 $(0,+\infty)$.

指数函数的图象和性质随着底数 a 取值的不同而不同. 在同一直角坐标系中,函数 $y=2^{x}$ 和 $y=\left(\dfrac{1}{2}\right)^{x}$ 的图象如图 1.3.2 所示.

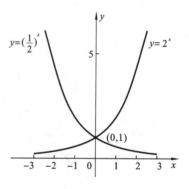

图 1.3.2

由图 1.3.2 可见,当 $0<a<1$ 和 $a>1$ 时,指数函数 $y=a^{x}$ 的图象有下列特性:

(1) 图象都在 x 轴的上方(即 $y>0$),且过点 $(0,1)$;

(2) 当 $a>1$ 时,函数 $y=a^{x}$ 单调递增,$x>0$ 时,$y>1$,图象沿 x 轴正向无限向上延伸;$x<0$ 时,$y<1$,图象沿 x 轴负向无限逼近 x 轴.

(3) 当 $0<a<1$ 时,函数 $y=a^{x}$ 单调递减,$x<0$ 时,$y>1$,图象沿 x 轴负向无限向上延伸;$x>0$ 时,$y<1$,图象沿 x 轴正向无限逼近 x 轴.

(4) $y=a^{x}$ 的图象与 $y=\left(\dfrac{1}{a}\right)^{x}$ 的图象关于 y 轴对称.

例 6　比较下列各组数值的大小:

(1) $3^{\frac{1}{3}}$ 与 $3^{-\frac{1}{2}}$;　(2) $0.2^{-1.3}$ 与 1.

解　(1) $3^{\frac{1}{3}}$ 与 $3^{-\frac{1}{2}}$ 可看作函数 $y=3^{x}$ 当 x 分别为 $\dfrac{1}{3}$ 与 $-\dfrac{1}{2}$ 时的函数值,由于 $a=3>1$,因此 $y=3^{x}$ 在 **R** 上是单调递增函数,又因为 $\dfrac{1}{3}>-\dfrac{1}{2}$,所以 $3^{\frac{1}{3}}>3^{-\frac{1}{2}}$.

(2) $0.2^{-1.3}$ 与 $1(1=0.2^{0})$ 可看作函数 $y=0.2^{x}$ 当 x 分别为 -1.3 与 0 时的函数值,由于 $a=0.2<1$,因此 $y=0.2^{x}$ 在 **R** 上是单调递减函数,又因为 $-1.3<0$,所以 $0.2^{-1.3}>1$.

例 7　求函数 $y=\sqrt{\left(\dfrac{1}{3}\right)^{x}-1}$ 的定义域.

解　要使函数有意义,必有

$$\left(\dfrac{1}{3}\right)^{x}-1\geq0,\quad 即\quad \left(\dfrac{1}{3}\right)^{x}\geq1.$$

因为 $y_1=\left(\dfrac{1}{3}\right)^x$ 在 $\mathbf{R}$ 上是单调递减函数,要使 $\left(\dfrac{1}{3}\right)^x\geqslant 1$,必须有 $x\leqslant 0$,即函数定义域为 $(-\infty,0]$.

例 8　求函数 $y=\sqrt{3^{2x-1}-\dfrac{1}{27}}$ 的定义域.

解　由 $3^{2x-1}-\dfrac{1}{27}=3^{2x-1}-3^{-3}\geqslant 0$,得

$$3^{2x-1}\geqslant 3^{-3},$$

因为 $y_1=3^x$ 是单调递增函数,所以 $2x-1\geqslant -3$,即

$$x\geqslant -1,$$

故 $y=\sqrt{3^{2x-1}-\dfrac{1}{27}}$ 的定义域为 $[-1,+\infty)$.

例 9　某种放射性物质不断衰变,每经过一年剩余的质量约是原来的 80%,设经过 x 年后,剩余的质量为 y,试建立函数关系式.

解　设某种物质最初的质量是 m,则经过 1 年,剩余质量是 $m\times 0.8$;经过 2 年,剩余质量是 $m\times 0.8^2$,可见,经过 x 年后剩余的质量为

$$y=m\times 0.8^x.$$

1.3.4　对数函数

1. 对数的概念

在生活中我们会碰到如下的问题:某人从今年起存入银行一笔钱,若年复利率保持在 4.2%,问多少年后,连本带利为原来的 2 倍?

由题意有如下等式:

$$1.042^x=2,$$

求出 x 即可,也就是已知幂和底数求指数. 为了解决这类问题,我们引入了对数的概念.

定义 1.3.1　若 $a^b=N(a>0$ 且 $a\neq 1)$,则把 b 称为以 a 为底 N 的**对数**,记为

$$\log_a N=b,$$

其中 a 称为对数的**底数**,N 称为对数的**真数**.

由对数的定义易得

$$a^b=N\Leftrightarrow \log_a N=b.$$

例如,指数式 $2^4=16$ 可以写成对数式 $\log_2 16=4$,读"以 2 为底 16 的对数等于 4".

通常将以 10 为底的对数 $\log_{10} N$ 称为**常用对数**,简记为 $\lg N$. 读作"N 的对数". 例如,$\log_{10} 18$ 记为 $\lg 18$ 等.

在科学技术中还常用到以无理数 $e=2.71828\cdots$ 为底的对数 $\log_e N$,称为**自然对数**,简记为 $\ln N$. 例如,$\log_e 3$ 记为 $\ln 3$.

由对数的定义可以得到对数的如下性质:

(1) 真数 $N>0$(即零与负数没有对数);

(2) $\log_a a=1$;

(3) $\log_a 1=0$;

(4) $a^{\log_a N} = N$（称为**对数恒等式**）；

(5) $\log_a a^b = b$.

2．对数的运算法则

设 $a>0$ 且 $a \neq 1, M>0, N>0$，则：

(1) $\log_a(M \cdot N) = \log_a M + \log_a N$；

(2) $\log_a \dfrac{M}{N} = \log_a M - \log_a N$；

(3) $\log_a M^n = n\log_a M \ (n \in \mathbf{R})$；

(4) $\log_a N = \dfrac{\log_c N}{\log_c a}$（称为**对数换底公式**），其中，$c>0$ 且 $c \neq 1$；

(5) $\log_{a^m} M^n = \dfrac{n}{m}\log_a M$；

(6) $\log_a M = \dfrac{1}{\log_M a}$.

例 10　求下列各式的值：

(1) $\lg \sqrt[4]{1000}$；　　　　(2) $\lg 2 + \lg 5$；　　　　(3) $\log_2 100 - 2\log_2 5$；

(4) $\log_8 9 \cdot \log_{27} 16$；　　(5) $2^{\log_2 5} - 10^{\lg 3} + \mathrm{e}^{\ln 5}$.

解　(1) $\lg \sqrt[4]{1000} = \lg 10^{\frac{3}{4}} = \dfrac{3}{4}\lg 10 = \dfrac{3}{4}$；

(2) $\lg 2 + \lg 5 = \lg(2 \times 5) = \lg 10 = 1$；

(3) $\log_2 100 - 2\log_2 5 = \log_2 100 - \log_2 25 = \log_2 \dfrac{100}{25} = \log_2 4 = 2$；

(4) $\log_8 9 \cdot \log_{27} 16 = \dfrac{\log_2 9}{\log_2 8} \cdot \dfrac{\log_2 16}{\log_2 27} = \dfrac{2\log_2 3}{3} \cdot \dfrac{4}{3\log_2 3} = \dfrac{8}{9}$；

(5) $2^{\log_2 5} - 10^{\lg 3} + \mathrm{e}^{\ln 5} = 5 - 3 + 5 = 7$.

3．对数函数

形如 $y = \log_a x (a>0$ 且 $a \neq 1)$ 的函数称为**对数函数**，其定义域是 $(0, +\infty)$，值域是 $(-\infty, +\infty)$.

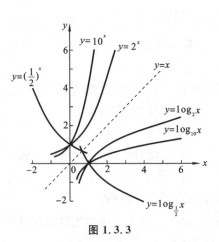

图 1.3.3

由对数的定义易知对数函数是指数函数的反函数，根据互为反函数的图象关于直线 $y=x$ 对称的关系，可以依据指数函数 $y=2^x$，$y=10^x$ 和 $y=\left(\dfrac{1}{2}\right)^x$ 的图象作出对数函数 $y=\log_2 x$，$y=\lg x$ 和 $y=\log_{\frac{1}{2}} x$ 的图象（见图 1.3.3），并由此得到对数函数 $y=\log_a x$ 的特性：

(1) 图象都在 y 轴右方（即 $x>0$），且过点 $(1,0)$；

(2) 当 $a>1$ 时，函数 $y=\log_a x$ 单调递增，$x>1$ 时，$y>0$，图象沿 y 轴正向无限向上延伸；$0<x<1$ 时，$y<0$，图象沿 y 轴负向无限逼近 y 轴；

(3) 当 $0<a<1$ 时，函数 $y=\log_a x$ 单调递减，$x>1$ 时，$y<0$，图象沿 y 轴负向无限向下延伸；$0<x<1$ 时，$y>0$，图象沿 y 轴正向无限逼近 y 轴；

(4) $y=\log_a x$ 的图象与 $y=\log_{\frac{1}{a}} x$ 的图象关于 x 轴对称.

例 11　求下列函数的定义域:

(1) $y=\ln(x^2-9)$;　(2) $y=\ln(x^2+x-2)$.

解　(1) 由 $x^2-9>0$ 得 $x>3$ 或 $x<-3$,所以函数的定义域是 $(-\infty,-3)\bigcup(3,+\infty)$.

(2) 由 $x^2+x-2>0$ 得 $x<-2$ 或 $x>1$,所以函数 $y=\ln(x^2+x-2)$ 的定义域是 $(-\infty,-2)\bigcup(1,+\infty)$.

例 12　比较下列各组数值的大小:

(1) lg3 与 lg5;　(2) $\log_{\frac{1}{5}}\frac{1}{4}$ 与 1.

解　(1) 因为 $y=\lg x$ 在 $(0,+\infty)$ 上是单调递增函数,而 $3<5$,所以 $\lg 3<\lg 5$.

(2) 因为 $y=\log_{\frac{1}{5}}x$ 在 $(0,+\infty)$ 上是单调递减函数,又 $1=\log_{\frac{1}{5}}\frac{1}{5}$,且 $\frac{1}{4}>\frac{1}{5}$,所以 $\log_{\frac{1}{5}}\frac{1}{4}<1$.

例 13　地震的里氏震级常用对数来刻画,公式为 $R=\lg\left(\dfrac{\alpha}{T}\right)+B$,其中 α 是监听站测得的以微米(μm)计的地面垂直运动幅度,T 是以秒(s)计的地震波周期,B 是距离震中某个距离时地震波衰减的经验补偿因子,对发生在距监听站 10000 km 处的地震来说,$B=6.8$. 如果记录到的地面垂直运动幅度为 $\alpha=10\ \mu$m,地震波周期为 $T=1$ s,那么震级为多少?

解　由题意知,$B=6.8$,$\alpha=10\ \mu$m,$T=1$ s,代入公式得

$$R=\lg\left(\frac{\alpha}{T}\right)+B=\lg\left(\frac{10}{1}\right)+6.8=7.8,$$

所以该次地震的里氏震级为 7.8 级.

1.3.5　三角函数与反三角函数

1. 任意角的三角函数

三角函数对描述许多周期性现象具有指导意义,例如,信号变化、正弦交流电、悬吊小球自由摆动等都可以用三角函数来描述.

1) 任意角的概念

角是平面内一条射线绕着它的端点,从一个位置旋转到另一个位置所形成的图形. 如图 1.3.4 所示,射线 OA 绕端点 O 按图示方向旋转到位置 OB,形成角 α. 点 O 称为角的**顶点**,射线 OA、OB 分别称为角 α 的**始边**和**终边**.

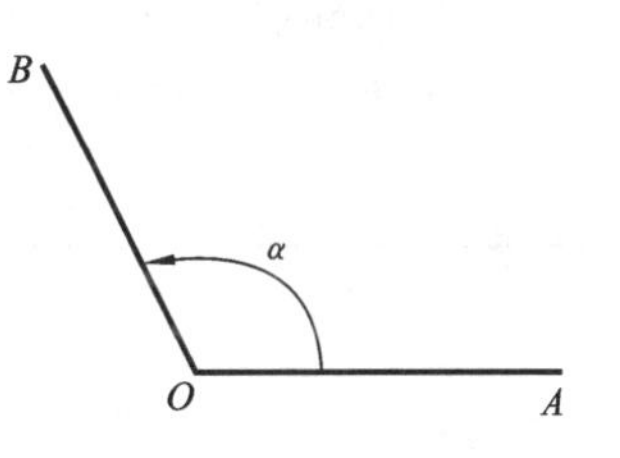

图 1.3.4

按逆时针方向旋转所形成的角称为**正角**,按顺时针方向旋转所形成的角称为**负角**;若射线没有作任何旋转,称它形成了**零角**. 这样角的概念就包括零角、任意大小的正角和负角.

今后,我们常在平面直角坐标系内讨论角,通常将角的顶点与坐标原点重合,角的始边与 x 轴正半轴重合,于是角的终边落在第几象限,就说这个角是第几象限的角.

例如,在图 1.3.5 中,30°,390°,$-330°$ 的角都是第一象限的角,660°、$-60°$ 的角都是第四象限的角. 如果角的终边在坐标轴上,就认为这个角不属于任何象限,称之为终边在坐标轴上的角. 390°,$-330°$ 的角都与 30° 的角的终边相同,可以分别表示为

$$30° = 30° + 0 \times 360°;$$
$$390° = 30° + 1 \times 360°;$$
$$-330° = 30° + (-1) \times 360°.$$

由此可见,终边相同的角之间相差 360° 的整数倍.

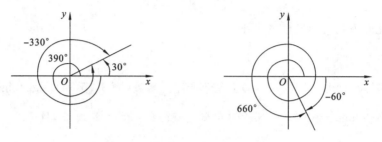

图 1.3.5

一般地,所有与 α 角终边相同的角,连同 α 角在内,构成一个集合,记为

$$\{\beta | \beta = \alpha + k \cdot 360°, k \in \mathbf{Z}\}.$$

2) 弧度制

弧度制是另外一种广泛应用的度量角的方法,最早是由瑞士数学家欧拉提出的. 把长度等于半径长的圆弧所对应的圆心角称为 **1 弧度的角**,记为 1 rad 或 1 弧度.

度与弧度的换算关系:

$$360° = 2\pi \text{ 弧度},$$
$$180° = \pi \text{ 弧度},$$
$$1° = \frac{\pi}{180} \text{弧度} \approx 0.01745 \text{ 弧度},$$
$$1 \text{ 弧度} = \left(\frac{180}{\pi}\right)° \approx 57.30° \approx 57°18'.$$

今后用弧度制表示角的时候,"弧度"二字通常略去不写,而只写这个角所对应的弧度数. 表 1.3.1 为一些特殊角的度数与弧度的对应关系.

表 1.3.1

度数	0°	30°	45°	60°	90°	120°	135°	150°	180°	270°	360°
弧度数	0	$\frac{\pi}{6}$	$\frac{\pi}{4}$	$\frac{\pi}{3}$	$\frac{\pi}{2}$	$\frac{2\pi}{3}$	$\frac{3\pi}{4}$	$\frac{5\pi}{6}$	π	$\frac{3\pi}{2}$	2π

由弧度的定义知,$|\alpha| = \frac{l}{r}$,从而有

$$l = |\alpha| \cdot r.$$

也就是说,圆弧长等于圆弧所对应的圆心角的弧度数的绝对值与半径的积.

例 14 用弧度制表示终边在 y 轴上的角的集合.

解 在弧度制下,终边在 y 轴上的角的集合为

$$S = \left\{\alpha \,\middle|\, \alpha = \frac{\pi}{2} + k\pi, k \in \mathbf{Z}\right\}.$$

3）任意角的三角函数

如图 1.3.6 所示,设 α 是一个任意角,在 α 的终边上任意一点 $P(x,y)$,它与原点 O 的距离 $|OP|=\sqrt{x^2+y^2}=r>0$,则:

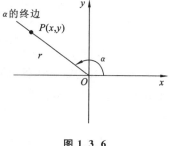

图 1.3.6

（1）比值 $\dfrac{y}{r}$ 称为角 α 的**正弦**,记为 $\sin\alpha=\dfrac{y}{r}$;

（2）比值 $\dfrac{x}{r}$ 称为角 α 的**余弦**,记为 $\cos\alpha=\dfrac{x}{r}$;

（3）比值 $\dfrac{y}{x}$ 称为角 α 的**正切**,记为 $\tan\alpha=\dfrac{y}{x}$;

（4）比值 $\dfrac{x}{y}$ 称为角 α 的**余切**,记为 $\cot\alpha=\dfrac{x}{y}$;

（5）比值 $\dfrac{r}{x}$ 称为角 α 的**正割**,记为 $\sec\alpha=\dfrac{r}{x}$;

（6）比值 $\dfrac{r}{y}$ 称为角 α 的**余割**,记为 $\csc\alpha=\dfrac{r}{y}$.

根据相似三角形的知识,对于确定的角 α,这六个比值(如果有的话)都不会随点 P 在角 α 的终边上的位置的改变而改变. 我们把这六个以角为自变量. 以比值为函数值的函数分别称为**正弦函数**($y=\sin x$)、**余弦函数**($y=\cos x$)、**正切函数**($y=\tan x$)、**余切函数**($y=\cot x$)、**正割函数**($y=\sec x$)、**余割函数**($y=\csc x$). 这六类函数统称为**三角函数**.

根据三角函数的定义,可以得到一些特殊角三角函数的值,如表 1.3.2 表示.

表 1.3.2

函数 ＼ α	0°	30°	45°	60°	90°	120°	135°	150°	180°
	0	$\dfrac{\pi}{6}$	$\dfrac{\pi}{4}$	$\dfrac{\pi}{3}$	$\dfrac{\pi}{2}$	$\dfrac{2\pi}{3}$	$\dfrac{3\pi}{4}$	$\dfrac{5\pi}{6}$	π
$\sin\alpha$	0	$\dfrac{1}{2}$	$\dfrac{\sqrt{2}}{2}$	$\dfrac{\sqrt{3}}{2}$	1	$\dfrac{\sqrt{3}}{2}$	$\dfrac{\sqrt{2}}{2}$	$\dfrac{1}{2}$	0
$\cos\alpha$	1	$\dfrac{\sqrt{3}}{2}$	$\dfrac{\sqrt{2}}{2}$	$\dfrac{1}{2}$	0	$-\dfrac{1}{2}$	$-\dfrac{\sqrt{2}}{2}$	$-\dfrac{\sqrt{3}}{2}$	-1
$\tan\alpha$	0	$\dfrac{\sqrt{3}}{3}$	1	$\sqrt{3}$	∞	$-\sqrt{3}$	-1	$-\dfrac{\sqrt{3}}{3}$	0
$\cot\alpha$	∞	$\sqrt{3}$	1	$\dfrac{\sqrt{3}}{3}$	0	$-\dfrac{\sqrt{3}}{3}$	-1	$-\sqrt{3}$	∞

例 15　如图 1.3.7 所示,已知角 α 的终边经过点 $P(-3,-4)$,分别求角 α 的六个三角函数的值.

解　因为 $x=-3,y=-4$,所以

$$r=\sqrt{x^2+y^2}=\sqrt{(-3)^2+(-4)^2}=5,$$

故

$$\sin\alpha=\frac{y}{r}=-\frac{4}{5}, \quad \cos\alpha=\frac{x}{r}=-\frac{3}{5}, \quad \tan\alpha=\frac{y}{x}=\frac{4}{3},$$

$$\cot\alpha=\frac{x}{y}=\frac{3}{4}, \quad \sec\alpha=\frac{r}{x}=-\frac{5}{3}, \quad \csc\alpha=\frac{r}{y}=-\frac{5}{4}.$$

由三角函数的定义和各象限内点的坐标的符号,可以得到三角函数值在各象限的符号,如图 1.3.8 所示. 取正号的象限可以用"一全正,二正弦,三两切,四余弦"的口诀记忆.

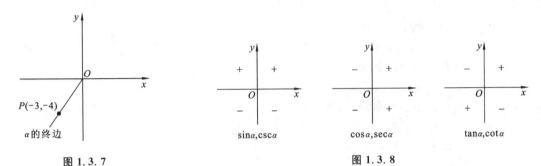

图 1.3.7 $\sin\alpha,\csc\alpha$ $\cos\alpha,\sec\alpha$ $\tan\alpha,\cot\alpha$ 图 1.3.8

例 16 确定下列三角函数值的符号:

(1) $\sin240°$;   (2) $\tan\frac{10}{3}\pi$;   (3) $\cos(-1180°)$.

解 (1) 因为 240° 是第三象限角,所以 $\sin240°<0$,负号;

(2) 因为 $\frac{10}{3}\pi=\frac{4\pi}{3}+2\pi$ 是第三象限角,所以 $\tan\frac{10}{3}\pi>0$,正号;

(3) 因为 $-1180°=260°+(-4)\times360°$ 是第三象限角,所以 $\cos(-1180°)<0$,负号.

4) 同角三角函数的基本关系式

根据三角函数的定义,可以得到同角三角函数的下列基本关系式.

倒数关系: $\sin\alpha \cdot \csc\alpha=1$; $\cos\alpha \cdot \sec\alpha=1$; $\tan\alpha \cdot \cot\alpha=1$.

商的关系: $\tan\alpha=\frac{\sin\alpha}{\cos\alpha}$; $\cot\alpha=\frac{\cos\alpha}{\sin\alpha}$.

平方关系: $\sin^2\alpha+\cos^2\alpha=1$, $1+\tan^2\alpha=\sec^2\alpha$, $1+\cot^2\alpha=\csc^2\alpha$.

例 17 已知 $\sin\alpha=-\frac{4}{5}$,并且 α 是第四象限角,求角 α 的其他三角函数的值.

解 由 $\sin^2\alpha+\cos^2\alpha=1$,可得 $\cos\alpha=\pm\sqrt{1-\sin^2\alpha}$,因为 α 是第四象限的角,$\cos\alpha>0$,所以

$$\cos\alpha=\sqrt{1-\sin^2\alpha}=\sqrt{1-\left(-\frac{4}{5}\right)^2}=\frac{3}{5},$$

于是

$$\tan\alpha=\frac{\sin\alpha}{\cos\alpha}=-\frac{4}{3}, \quad \cot\alpha=\frac{1}{\tan\alpha}=-\frac{3}{4},$$

$$\sec\alpha=\frac{1}{\cos\alpha}=\frac{5}{3}, \quad \csc\alpha=\frac{1}{\sin\alpha}=-\frac{5}{4}.$$

5) 三角函数的诱导公式

(1) 角 $2k\pi+\alpha(k\in\mathbf{Z})$ 与 α 的三角函数关系:

$$\sin(2k\pi+\alpha)=\sin\alpha, \quad \cos(2k\pi+\alpha)=\cos\alpha,$$

$$\tan(2k\pi+\alpha)=\tan\alpha, \quad \cot(2k\pi+\alpha)=\cot\alpha.$$

（2）角 $-\alpha$ 与 α 的三角函数关系：

设任意角 α 与 $-\alpha$ 的终边与单位圆分别交于点 $P(x,y)$ 和 P'，因为这两个角的终边关于 x 轴对称，所以点 P' 的坐标是 $(x,-y)$，又因为 $|OP|=|OP'|=1$，如图 1.3.9 所示，由三角函数定义，可得

$$\sin\alpha=y, \quad \cos\alpha=x, \quad \sin(-\alpha)=-y, \quad \cos(-\alpha)=x,$$

从而有角 $-\alpha$ 与 α 的三角函数关系：

$$\sin(-\alpha)=-\sin\alpha, \quad \cos(-\alpha)=\cos\alpha,$$

$$\tan(-\alpha)=-\tan\alpha, \quad \cot(-\alpha)=-\cot\alpha.$$

（3）角 $2\pi-\alpha$ 与 α 的三角函数关系：

$$\sin(2\pi-\alpha)=-\sin\alpha, \quad \cos(2\pi-\alpha)=\cos\alpha,$$

$$\tan(2\pi-\alpha)=-\tan\alpha, \quad \cot(2\pi-\alpha)=-\cot\alpha.$$

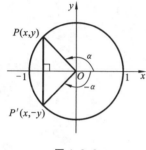

图 1.3.9

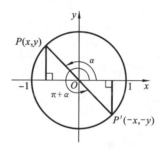

图 1.3.10

（4）角 $\pi+\alpha$ 与 α 的三角函数关系：

设任意角 α 的终边与单位圆相交于点 $P(x,y)$，如图 1.3.10 所示，角 $\pi+\alpha$ 的终边与单位圆的交点 P' 与点 P 关于原点 O 对称，因此，点 P' 的坐标是 $(-x,-y)$。又 $|OP|=|OP'|=1$，由三角函数定义，从而有如下公式：

$$\sin(\pi+\alpha)=-\sin\alpha, \quad \cos(\pi+\alpha)=-\cos\alpha,$$

$$\tan(\pi+\alpha)=\tan\alpha, \quad \cot(\pi+\alpha)=\cot\alpha.$$

（5）角 $\pi-\alpha$ 与 α 的三角函数关系：

$$\sin(\pi-\alpha)=\sin\alpha, \quad \cos(\pi-\alpha)=-\cos\alpha,$$

$$\tan(\pi-\alpha)=-\tan\alpha, \quad \cot(\pi-\alpha)=-\cot\alpha.$$

（6）角 $\dfrac{\pi}{2}\pm\alpha$ 与 α 的三角函数关系：

$$\cos\left(\frac{\pi}{2}-\alpha\right)=\sin\alpha, \quad \sin\left(\frac{\pi}{2}-\alpha\right)=\cos\alpha,$$

$$\tan\left(\frac{\pi}{2}-\alpha\right)=\cot\alpha, \quad \cot\left(\frac{\pi}{2}-\alpha\right)=\tan\alpha,$$

$$\sin\left(\frac{\pi}{2}+\alpha\right)=\cos\alpha, \quad \cos\left(\frac{\pi}{2}+\alpha\right)=-\sin\alpha,$$

$$\tan\left(\frac{\pi}{2}+\alpha\right)=-\cot\alpha, \quad \cot\left(\frac{\pi}{2}+\alpha\right)=-\tan\alpha.$$

(7) 角 $\dfrac{3\pi}{2} \pm \alpha$ 与 α 的三角函数关系:

$$\cos\left(\frac{3\pi}{2}-\alpha\right)=-\sin\alpha, \quad \sin\left(\frac{3\pi}{2}-\alpha\right)=-\cos\alpha,$$

$$\tan\left(\frac{3\pi}{2}-\alpha\right)=\cot\alpha, \quad \cot\left(\frac{3\pi}{2}-\alpha\right)=\tan\alpha,$$

$$\cos\left(\frac{3\pi}{2}+\alpha\right)=\sin\alpha, \quad \sin\left(\frac{3\pi}{2}+\alpha\right)=-\cos\alpha,$$

$$\tan\left(\frac{3\pi}{2}+\alpha\right)=-\cot\alpha, \quad \cot\left(\frac{3\pi}{2}+\alpha\right)=-\tan\alpha.$$

以上公式统称为**诱导公式**.这些诱导公式可以概括如下:**奇变偶不变,符号看象限.**

例 18　求下列各三角函数值:

(1) $\sin(-300°)$；　　(2) $\tan\dfrac{11\pi}{3}$；　　(3) $\cos\dfrac{4\pi}{3}$；　　(4) $\sin 135°$.

解　(1) $\sin(-300°)=\sin(-360°+60°)=\sin 60°=\dfrac{\sqrt{3}}{2}$；

(2) $\tan\dfrac{11\pi}{3}=\tan\left(4\pi-\dfrac{\pi}{3}\right)=-\tan\dfrac{\pi}{3}=-\sqrt{3}$；

(3) $\cos\dfrac{4\pi}{3}=\cos\left(\pi+\dfrac{\pi}{3}\right)=-\cos\dfrac{\pi}{3}=-\dfrac{1}{2}$；

(4) $\sin 135°=\sin(180°-45°)=\sin 45°=\dfrac{\sqrt{2}}{2}$.

例 19　求证 $\dfrac{\sin(2\pi-\alpha)\tan(\pi+\alpha)\cot(-\alpha-\pi)}{\cos(\pi-\alpha)\tan(3\pi-\alpha)}=1$.

证明　$\dfrac{\sin(2\pi-\alpha)\tan(\pi+\alpha)\cot(-\alpha-\pi)}{\cos(\pi-\alpha)\tan(3\pi-\alpha)}=\dfrac{-\sin\alpha\tan\alpha\left[-\cot(\pi+\alpha)\right]}{-\cos\alpha\tan(\pi-\alpha)}$

$$=\frac{-\sin\alpha\tan\alpha(-\cot\alpha)}{-\cos\alpha(-\tan\alpha)}=1.$$

2. 三角函数的图象与性质

1) 正弦函数的图象与性质

正弦函数 $y=\sin x$ 的图象又称为**正弦曲线**,如图 1.3.11 所示.

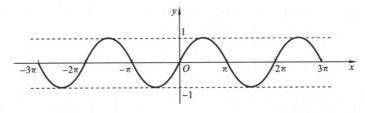

图 1.3.11

正弦函数 $y=\sin x$ 有如下主要性质:

(1) 定义域:正弦函数的定义域是 $(-\infty,+\infty)$.

(2) 值域:正弦函数的值域是 $[-1,1]$,即 $-1\leqslant\sin x\leqslant 1$.

（3）最大值和最小值：正弦函数在 $x=\dfrac{\pi}{2}+2k\pi(k\in\mathbf{Z})$ 处取得最大值 1，在 $x=\dfrac{3\pi}{2}+2k\pi$ $(k\in\mathbf{Z})$ 处取得最小值 -1.

（4）奇偶性：由 $\sin(-x)=-\sin x$ 知，正弦函数是奇函数，其图象关于原点 O 对称.

（5）周期性：由 $\sin(x+2\pi)=\sin x$ 知，正弦函数是以 2π 为周期的周期函数.

（6）单调性：正弦函数在闭区间 $\left[-\dfrac{\pi}{2}+2k\pi,\dfrac{\pi}{2}+2k\pi\right](k\in\mathbf{Z})$ 上是单调递增函数，函数值从 -1 增大到 1；在闭区间 $\left[\dfrac{\pi}{2}+2k\pi,\dfrac{3\pi}{2}+2k\pi\right](k\in\mathbf{Z})$ 上是单调递减函数，函数值从 1 减小到 -1.

2）余弦函数的图象与性质

余弦函数 $y=\cos x$ 的图象又称为**余弦曲线**，如图 1.3.12 所示.

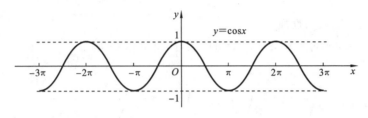

图 1.3.12

余弦函数 $y=\cos x$ 有如下主要性质：

（1）定义域：余弦函数的定义域是 $(-\infty,+\infty)$.

（2）值域：余弦函数的值域是 $[-1,1]$，即 $-1\leqslant\cos x\leqslant1$.

（3）最大值和最小值：余弦函数在 $x=2k\pi(k\in\mathbf{Z})$ 处取得最大值 1，在 $x=(2k+1)\pi(k\in\mathbf{Z})$ 处取得最小值 -1；

（4）奇偶性：由 $\cos(-x)=\cos x$ 知，$y=\cos x$ 是偶函数，因此余弦函数的图象关于 y 轴对称.

（5）周期性：余弦函数是以 2π 为周期的周期函数.

（6）单调性：余弦函数在闭区间 $[(2k-1)\pi,2k\pi](k\in\mathbf{Z})$ 上是单调递增函数，函数值从 -1 增大到 1；在闭区间 $[2k\pi,(2k+1)\pi](k\in\mathbf{Z})$ 上是单调递减函数，函数值从 1 减小到 -1.

一般地，函数 $y=A\sin(\omega x+\varphi)$ 和 $y=A\cos(\omega x+\varphi)$ 的周期 $T=\dfrac{2\pi}{\omega}$，其中 A,ω,φ 为常数，且 $A\neq0,\omega>0,x\in\mathbf{R}$.

3）正切函数的图象与性质

正切函数 $y=\tan x$ 的图象又称为**正切曲线**，如图 1.3.13 所示.

正切函数 $y=\tan x$ 有如下主要性质：

（1）定义域：正切函数的定义域是 $\left\{x\left|x\in\mathbf{R}\ \text{且}\ x\neq k\pi+\dfrac{\pi}{2},k\in\mathbf{Z}\right.\right\}$.

（2）值域：正切函数的值域是 $(-\infty,+\infty)$.

（3）奇偶性：由 $\tan(-x)=-\tan x$ 知，正切函数是奇函数，其图象关于原点 O 对称.

（4）周期性：正切函数是以 π 为周期的周期函数.

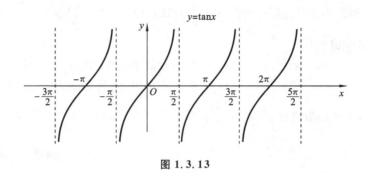

图 1.3.13

（5）单调性：正切函数 $y = \tan x$ 在每一个区间 $\left(-\dfrac{\pi}{2} + k\pi, \dfrac{\pi}{2} + k\pi\right) (k \in \mathbf{Z})$ 内都是单调递增函数.

4）余切函数的图象与性质

余切函数 $y = \cot x$ 的图象又称为**余切曲线**，如图 1.3.14 所示.

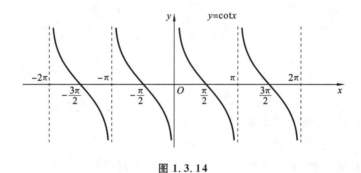

图 1.3.14

余切函数 $y = \cot x$ 有如下主要性质：

（1）定义域：$\{x \mid x \in \mathbf{R} \text{ 且 } x \neq k\pi, k \in \mathbf{Z}\}$.

（2）值域：值域为 $(-\infty, +\infty)$.

（3）奇偶性：由 $\cot(-x) = -\cot x$ 知，余切函数是奇函数，其图象关于原点 O 对称.

（4）周期性：余切函数是以 π 为周期的周期函数.

（5）单调性：余切函数 $y = \cot x$ 在每一个区间 $(k\pi, (k+1)\pi)(k \in \mathbf{Z})$ 内都是单调递减函数.

3. 反三角函数

1）反正弦函数

根据反函数的定义，正弦函数 $y = \sin x$，对于 y 在 $[-1, 1]$ 上的每一个值，x 在 $(-\infty, +\infty)$ 内有无穷多个值与它对应，所以 $y = \sin x$ 在 $(-\infty, +\infty)$ 内没有反函数，但在单调区间 $\left[-\dfrac{\pi}{2}, \dfrac{\pi}{2}\right]$ 上，x 有唯一确定的值与 y 对应，因此函数 $y = \sin x$ 在 $\left[-\dfrac{\pi}{2}, \dfrac{\pi}{2}\right]$ 存在反函数，称之为**反正弦函数**，记为 $y = \arcsin x$，它的定义域是 $[-1, 1]$，值域是 $\left[-\dfrac{\pi}{2}, \dfrac{\pi}{2}\right]$.

这样，对于每一个属于 $[-1, 1]$ 的数值 x，$\arcsin x$ 就表示属于 $\left[-\dfrac{\pi}{2}, \dfrac{\pi}{2}\right]$ 的唯一确定的一

个角. 而这个角的正弦值正好就等于 x,即

$$\sin(\arcsin x)=x.$$

根据互为反函数的函数的图象关于直线 $y=x$ 对称的性质,画出反正弦函数 $y=\arcsin x$ 的图象,如图 1.3.15 所示. 从图象上可以看出,反正弦函数 $y=\arcsin x$ 在区间 $[-1,1]$ 上是单调递增函数,且为奇函数,即

$$\arcsin(-x)=-\arcsin x,x\in[-1,1].$$

2)反余弦函数

把函数 $y=\cos x,x\in[0,\pi]$ 的反函数称为**反余弦函数**,记为 $y=\arccos x$,它的定义域是 $[-1,1]$,值域是 $[0,\pi]$. 对于每一个属于 $[-1,1]$ 的数值 x,$\arccos x$ 就表示属于 $[0,\pi]$ 的唯一确定的一个角,而这个角的余弦值正好就等于 x,即

$$\cos(\arccos x)=x.$$

由余弦函数 $y=\cos x,x\in[0,\pi]$ 的图象不难画出反余弦函数 $y=\arccos x$ 的图象,如图 1.3.16 所示.

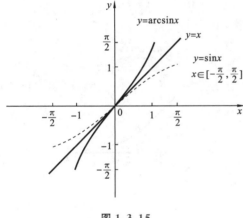

图 1.3.15

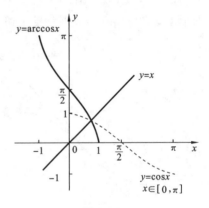

图 1.3.16

反余弦函数 $y=\arccos x$ 在区间 $[-1,1]$ 上是单调递减函数,它是非奇非偶函数.

可以证明,当 $x\in[-1,1]$ 时,有

$$\arccos(-x)=\pi-\arccos x.$$

例 20　求下列各式的值:

(1) $\arcsin\dfrac{\sqrt{2}}{2}$;　　　(2) $\arccos\left(-\dfrac{\sqrt{2}}{2}\right)$;　　　(3) $\sin\left(\arcsin\dfrac{2}{3}\right)$.

解　(1) 因为在 $\left[-\dfrac{\pi}{2},\dfrac{\pi}{2}\right]$ 上,$\sin\dfrac{\pi}{4}=\dfrac{\sqrt{2}}{2}$,所以

$$\arcsin\dfrac{\sqrt{2}}{2}=\dfrac{\pi}{4}.$$

(2) 因为在 $[0,\pi]$ 上,$\cos\dfrac{3\pi}{4}=-\dfrac{\sqrt{2}}{2}$,所以

$$\arccos\left(-\dfrac{\sqrt{2}}{2}\right)=\dfrac{3\pi}{4}.$$

(3) 因为在 $[-1,1]$ 上，$\sin(\arcsin x)=x$，所以

$$\sin\left(\arcsin\frac{2}{3}\right)=\frac{2}{3}.$$

3) 反正切函数

正切函数 $y=\tan x,x\in\left(-\dfrac{\pi}{2},\dfrac{\pi}{2}\right)$ 的反函数称为**反正切函数**，记为 $y=\arctan x$，它的定义域是 $(-\infty,+\infty)$，值域是 $\left(-\dfrac{\pi}{2},\dfrac{\pi}{2}\right)$，并且有 $\tan(\arctan x)=x$．

反正切函数 $y=\arctan x$ 在区间 $(-\infty,+\infty)$ 上是单调递增函数，且为奇函数，即

$$\arctan(-x)=-\arctan x,\quad x\in(-\infty,+\infty).$$

4) 反余切函数

余切函数 $y=\cot x,x\in(0,\pi)$ 的反函数称为**反余切函数**，记为 $y=\text{arccot}\,x$，它的定义域是 $(-\infty,+\infty)$，值域是 $(0,\pi)$，并且有 $\cot(\text{arccot}\,x)=x$．

反余切函数 $y=\text{arccot}\,x$ 在区间 $(-\infty,+\infty)$ 上是单调递减函数，它是非奇非偶函数，并且

$$\text{arccot}(-x)=\pi-\text{arccot}\,x,\quad x\in(-\infty,+\infty).$$

图 1.3.17(a) 和 (b) 分别是反正切函数和反余切函数的图象．

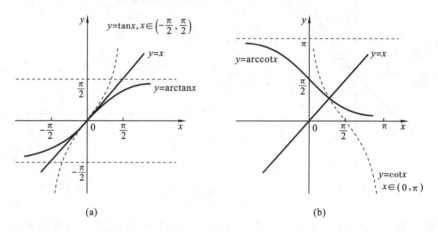

图 1.3.17

4. 正弦型函数

示波器的主要功能是将人眼看不见的电流信号、电压信号等转换成看得见的直观图形，图 1.3.18(a) 是示波器显示的交流电信号的图形，放大后的图形如图 1.3.18(b) 所示，其函数关系式为

$$y=6\sin\left(100\pi x+\frac{\pi}{2}\right).$$

1) 正弦型函数的概念

定义 1.3.2　一般地，把函数

$$y=A\sin(\omega x+\varphi)$$

称为**正弦型函数**（A,ω,φ 为常数，$A>0,\omega>0$）；A 为**振幅**，数值上等于函数 $y=A\sin(\omega x+\varphi)$ 的最大值；ω 称为**角频率**；$\omega x+\varphi$ 称为**相位**；φ 称为**初相**；振幅 A、角频率 ω、初相 φ 称为**正弦型函数的三要素**．

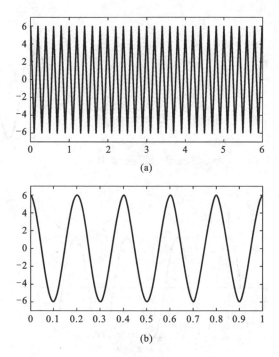

图 1.3.18

角频率 ω、周期 T、频率 f 的关系为

$$T = \frac{2\pi}{\omega}, \quad f = \frac{1}{T} = \frac{\omega}{2\pi}.$$

例如,正弦交流电 $i(t) = 6\sin\left(100\pi t - \frac{\pi}{2}\right)$ 的振幅为 $A = 6(\text{A})$,角频率 $\omega = 100\pi(\text{rad/s})$,

初相 $\varphi = -\frac{\pi}{2}$,周期 $T = \frac{1}{50}(\text{s})$,频率 $f = 50(\text{Hz})$.

2）正弦型函数的图象

例 21 画出函数 $y = 2\sin\left(2x + \frac{\pi}{2}\right)$ 的简图.

解 （1）列表.

将 $2x + \frac{\pi}{2}$ 整体作为变量,在 $[0, 2\pi]$ 的一个周期内找到五个特殊点,如表 1.3.3 所示.

表 1.3.3

$2x + \frac{\pi}{2}$	0	$\frac{\pi}{2}$	π	$\frac{3\pi}{2}$	2π
x	$-\frac{\pi}{4}$	0	$\frac{\pi}{4}$	$\frac{\pi}{2}$	$\frac{3\pi}{4}$
y	0	2	0	-2	0

（2）描点.

在直角坐标系中描点 $\left(-\frac{\pi}{4}, 0\right)$、$(0, 2)$、$\left(\frac{\pi}{4}, 0\right)$、$\left(\frac{\pi}{2}, -2\right)$、$\left(\frac{3\pi}{4}, 0\right)$.

（3）连线.

连接这五个点，绘出 $y=2\sin\left(2x+\dfrac{\pi}{2}\right)$ 在一个周

期内的简图，如图 1.3.19 所示.

（4）延伸.

将 $y=2\sin\left(2x+\dfrac{\pi}{2}\right)$ 在一个周期 $\left[-\dfrac{\pi}{4},\dfrac{3\pi}{4}\right]$ 内的

图象左右延伸，可得 $y=2\sin\left(2x+\dfrac{\pi}{2}\right)$ 在整个定义域 **R**

内的图形，如图 1.3.20 所示.

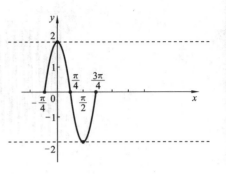

图 1.3.19

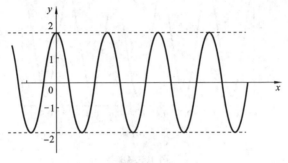

图 1.3.20

3）A,ω,φ 的变换对正弦型函数图象的影响

（1）振幅 A 的变换.

观察 $y=\sin x,y=2\sin x,y=\dfrac{1}{2}\sin x$ 在一个周期内的简图，如图 1.3.21 所示，可得振幅 A

的变换规律：**改变振幅 A，图象纵向伸缩（横坐标不变）**. 具体为

$$y=\sin x \xrightarrow{\text{纵坐标伸长到原来的 }A\text{ 倍}} y=A\sin x\ (A>1),$$

$$y=\sin x \xrightarrow{\text{纵坐标缩短到原来的 }A\text{ 倍}} y=A\sin x\ (0<A<1).$$

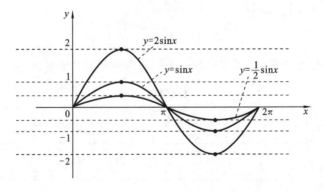

图 1.3.21

（2）角频率 ω 的变换.

观察 $y=\sin x,y=\sin 2x,y=\sin\dfrac{1}{2}x$ 在一个周期内的图象，如图 1.3.22 所示，可得角频率

ω 的变换规律:**改变角频率 ω,图象横向伸缩(纵坐标不变)**.具体为

$$y=\sin x \xrightarrow{\quad\text{横坐标缩短到原来的} \frac{1}{\omega} \text{倍}\quad} y=\sin\omega x \ (\omega>1),$$

$$y=\sin x \xrightarrow{\quad\text{横坐标伸长到原来的} \frac{1}{\omega} \text{倍}\quad} y=\sin\omega x \ (0<\omega<1).$$

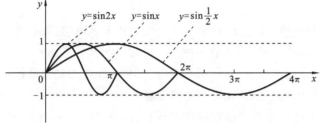

图 1.3.22

(3) 初相 φ 的变换.

观察 $y=\sin x$,$y=\sin\left(x+\dfrac{\pi}{2}\right)$,$y=\sin\left(x-\dfrac{\pi}{2}\right)$ 在一个周期内的简图,如图 1.3.23 所示,可得初相 φ 的变换规律:**改变初相 φ,图象左右平移**.具体为

$$y=\sin x \xrightarrow{\quad\text{图象向左平移} \varphi \text{个单位}\quad} y=\sin(x+\varphi) \ (\varphi>0),$$

$$y=\sin x \xrightarrow{\quad\text{图象向右平移} |\varphi| \text{个单位}\quad} y=\sin(x+\varphi) \ (\varphi<0).$$

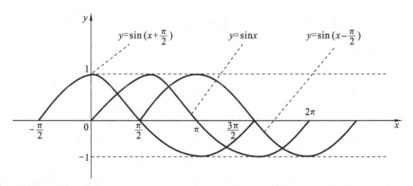

图 1.3.23

例 22　求正弦交流电 $i_1(t)$ 与 $i_2(t)$ 的相位差,其中

$$i_1(t)=10\sin(100\pi t+\pi),\quad i_2(t)=10\sin\left(100\pi t+\dfrac{\pi}{3}\right).$$

解　$i_1(t)$ 与 $i_2(t)$ 的相位差为 $\pi-\dfrac{\pi}{3}=\dfrac{2\pi}{3}$.

例 23　求雷达信号 $u_1(t)$ 与 $u_2(t)$ 的相位差,其中

$$u_1(t)=p\sin\left(\omega_0 t-\dfrac{\pi}{2}\right),\quad u_2(t)=p\sin(\omega_0 t-\pi).$$

解　$u_1(t)$ 与 $u_2(t)$ 的相位差为 $-\dfrac{\pi}{2}-(-\pi)=\dfrac{\pi}{2}$.

1.4　初 等 函 数

本节课件

1.4.1　复合函数

在实际问题中,两变量之间要通过第三个变量而建立联系,它的数学描述就是复合函数.

设函数 $y=f(u)$, $u=g(x)$,当函数 $y=f(u)$ 的定义域与函数 $u=g(x)$ 的值域的交集非空时,则称 $y=f[g(x)]$ 是由函数 $y=f(u)$ 和 $u=g(x)$ 复合而成的**复合函数**,其中 $y=f(u)$ 称为**外层函数**, $u=g(x)$ 称为**内层函数**, u 称为**中间变量**.

由定义可知,并不是任意两个函数都能进行复合运算. 例如,函数 $y=\arcsin u$ 和 $u=2+x^2$,因为 $y=\arcsin u$ 的定义域为 $[-1,1]$, $u=2+x^2$ 的值域为 $[2,+\infty)$,两者没有公共部分,所以这两个函数不能构成复合函数.

复合函数的概念可以推广到两个以上函数复合的情况. 例如, $y=\lg u$, $u=3+v^2$, $v=\cos x$ 构成的复合函数是 $y=\lg(3+\cos^2 x)$.

例 1　指出下列函数是由哪些简单函数复合而成的(简单函数是指基本初等函数或由基本初等函数经过有限次四则运算所构成的函数).

(1) $y=\sin x^2$;　　　　　　　　(2) $y=\mathrm{e}^{\cos\frac{1}{x}}$;

(3) $y=\sqrt{3-\mathrm{e}^x}$;　　　　　　　(4) $y=\arctan\dfrac{x^2-1}{x^2+1}$.

解（1） $y=\sin x^2$ 是由 $y=\sin u$, $u=x^2$ 复合而成的.

(2) $y=\mathrm{e}^{\cos\frac{1}{x}}$ 是由 $y=\mathrm{e}^u$, $u=\cos v$, $v=\dfrac{1}{x}$ 复合而成的.

(3) $y=\sqrt{3-\mathrm{e}^x}$ 是由 $y=\sqrt{u}$, $u=3-\mathrm{e}^x$ 复合而成的.

(4) $y=\arctan\dfrac{x^2-1}{x^2+1}$ 是由 $y=\arctan u$, $u=\dfrac{x^2-1}{x^2+1}$ 复合而成的.

1.4.2　初 等 函 数

一般地,由基本初等函数经过有限次四则运算和有限次复合运算构成,并可以用一个式子表示的函数,称为**初等函数**. 例如, $y=\sqrt{1-x^2}$, $y=\mathrm{e}^{\sin\frac{1}{x}}$ 等都是初等函数.

1.4.3　分 段 函 数

在工程技术中经常会出现这样的函数,在其定义域的不同子集上用不同的解析式表示,这样的函数称为**分段函数**. 注意:分段函数是一个函数,不能说成是几个函数.

下面介绍几个常用的分段函数.

1. 绝对值函数

$$y=|x|=\begin{cases} x, & x\geqslant 0, \\ -x, & x<0. \end{cases}$$

它的定义域 $D=\mathbf{R}$,值域 $R_f=[0,+\infty)$,如图 1.4.1 所示.

2. 符号函数

$$y=\operatorname{sgn}x=\begin{cases}1, & x>0,\\0, & x=0,\\-1, & x<0.\end{cases}$$

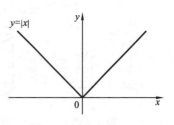

图 1.4.1

它的定义域 $D=\mathbf{R}$，值域 $R_f=\{-1,0,1\}$，如图 1.4.2 所示.

3. 取整函数

$y=[x]$，这里的记号 $[x]$ 表示不超过 x 的最大整数. 例如，$[3.1]=3,[-3.1]=-4,[3]=3$ 等. 定义域 $D=\mathbf{R}$，值域 $R_f=\mathbf{Z}$（全体整数），如图 1.4.3 所示.

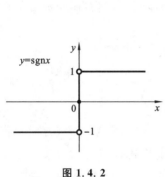

图 1.4.2

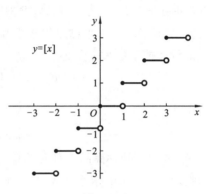

图 1.4.3

4. 狄利克雷函数

$$y=f(x)=\begin{cases}1, & \text{当 } x \text{ 为有理数时},\\0, & \text{当 } x \text{ 为无理数时}.\end{cases}$$

例 2 设

$$f(x)=\begin{cases}x^2+1, & x>0,\\x, & -2<x\leqslant0,\\-x-2, & x\leqslant-2.\end{cases}$$

(1) 确定函数的定义域；

(2) 计算 $f(-4),f(-1),f(2)$.

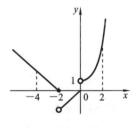

图 1.4.4

解 (1) 函数定义域为 $(-\infty,\infty)$，如图 1.4.4 所示.

(2) 因为当 $x\leqslant-2$ 时，$f(x)=-x-2$，所以

$$f(-4)=-(-4)-2=2,$$

同理可得

$$f(-1)=-1,f(2)=5.$$

1.4.4　函数模型的建立

例 3 设一矩形的周长为 $2p$，现绕其一边旋转一周生成一圆柱体，求圆柱体体积 V 与底半径 x 的函数关系.

解 如图 1.4.5 所示，$V=\pi x^2 y$，又 $2(x+y)=2p$，从而函数关系为

$$V=\pi x^2(p-x).$$

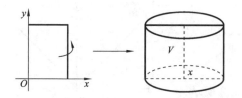

图 1.4.5　圆柱体体积 V 与底半径 x 之间的函数模型

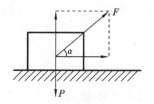

图 1.4.6　物体开始移动时拉力 F
与角 α 之间的函数模型

例 4（物体移动模型）　重力为 P 的物体置于地平面上，设有一与水平方向成 α 角的拉力 F 使物体由静止开始移动（见图 1.4.6），求物体开始移动时拉力 F 与角 α 之间的函数模型.

解　由物理知识知，当水平拉力与摩擦力平衡时，物体开始移动，而摩擦力与正压力 $P-F\sin\alpha$ 成正比（设摩擦系数为 μ），故有

$$F\cos\alpha=\mu(P-F\sin\alpha),$$

即

$$F=\frac{\mu P}{\cos\alpha+\mu\sin\alpha}\ (0°\leqslant\alpha<90°).$$

例 5　一企业生产某种商品 x 件时的总成本为 $C(x)=100+2x+x^2$（万元）. 若每售出一件该商品的收入是 50 万元，求生产 30 件时的总利润和平均利润.

解　由于该商品的价格 $p=50$ 万元，故售出 x 件该商品时的总收入函数为

$$R(x)=px=50x,$$

因此，总利润函数为

$$L(x)=R(x)-C(x)=-100+48x-x^2.$$

于是，生产 30 件该商品的总利润为

$$L(30)=-100+48\times30-30^2=440（万元）.$$

平均利润为

$$\overline{L}(30)=\frac{L(30)}{30}\approx14.67（万元）.$$

例 6（单利模型）　在金融业务中有一种利息叫做单利. 设 p 是本金，r 是计息的利率，c 是计息期满应付的利息，n 是计息期数，I 是 n 个计息期（即借期或存期）应付的单利，A 是本利和，求本利和 A 与计息期数 n 的函数模型.

解　计息期的利率 $=\dfrac{\text{计息期满的利息}}{\text{本金}}$，即 $r=\dfrac{c}{p}$.

由此得 $c=pr$，单利与计息期数成正比，即 n 个计息期应付的单利为

$$I=cn.$$

因为 $c=pr$，所以 $I=prn$，本利和为

$$A=p+I,\quad 即\quad A=p+prn.$$

可得本利和与计息期数的函数关系，即单利模型为

$$A=p(1+rn).$$

建立函数模型是一个比较灵活的问题，无定法可循，只有多做些练习才能逐步掌握.

本节课件

1.5　MATLAB 简介及函数的 MATLAB 求解

MATLAB 是矩阵实验室(Matrix Laboratory)的简称,是美国 MathWorks 公司开发的一款商业数学软件,主要有数值计算、符号计算、数据分析和可视化、文字处理等功能,具有功能强大、界面友好、扩展性强、帮助完善等特点,应用广泛而且易学易用,受到越来越多科技工作者的欢迎.

1.5.1　MATLAB 简介

启动 MATLAB 后,进入 MATLAB 的主界面,MATLAB R2016a 的默认主界面如图 1.5.1 所示(不同操作状态下桌面布局略有不同). 第一行从左至右依次为主页、绘图、应用程序三个通用工具条,快捷工具栏,搜索文档输入框等;第二行是工具条内容;第三行用于文件夹操作,并显示或修改当前文件夹的位置. 下面有三个常用的操作窗口,中间最大的是命令行窗口(Command Window),左侧为当前文件夹窗口(Current Folder),右侧为工作区窗口(Workspace).

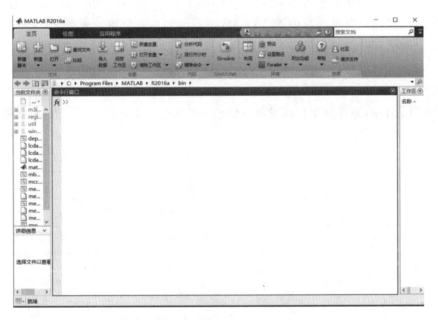

图 1.5.1　MATLAB R2016a 的默认主界面

1. 工具条

"主页"工具条汇集了一些最常用的工具栏和菜单,分为文件(File)、变量(Variable)、代码(Code)、环境(Environment)、资源(Resources)等区域,用于文件操作、数据导入、变量处理、程序调试、桌面布局等."绘图"工具条包含作图工具. "应用程序"工具条收纳了应用程序的交互式计算工具,内容取决于你所安装的专业工具箱,如优化、机器学习、曲线拟合等.

在操作 MATLAB 时,如果弄乱了界面,例如找不到某些操作窗口,就可以选"主页"工具条"环境"区域的"布局",选定"默认"来恢复初始状态.如果中文显示乱码,可以通过"主页"工具条"环境"区域的"预设"—"字体",将字体设为中文宋体."主页"工具条"资源"区域的"帮助",提供了 MATLAB 的文档、实例、视频和在线课程等学习材料,供学习参考.

2. 窗口

(1)"命令行"窗口是进行 MATLAB 操作的最主要窗口.窗口中"≫"为命令行输入提示符,提示输入 MATLAB 运算命令,按回车键(Enter)就可执行运算,并直接在此窗口显示运算结果(图形除外).

书写约定:

"≫"表示本行字符是在命令行窗口输入的命令,"≫"本身不是输入字符.

"％"后面书写的是用于解释的文字,不参与运算.

例如,

```
>>a=1; b=2; c=a+b          ％ 键入后,按回车键(Enter)
c=
      3
```

(2)"当前文件夹"窗口列出当前文件夹中的程序 M 文件(.m)和数据文件(.mat,.txt)等,用鼠标选中文件,点击右键可以进行打开(Open)、运行(Run)、删除(Delete)等操作.

(3)"工作区"窗口列出内存中 MATLAB 工作区的所有变量的变量名(Name)、值(Value)等.经过计算,可以在工作区看到变量的信息,用鼠标选中变量,点击右键可以进行打开(Open Selection)、保存(Save as)、删除(Delete)、编辑值(Edit Value)等操作.

3. 快捷键

在 MATLAB 中,熟练使用快捷键可以使很多操作变得十分简单,表 1.5.1 列出了 MATLAB 中常用的部分快捷键.

表 1.5.1

键 盘 按 键	功 能 说 明
↑	Ctrl+P,调用上一行命令
↓	Ctrl+N,调用下一行命令
←	Ctrl+B,光标左移一个字符
→	Ctrl+F,光标右移一个字符
Home	Ctrl+A,光标置于当前行开头
End	Ctrl+E,光标置于当前行末尾
Esc	Ctrl+D,清除当前输入行

1.5.2　基本命令

MATLAB 通用命令主要用于对 MATLAB 进行管理,表 1.5.2 列出了 MATLAB 中常用的部分通用命令.

表 1.5.2

命　令	功 能 说 明
clear	清除工作区中的变量
clc	清除命令行窗口中的内容
help	在命令行窗口中显示帮助文档
quit 或 exit	退出 MATLAB

算术运算符是构成运算的最基本命令,由算术运算符构成的表达式称为**算术表达式**.常用的算术运算符如表 1.5.3 所示.

表 1.5.3

算术运算符	功 能 说 明
＋	加法运算,两个数相加或两个同阶矩阵相加
－	减法运算,可以是两个数相减,也可以是两个矩阵相减
*	乘法运算,可以是两个数相乘,也可以是两个矩阵相乘
/	除法运算,如"a/b"表示"$a \cdot b^{-1}$"
^	幂运算,如"a^b"表示"a 的 b 次幂"

MATLAB 提供了大量的函数用来对数据进行处理,表 1.5.4 列出了 MATLAB 的常用函数.

表 1.5.4

函数类型	MATLAB 软件求解函数命令	功 能 说 明
开平方	sqrt(x)	算术平方根 $\sqrt{x}$
指数函数	exp(x)	以 e 为底的指数 e^x
对数函数	log(x)	自然对数 $\ln x$
	log10(x)	以 10 为底的对数 $\lg x$
	log2(x)	以 2 为底的对数 $\log_2 x$
三角函数	sin(x)	正弦函数 $\sin x$
	cos(x)	余弦函数 $\cos x$
	tan(x)	正切函数 $\tan x$
	cot(x)	余切函数 $\cot x$
反三角函数	asin(x)	反正弦函数 $\arcsin x$
	acos(x)	反余弦函数 $\arccos x$
	atan(x)	反正切函数 $\arctan x$
	acot(x)	反余切函数 $\text{arccot} x$
其他函数	abs(x)	绝对值 $|x|$

注:上述三角函数中的 x 以弧度为单位,如果以角度为单位,则对应的 MATLAB 命令为 sind(x)、cosd(x)、tand(x)、cotd(x).

MATLAB 可以帮助我们求解方程、绘制函数图形等,表 1.5.5 列出了 MATLAB 中常用的解方程和绘图函数.

表 1.5.5

函数名称	命 令 语 法	功 能 说 明
solve	solve('eq','x')	以指定的变量 x 为未知数求解方程 eq
ezplot	ezplot('fun',[a,b])	画一元函数 $y=f(x)$ 在 $x\in[a,b]$ 上的图象
	ezplot('fun2',[a,b,c,d])	画二元函数 $f(x,y)=0$ 在 $x\in[a,b]$,$y\in[c,d]$ 上的图象
hold	hold on	使当前坐标轴及图形保持而不被刷新,准备接收此后绘制的图形,多图共存
	hold off	使当前坐标轴及图形不再具备被刷新的性质,新图出现时,原图被替换

1.5.3　求解示例

例 1　当 $x=-1,y=12$ 时,求代数式 $x^3+2y^2-2xy+6$ 的值.

解　>>x=-1;

>>y=12;

>>x^3+2*y^2-2*x*y+6

ans=

317

说明:

(1) 在 MATLAB 中,变量不需要预先声明就可以进行赋值;

(2) 变量名、函数名区分大小写;

(3) 变量名只能包含字母、数字和下画线,且只能以字母开头;

(4) MATLAB 语句结尾不加分号,当点击回车时,运行结果会立即显示出来,如果语句结尾加了分号,运行结果就不在命令窗口显示;

(5) 运算结果没有赋给变量时,默认在结果前显示"ans ＝".

例 2　解方程 $x^2-x-2=0$.

解　在高版本的 MATLAB 中输入:

>>syms x

>>solve(x^2-x-2==0)　　　% 方程中的等号为"=="，是两个连写的"="

ans=

-1

2

在低版本的 MATLAB 中输入:

>>syms x

>>solve('x^2-x-2=0',x)

ans=

```
2
-1
```

说明：syms x 表示定义变量 x，在 MATLAB 中 syms 函数可以一次性定义多个符号变量，例如，syms x y 同时定义了两个变量 x 和 y.

例 3　绘制函数 $y = \sin\dfrac{2}{x}, x \in [-2\pi, 2\pi]$ 的图象.

解　>>ezplot('sin(2/x)',[-2*pi,2*pi])

函数图象如图 1.5.2 所示.

例 4　绘制二元函数 $x^2 - 4y = 0, x \in [-10,10], y \in [0,10]$ 的图象.

解　>>ezplot('x^2-4*y',[-10,10,0,10])

函数图象如图 1.5.3 所示.

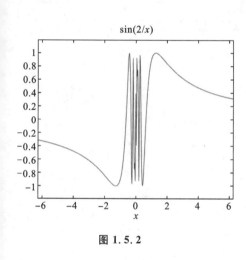

图 1.5.2

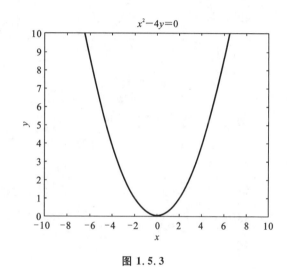

图 1.5.3

例 5　解不等式 $x^2 - 4x - 5 > 0$.

分析　MATLAB 解不等式：第一步，将不等式看作等式，用 solve 函数求解；第二步，用 ezplot 函数画出图象；第三步，根据图象人为判断，求出解的范围。

解　>>syms x

>>solve(x^2-4*x-5==0) % 在低版本 MATLAB 中，输入 solve ('x^2-4*x-5=0',x)

ans=

-1

5

>>ezplot ('y=x^2-4*x-5',[-10,10])

函数图象如图 1.5.4 所示.

观察图象可知，不等式 $x^2 - 4x - 5 > 0$ 的解为 $\{x \mid x < -1 \text{ 或 } x > 5\}$.

例 6　在同一坐标系下绘制函数 $y = \sin x, y = \cos x, x \in [-2\pi, 2\pi]$ 的图象.

解　>>ezplot('sin(x)',[-2*pi,2*pi])

>>hold on

```
>>ezplot ('cos(x)',[-2*pi,2*pi])
>>hold off
```

函数图象如图 1.5.5 所示.

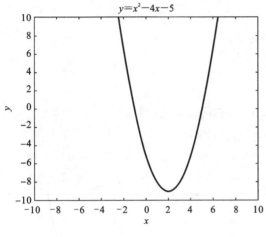

图 1.5.4

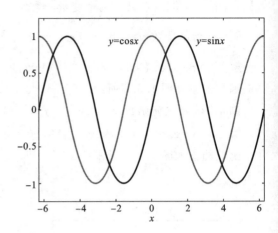

图 1.5.5

例 7　求解下列各式的值：

(1) $\sqrt{3}$；

(2) e^2；

(3) $\ln 9$；

(4) $\lg 7$；

(5) $\log_2 9$；

(6) $\sin 1.57$；

(7) $\sin 30°$；

(8) $\cos 60°$；

(9) $\tan(-1)$；

(10) $\cot \dfrac{3\pi}{4}$；

(11) $\arcsin \dfrac{1}{2}$；

(12) $|-3.14|$.

解

(1) ```>>sqrt (3)```

　　ans=

　　1.7321

(2) ```>>exp (2)```

　　ans=

　　7.3891

(3) ```>>log (9)```

　　ans =

　　2.1972

(4) ```>>log10 (7)```

　　ans=

　　0.8451

(5) ```>>log2 (9)```

　　ans=

　　3.1699

(6) ```>>sin (1.57)```　　% 当自变量 x 为弧度时，用 sin() 函数求解

```
    ans=
    1.0000
```
(7) >>sind (30)　　% 当自变量 x 为角度时,用 sind()函数求解
```
    ans=
    0.5000
```
(8) >>cosd (60)
```
    ans=
    0.5000
```
(9) >>tan (-1)
```
    ans=
    -1.5574
```
(10) >>cot (3*pi/4)
```
    ans=
    -1.0000
```
(11) >>asin (1/2)
```
    ans=
    0.5236
```
(12) >>abs (-3.14)
```
    ans=
    3.1400
```

拓展阅读

数学的作用

　　数学有用吗? 有什么用? 事实上,数学不仅有用,而且是最有用的科学之一.数学从它诞生之日起就打上了应用的烙印.货物交易、土地测量、历法等都是古代数学研究的内容.我国古代数学著作《九章算术》《周髀算经》《孙子算经》等都是研究与日常生活密切相关的计算问题.

　　2019 年 11 月 26 日在巴黎召开的联合国教科文组织第 40 届全体大会上通过决议,将每年 3 月 14 日定为国际数学日(International Day of Mathematics),俗称国际数学节.2020 年,国际数学联盟庆祝首届国际数学节的主题词是"数学无处不在".这正是向公众宣传数学在各行各业发挥着重要的作用.

　　数学是所有自然科学的基础,也是强有力的工具,对许多其他科学领域的发展起着重要的作用.下面举几个数学发挥重要作用的例子.

　　在医学方面,2020 年全世界各地爆发了新冠疫情,CT 肺部影像是帮助医生确诊该病的重要依据,而 CT 成像的原理其实是数学中的拉东(Randon)变换.

　　在土木工程方面,无论是桥梁、水坝还是高层建筑,在设计中都需要用数学中的有限元方

法对其结构进行应力分析.20 世纪 50 年代末至 60 年代初,我国计算数学的奠基人和开拓者冯康在解决大型水坝计算问题的集体研究实践的基础上,独立于西方创造了一种求解偏微分方程的计算方法——有限元方法.1984 年,冯康还开创性地提出了哈密顿体系的辛几何算法,该算法在天体轨道计算等诸多方面有广泛的应用,他因此被追授予 1997 年国家自然科学奖一等奖.

在地球勘探中,为什么我们能知道看不见、摸不着的地下结构,了解油、气、煤等资源的分布情况呢?除了钻井直接取样这种高成本方法,更多的是依赖间接的方法——地球物理勘探,而其核心是数学中的求解微分反演问题.

在通信中,数学也起着至关重要的作用.例如,通信编码方式、天线设计、通信资源优化配置等本质上都是数学问题.我国在 5G 领域处于国际领先地位,而 5G 标准正是基于土耳其数学家埃达尔·阿勒坎提出的极化码理论.

科技的发展不断促进着人类武器的更新和进步,数学与军事和战争紧密地联系在一起.洲际弹道导弹是一个大国用于战略打击的"国之重器",其攻击范围可达上万公里,拥有复杂的弹道,从起飞到大气层,一直到最后的变轨机动都需要在发射前设定好弹道,所以复杂的计算是所有地对地导弹定型之前必经的阶段.只有拥有精确的弹道计算结果,才能为己方弹道导弹加上眼睛,在这期间,空气动力学与运动学过程以复杂的数学方程及计算的形式表现出来.我国在进行第一枚中程地地战略导弹弹道计算的过程中,就动用了大量人力,运用手摇计算机和大量演算纸算出了导弹的精确弹道.

上面这些例子告诉我们,数学的确无处不在.自然和生活中出现的很多现象,我们都可以用数学理论、数学方法进行分析和解释.著名数学家拉普拉斯曾说过:"一切自然现象只是少数几个永恒规律的数学推论."中国科学院院士、数学家华罗庚先生也曾说过:"宇宙之大,粒子之微,火箭之速,化工之巧,地球之变,生物之谜,日用之繁,无处不用数学."

数学教育看起来只是一种知识教育,但本质上是一种素质教育.实际上,通过认真的数学学习和严格的数学训练,可以使我们具备一些特有的素质和能力.这些素质和能力是其他课程的学习和其他方面的实践无法替代或难以达到的,它们包括自觉的数量观念、严密的逻辑思维能力、高度的抽象思维能力、认真细致的作风、精益求精的习惯,以及运用数学知识处理现实世界中各种复杂问题的意识、信念和能力.希望大家努力学好数学,并利用数学这一既神奇又实用的思路、工具和方法,努力揭示大自然和人类社会的种种奥妙和规律,对我们所处的这个世界有更好的了解和认知,进而为国家、为民族、为人类造福.

习 题 1

习题答案

1. 用适当的符号($\in$,$\subset$,$\notin$,$\supset$,$=$)填空:

(1) 0 _____ $\{0\}$;

(2) $\varnothing$ _____ $\{0\}$;

(3) $\varnothing$ _____ $\{a,b\}$;

(4) a _____ $\{a\}$;

(5) $\{a\}$ _____ $\{a,b\}$;

(6) $\{x \mid x^2-x-2=0\}$ _____ $\{-1,2\}$;

(7) $\{x \mid x-2>0\}$ _____ $\{x \mid x\geqslant 2\}$;

(8) $\{x \mid x(x-1)=0\}$ _____ $\{0,1\}$.

2. 设 $M=\{x\,|\,0\leqslant x<2\}$,$N=\{x\,|\,0<x<1\}$,求 $M\bigcap N$.

3. 设 $A=\{x\,|\,x^2+x-6<0\}$,$B=\{x\,|\,x^2-2x-3\leqslant0\}$,求 $A\bigcap B$.

4. 设 $A=\{1,3,5,7,9\}$,$B=\{2,4,6,8,10\}$,求 $A\bigcap B,A\bigcup B$.

5. 设 $U=\{0,1,2,3,4,5,6\}$,$A=\{1,3,5,6\}$,$B=\{2,3,4,6\}$,求 $A\bigcap B,A\bigcup B$, $\complement_U A,\complement_U B$.

6. 设 $A=\{x\,|\,-1\leqslant x<3\}$,$B=\{x\,|\,1<x\leqslant5\}$,求 $A\bigcap B,A\bigcup B$.

7. 设全集 $U=\mathbf{R}$,$A=\{x\,|\,-2<x+1<3\}$,$B=\{x\,|\,x-1>0\}$,求:

(1) $A\bigcap B$;　(2) $A\bigcup B$;　(3) $\complement_U A$.

8. 已知 $A=\{(x,y)\,|\,2x+3y=1\}$,$B=\{(x,y)\,|\,3x-2y=3\}$,求 $A\bigcap B$.

9. 已知 $A=\{x\,|\,2x^2+x+m=0\}$,$B=\{x\,|\,2x^2+nx+2=0\}$,且 $A\bigcap B=\left\{\dfrac{1}{2}\right\}$,求 $A\bigcup B$.

10. 求下列函数的定义域:

(1) $y=\dfrac{2}{x^2+3x+2}$;
(2) $y=\dfrac{\sqrt{x+1}}{x+2}$;

(3) $y=\dfrac{1}{x^2-2x+2}$;
(4) $f(x)=\dfrac{x}{\sqrt{x^2-x-6}}$.

11. 设 $f(x)=1+x^2$,求 $f(0)$,$f\left(\dfrac{1}{a}\right)$.

12. 判断下列函数的奇偶性:

(1) $f(x)=e^{x^2}\sin x$;
(2) $f(x)=\dfrac{a^x+a^{-x}}{2}$;

(3) $f(x)=x^2-x$;
(4) $f(x)=x+\sin x$.

13. 求 $y=\dfrac{1}{1+x}$ 的反函数.

14. 若 $f(x)=\dfrac{1}{1+x}$,$g(x)=1+x^2$,求 $f\left(\dfrac{1}{x}\right)$,$g\left(\dfrac{1}{x}\right)$,$f[f(x)]$,$f[g(x)]$,$g[f(x)]$, $g[f(1)]$,$f[g(2)]$.

15. 若 $F(x)=x^2-3x+7$,计算 $F(2+h)$,$\dfrac{F(2+h)-F(2)}{h}$.

16. 计算下列各式的值:

(1) $\sin\dfrac{\pi}{2}$;
(2) $\sin\pi$;
(3) $\cos0$;

(4) $\tan\alpha\cot\alpha$;
(5) $\sin\alpha\csc\alpha$;
(6) $1+\tan^2\alpha$.

17. 化简并计算下列各式的值:

(1) $\lg\sqrt[3]{100}$;
(2) $(\lg5)^2+\lg2\cdot\lg5+\lg2$;

(3) $\dfrac{\lg25\cdot\lg\sqrt{2}}{1-\lg2}+\lg5$.

18. 已知 $\sin\alpha=\dfrac{1}{5}$,且 $\dfrac{\pi}{2}<\alpha<\pi$,求 $\cos\alpha$,$\tan\alpha$ 的值.

19. 已知 $\sin\alpha+\cos\alpha=\dfrac{1}{5}$,且 $0<\alpha<\pi$,求 $\tan\alpha$.

20. 已知 $\cos\alpha = \dfrac{1}{4}$, $\alpha \in \left(\dfrac{3}{2}\pi, 2\pi\right)$, 求 $\sin 2\alpha$, $\cos 2\alpha$ 的值.

21. 已知 $\tan\alpha = 2$, 且 $\pi < \alpha < \dfrac{3\pi}{2}$, 求:

(1) $\sin\alpha$, $\cos\alpha$; (2) $\dfrac{\sin\alpha + \cos\alpha}{\sin\alpha - \cos\alpha}$.

22. 利用二倍角公式求下列各式的值:

(1) $\dfrac{2\tan 22.5^\circ}{1 - \tan^2 22.5^\circ}$; (2) $2\cos^2 67.5^\circ - 1$; (3) $1 - 2\sin^2 \dfrac{5\pi}{12}$.

23. 化简 $\dfrac{\sin(\pi + 2\theta) \cdot \sin(2\pi - \theta)}{1 + \cos(\pi - 2\theta)}$.

24. 解下列不等式:

(1) $0 < \log_{\frac{1}{2}} x < 1$; (2) $\log_3 x^2 > \log_3(3x - 2)$.

25. 比较大小:

(1) $2^{\frac{3}{2}}$ 与 $3^{\frac{3}{2}}$; (2) $3^{-\frac{4}{3}}$ 与 $5^{-\frac{4}{3}}$; (3) $2.7^{\frac{1}{3}}$ 与 $2.7^{-\frac{1}{2}}$;

(4) $0.6^{-1.3}$ 与 1; (5) $\lg 5$ 与 $\lg 3$; (6) $\log_{\frac{1}{3}} \dfrac{1}{4}$ 与 1.

26. 指出下列函数的复合过程:

(1) $y = \sqrt{x^2 + 1}$; (2) $y = (1 + \ln x)^2$;

(3) $y = 2^{x+1}$; (4) $y = \cos^2 x$;

(5) $y = \sqrt[3]{a^2 - x^2}$; (6) $y = \sin^2(2x + 1)$;

(7) $y = \ln\sin e^x$; (8) $y = e^{\cos(x^2 + 2)}$.

27. 设

$$f(x) = \begin{cases} x^2, & -2 \leqslant x < 0, \\ 2, & x = 0, \\ 1 + x, & 0 < x \leqslant 3, \end{cases}$$

试确定函数的定义域, 并画出函数的图形, 计算 $f(-1)$, $f(2)$.

28. 设某企业对某种产品制定的销售策略是: 购买 20 公斤及以下按每公斤 10 元收费; 购买量不大于 200 公斤, 则超过 20 公斤的部分按每公斤 7 元收费; 购买量超过 200 公斤, 则超过 200 公斤的部分按每公斤 5 元收费, 试给出购买量 x(公斤)与费用 y(元)的函数关系.

29. 若 $f(x+1) = x^2 - 3x + 2$, 求函数 $f(x)$.

30. 为实现建设小康社会的目标, 我国计划自 2000 年起国民生产总值增长率保持在 7.2%, 试问多少年后我国国民生产总值能翻两番(是 2000 年的 4 倍)?

31. 用 MATLAB 计算:

(1) 当 $x = 12$ 时代数式 $x^3 + 2x^2 - 4x - 5$ 的值;

(2) 当 $x = 3$, $y = 4$ 时代数式 $x^2 + y^2 - 3xy$ 的值.

32. 用 MATLAB 求解下列方程:

(1) $x^2 - 5x + 4 = 0$; (2) $x^2 - 25 = 0$.

33. 用 MATLAB 绘制下列函数的图象:

(1) $y = x^2 - 1$, $x \in [-10, 10]$; (2) $x^3 - 3y = 0$, $x \in [-5, 5]$.

34. 用 MATLAB 求解下列不等式：

(1) $x^2 - 4 < 0$；

(2) $x^2 - 4x + 3 > 0$.

35. 用 MATLAB 在同一坐标系下绘制函数 $y = x^2$, $y = x^3$, $x \in [-2, 2]$ 的图象.

第 2 章　极限与连续

极限是微积分最重要的概念之一,是微积分的基础,是微积分区别于初等数学的重要工具. 本章将从我国古代数学问题出发,探索极限思想的起源,介绍极限的概念、性质及运算法则,在此基础上建立函数连续的概念,讨论连续函数的性质及应用.

2.1　数列的极限

本节课件

2.1.1　数列

1. 数列的定义

按照一定规律,以非零自然数顺序排成的一列数 $a_1, a_2, a_3, \cdots, a_n, \cdots$ 称为**数列**,记为 $\{a_n\}$. 数列里的每一个数称为数列的**项**,第一个位置上的数称为第一项,第二个位置上的数称为第二项,依次类推,第 n 个位置上的数称为第 n 项. 如果数列的第 n 项 a_n 可以用一个关于 n 的式子表示,那么 a_n 称为数列的**通项**,这个式子称为数列的**通项公式**.

例 1　写出下列各数列的通项.

(1) $\dfrac{1}{2}, \dfrac{2}{3}, \dfrac{3}{4}, \dfrac{4}{5}, \cdots$;

(2) $2, 4, 8, 16, \cdots$;

(3) $\dfrac{1}{2}, \dfrac{1}{4}, \dfrac{1}{8}, \dfrac{1}{16}, \cdots$;

(4) $2, \dfrac{1}{2}, \dfrac{4}{3}, \dfrac{3}{4}, \dfrac{6}{5}, \cdots$.

解　(1) $a_n = \dfrac{n}{n+1}$;　　　　　(2) $a_n = 2^n$;

(3) $a_n = \dfrac{1}{2^n}$;　　　　　　　(4) $a_n = \dfrac{n + (-1)^{n+1}}{n}$.

数列按照项数是否有限,可分为有限数列和无穷数列. 在无穷数列中,对于任意一个正整数 n,在数列中的第 n 项都有唯一确定的数和它对应. 根据函数的定义可知,数列实际上是一个特殊的函数,称为**整标函数**. 当自变量 n 依次取 $1, 2, 3, \cdots, n, \cdots$ 时,便得到所有的函数值 $a_1, a_2, a_3, \cdots, a_n, \cdots$.

数列可用数轴上的一列点来表示. 例如,数列

$$-\frac{1}{2}, \frac{1}{4}, -\frac{1}{8}, \cdots, \left(-\frac{1}{2}\right)^n, \cdots$$

在数轴上可表示为如下的几何点列(见图 2.1.1),它是非单调的左右跳动的数列.

2. 数列的前 n 项和

设数列 $a_1, a_2, a_3, \cdots, a_n, \cdots$,它的前面 n 项的和

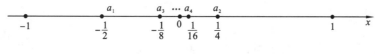

图 2.1.1

$$\sum_{k=1}^{n} a_k = a_1 + a_2 + a_3 + \cdots + a_n$$

称为数列 $\{a_n\}$ 的**前 n 项和**（或**部分和**），记作 S_n，即

$$S_n = \sum_{k=1}^{n} a_k.$$

例如，数列 $1, 2, 3, 4, \cdots, n, \cdots$ 的前 n 项和

$$S_n = 1 + 2 + 3 + \cdots + n = \sum_{k=1}^{n} k = \frac{n(n+1)}{2}.$$

3. 等差数列

设数列 $a_1, a_2, a_3, \cdots, a_n, \cdots$，如果从第二项起，每一项减去它的前一项，所得的差都等于某一个常数 d，那么这个数列称为**等差数列**，常数 d 称为**公差**，其通项公式为

$$a_n = a_1 + (n-1)d.$$

等差数列前 n 项和公式为

$$S_n = na_1 + \frac{n(n-1)}{2}d \quad \text{或} \quad S_n = \frac{n(a_1 + a_n)}{2}.$$

例如，数列 $2, 4, 6, \cdots, 2n, \cdots$ 为等差数列，公差 $d = 2$，通项为

$$a_n = 2 + (n-1) \times 2 = 2n,$$

前 n 项的和为

$$S_n = n \times 2 + \frac{n(n-1)}{2} \times 2 = n(n+1).$$

4. 等比数列

设数列 $a_1, a_2, a_3, \cdots, a_n, \cdots$，如果从第二项起，每一项与它前一项的比值都等于某个不等于零的常数 q，那么这个数列称为**等比数列**，常数 q 称为**公比**，其通项公式为

$$a_n = a_1 q^{n-1},$$

前 n 项和公式为

$$S_n = \begin{cases} \dfrac{a_1(1-q^n)}{1-q}, & q \neq 1, \\ na_1, & q = 1. \end{cases}$$

例如，数列 $-\dfrac{1}{2}, \dfrac{1}{4}, -\dfrac{1}{8}, \cdots, \left(-\dfrac{1}{2}\right)^n, \cdots$ 是公比 $q = -\dfrac{1}{2}$ 的等比数列，其通项为

$$a_n = -\frac{1}{2}\left(-\frac{1}{2}\right)^{n-1} = \left(-\frac{1}{2}\right)^n,$$

前 n 项和为

$$S_n = \frac{\left(-\dfrac{1}{2}\right)\left[1 - \left(-\dfrac{1}{2}\right)^n\right]}{1 - \left(-\dfrac{1}{2}\right)} = \frac{1}{3}\left[\left(-\frac{1}{2}\right)^n - 1\right].$$

2.1.2 数列极限的定义

我国古代数学家刘徽（公元 3 世纪）的"割圆术"中记载："割之弥细，所失弥少，割之又割，以至于不可割，则与圆合体而无所失矣。"大意为：为了求圆的面积，可以先作圆的内接正四边形，如图 2.1.1 所示，其面积为 A_1；再作内接正八边形，其面积为 A_2……依次进行下去，作出圆的内接正 2^{n+1} 边形，其面积为 A_n. $A_1,A_2,A_3,A_4,\cdots,A_n,\cdots$ 形成一列有次序的数，当 n 无限增大（即随着内接正多边形边数的无限增加），其面积 A_n 就无限接近于圆的面积. 这就是数列极限思想的雏形.

图 2.1.1

下面我们给出数列极限的描述性定义.

定义 2.1.1 对于数列 $\{x_n\}$，如果当 n 无限增大时，通项 x_n 无限趋近于某个确定的常数 A，则称常数 A 为数列 $\{x_n\}$ 当 $n\to\infty$ 时的极限. 或者说，当 $n\to\infty$ 时，数列 $\{x_n\}$ 收敛于 A，记为

$$\lim_{n\to\infty}x_n=A \quad 或 \quad x_n\to A\ (n\to\infty).$$

反之，如果这样的常数 A 不存在，我们称数列 $\{x_n\}$ 的极限不存在，也称该数列是发散的.

由定义可知，数列 $1,\dfrac{1}{2},\dfrac{1}{4},\dfrac{1}{8},\cdots,\dfrac{1}{2^{n-1}},\cdots$ 的极限为 0，即 $\lim\limits_{n\to\infty}\dfrac{1}{2^{n-1}}=0$，数列收敛；数列 $1,-1,1,-1,\cdots,(-1)^{n+1},\cdots$ 没有极限，数列 $\{(-1)^{n+1}\}$ 发散.

例 2 观察下列数列的变化趋势，写出它们的极限：

(1) $x_n=1+\dfrac{(-1)^{n+1}}{n}$；　　(2) $x_n=0.\underset{n个9}{\underline{99\cdots9}}$；　　(3) $x_n=n^2$.

解 观察其通项当 $n\to\infty$ 时的变化趋势，其极限分别是

(1) $\lim\limits_{n\to\infty}x_n=\lim\limits_{n\to\infty}\left[1+\dfrac{(-1)^{n+1}}{n}\right]=1$；

(2) $\lim\limits_{n\to\infty}x_n=\lim\limits_{n\to\infty}\left(1-\dfrac{1}{10^n}\right)=1$；

(3) 由于当 $n\to\infty$ 时，$n^2\to\infty$，所以数列 $\{n^2\}$ 的极限不存在.

例 3 用定义判断下列数列是否有极限：

(1) $1,\dfrac{1}{2},\dfrac{1}{3},\dfrac{1}{4},\cdots,\dfrac{1}{n},\cdots$；

(2) $3,3,3,3,\cdots,3,\cdots$；

(3) $-1,1,-1,1,\cdots,(-1)^n,\cdots$.

解 (1) $\lim\limits_{n\to\infty}\dfrac{1}{n}=0$；　　(2) $\lim\limits_{n\to\infty}3=3$；　　(3) 没有极限.

下面我们给出数列极限的精确性定义：

***定义 2.1.2** 对于数列 $\{x_n\}$，如果存在常数 A，对于任意给定的正数 ε（无论它多么小），总存在正整数 N，使得当 $n>N$ 时，不等式

$$|x_n-A|<\varepsilon$$

都成立，那么就称常数 A 是数列 $\{x_n\}$ 的极限，或者称数列 $\{x_n\}$ 收敛于 A，记为

$$\lim_{n\to\infty}x_n=A \quad 或 \quad x_n\to A\ (n\to\infty).$$

2.1.3　数列极限的四则运算法则

前面我们介绍了数列极限的定义,并用观察法求出了一些简单数列的极限.但对于较复杂的数列的极限就很难用观察方法求得,因此还需要研究数列极限的运算法则,下面我们给出数列极限的四则运算法则.

如果 $\lim\limits_{n\to\infty}x_n=A$, $\lim\limits_{n\to\infty}y_n=B$,则有

(1) $\lim\limits_{n\to\infty}(x_n\pm y_n)=\lim\limits_{n\to\infty}x_n\pm\lim\limits_{n\to\infty}y_n=A\pm B$;

(2) $\lim\limits_{n\to\infty}(C\cdot x_n)=C\cdot\lim\limits_{n\to\infty}x_n=CA$（$C$ 是常数）;

(3) $\lim\limits_{n\to\infty}(x_n\cdot y_n)=\lim\limits_{n\to\infty}x_n\cdot\lim\limits_{n\to\infty}y_n=AB$;

(4) $\lim\limits_{n\to\infty}\dfrac{x_n}{y_n}=\dfrac{\lim\limits_{n\to\infty}x_n}{\lim\limits_{n\to\infty}y_n}=\dfrac{A}{B}$（$B\neq 0$）.

例 4　已知 $\lim\limits_{n\to\infty}x_n=3$, $\lim\limits_{n\to\infty}y_n=2$,求下列各极限:

(1) $\lim\limits_{n\to\infty}\dfrac{y_n}{x_n}$;　　　　　　(2) $\lim\limits_{n\to\infty}\left(3x_n-\dfrac{y_n}{5}\right)$.

解　(1) $\lim\limits_{n\to\infty}\dfrac{y_n}{x_n}=\dfrac{\lim\limits_{n\to\infty}y_n}{\lim\limits_{n\to\infty}x_n}=\dfrac{2}{3}$;

(2) $\lim\limits_{n\to\infty}\left(3x_n-\dfrac{y_n}{5}\right)=\lim\limits_{n\to\infty}3x_n-\lim\limits_{n\to\infty}\dfrac{y_n}{5}=9-\dfrac{2}{5}=\dfrac{43}{5}$.

例 5　求下列各极限:

(1) $\lim\limits_{n\to\infty}\left(4-\dfrac{1}{n}+\dfrac{2}{n^2}\right)$;　　　　　(2) $\lim\limits_{n\to\infty}\dfrac{5n^2-n+1}{1+n^2}$;

(3) $\lim\limits_{n\to\infty}\dfrac{2^{n+1}-3^n}{2^n+3^{n+1}}$;　　　　　(4) $\lim\limits_{n\to\infty}\dfrac{1+2+3+\cdots n}{n^2+1}$.

解　(1) $\lim\limits_{n\to\infty}\left(4-\dfrac{1}{n}+\dfrac{2}{n^2}\right)=\lim\limits_{n\to\infty}4-\lim\limits_{n\to\infty}\dfrac{1}{n}+2\lim\limits_{n\to\infty}\dfrac{1}{n^2}=4$.

(2) $\lim\limits_{n\to\infty}\dfrac{5n^2-n+1}{1+n^2}=\lim\limits_{n\to\infty}\dfrac{5-\dfrac{1}{n}+\dfrac{1}{n^2}}{\dfrac{1}{n^2}+1}=\dfrac{\lim\limits_{n\to\infty}5-\lim\limits_{n\to\infty}\dfrac{1}{n}+\lim\limits_{n\to\infty}\dfrac{1}{n^2}}{\lim\limits_{n\to\infty}\dfrac{1}{n^2}+\lim\limits_{n\to\infty}1}=\dfrac{5-0+0}{0+1}=5$.

(3) $\lim\limits_{n\to\infty}\dfrac{2^{n+1}-3^n}{2^n+3^{n+1}}=\lim\limits_{n\to\infty}\dfrac{\dfrac{2^{n+1}}{3^{n+1}}-\dfrac{3^n}{3^{n+1}}}{\dfrac{2^n}{3^{n+1}}+1}=\dfrac{0-\dfrac{1}{3}}{0+1}=-\dfrac{1}{3}$.

(4) $\lim\limits_{n\to\infty}\dfrac{1+2+3+\cdots+n}{n^2+1}=\dfrac{1}{2}\lim\limits_{n\to\infty}\dfrac{n(n+1)}{n^2+1}=\dfrac{1}{2}\lim\limits_{n\to\infty}\dfrac{n^2+n}{n^2+1}=\dfrac{1}{2}\lim\limits_{n\to\infty}\dfrac{1+\dfrac{1}{n}}{1+\dfrac{1}{n^2}}$

$=\dfrac{1}{2}\dfrac{1+\lim\limits_{n\to\infty}\dfrac{1}{n}}{1+\lim\limits_{n\to\infty}\dfrac{1}{n^2}}=\dfrac{1}{2}\cdot\dfrac{1+0}{1+0}=\dfrac{1}{2}$.

本节课件

2.2 函数的极限

函数的极限是高等数学最基本的概念之一,是学习导数等后续知识的重要基础和工具.

2.2.1 函数极限的定义

1. 当 $x \to \infty$ 时函数的极限

观察函数 $f(x) = \dfrac{x}{x+1}$ 的图象(见图 2.2.1),当自变量 x 取正值且无限增大(记为 $x \to +\infty$)时,函数 $f(x) = \dfrac{x}{x+1}$ 的值无限趋近于常数 1,则称常数 1 为 $f(x) = \dfrac{x}{x+1}$ 当 $x \to +\infty$ 时的极限.

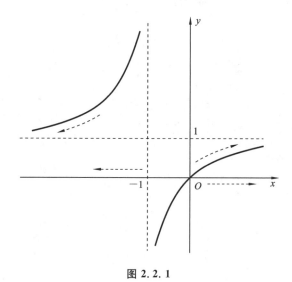

图 2.2.1

这一事实,与数列的极限非常相似,不同之点仅在于数列的极限中,n 是离散变量,而这里 x 是连续变量,因此,自然地有如下定义.

定义 2.2.1 设函数 $f(x)$ 在 x 大于某个正数时有定义,当自变量 x 无限增大时,函数 $f(x)$ 的值无限趋近于某个确定的常数 A,则称常数 A 为函数 $f(x)$ 当 $x \to +\infty$ 时的极限,记为

$$\lim_{x \to +\infty} f(x) = A \quad \text{或} \quad f(x) \to A \ (x \to +\infty).$$

例如,函数 $f(x) = \dfrac{1}{2^x} + 1$,其图象如图 2.2.2 所示,当 $x \to +\infty$ 时,函数值无限趋近于常数 1,所以 $\lim\limits_{x \to +\infty} f(x) = 1$.

又从图 2.2.1 可见,当 x 取负值而绝对值无限增大(记为 $x \to -\infty$)时,函数 $f(x) = \dfrac{x}{x+1}$ 的值无限趋近于常数 1,则称常数 1 为 $f(x) = \dfrac{x}{x+1}$ 当 $x \to -\infty$ 时的极限.于是有如

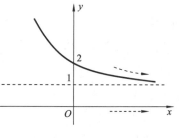

图 2.2.2

下定义：

定义 2.2.2　设函数 $f(x)$ 在 x 小于某个负数时有定义，当自变量 x 取负值而绝对值无限增大时，函数 $f(x)$ 的值无限趋近于某个确定的常数 A，则称常数 A 为函数 $f(x)$ 当 $x\to-\infty$ 时的极限，记为

$$\lim_{x\to-\infty}f(x)=A \quad 或 \quad f(x)\to A\ (x\to-\infty).$$

例如，函数 $f(x)=2^x$，其图象如图 2.2.3 所示，当 $x\to-\infty$ 时，函数值无限趋近于常数 0，所以 $\lim\limits_{x\to-\infty}f(x)=0$.

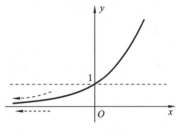

图 2.2.3

综合上述两个定义可得 $x\to\infty$（包括 $x\to+\infty$ 和 $x\to-\infty$ 两种情况）时函数极限的定义：

定义 2.2.3　设函数 $f(x)$ 在 $|x|$ 大于某个正数时有定义，当 $|x|\to+\infty$ 时，函数 $f(x)$ 的值无限趋近于某个确定的常数 A，则称常数 A 为函数 $f(x)$ 当 $x\to\infty$ 时的极限，记为

$$\lim_{x\to\infty}f(x)=A \quad 或 \quad f(x)\to A\ (x\to\infty).$$

注意　定义 2.2.3 中要求自变量的两种变化趋势（$x\to+\infty$ 和 $x\to-\infty$）下，函数值都必须趋近于相同的常数 A，否则 $\lim\limits_{x\to\infty}f(x)$ 不存在. 由此可得如下结论：

定理 2.2.1　$\lim\limits_{x\to\infty}f(x)=A$ 的充要条件是

$$\lim_{x\to+\infty}f(x)=\lim_{x\to-\infty}f(x)=A.$$

由对引例的观察分析（见图 2.2.1）和定理 2.2.1 可知，$\lim\limits_{x\to\infty}\dfrac{x}{x+1}=1$.

例 1　观察函数 $f(x)=\dfrac{1}{|x|}$ 的图象，求极限 $\lim\limits_{x\to\infty}\dfrac{1}{|x|}$.

解　观察函数的图象（见图 2.2.4）可得

$$\lim_{x\to-\infty}\frac{1}{|x|}=0, \quad \lim_{x\to+\infty}\frac{1}{|x|}=0,$$

根据定理 2.2.1 有 $\lim\limits_{x\to\infty}\dfrac{1}{|x|}=0$.

例 2　观察函数 $f(x)=\arctan x$ 的图象，求极限 $\lim\limits_{x\to\infty}\arctan x$.

解　由函数的图象（见图 2.2.5）可得

$$\lim_{x\to-\infty}\arctan x=-\frac{\pi}{2}, \quad \lim_{x\to+\infty}\arctan x=\frac{\pi}{2},$$

由定理 2.2.1 知 $\lim\limits_{x\to\infty}\arctan x$ 不存在.

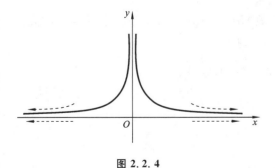

图 2.2.4

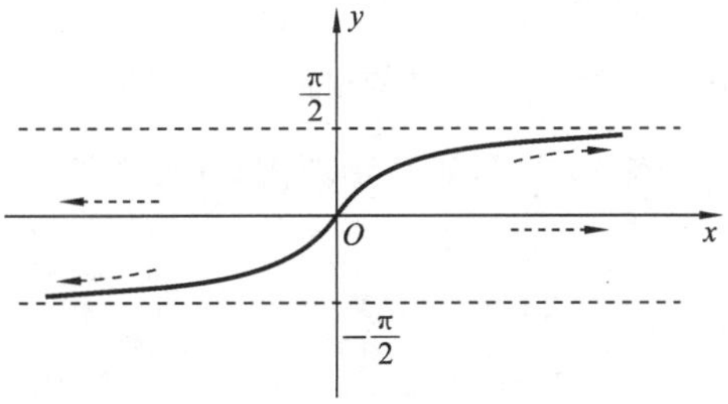

图 2.2.5

注意 数列极限中"$n \to \infty$",因 n 为非负整数,即指 $n \to +\infty$;而在函数中"$x \to \infty$"包括"$x \to +\infty$"和"$x \to -\infty$"两种情况.

2. 当 $x \to x_0$ 时函数的极限

考察函数 $f(x) = \dfrac{x^2-1}{x-1}$ 图象(见图 2.2.6),可见当 $x = 1$ 时,函数无定义,但当 $x \to 1$ 时,函数 $f(x) = \dfrac{x^2-1}{x-1}$ 的值无限趋近于常数 2,分两种情况列表如下:

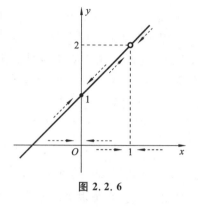

图 2.2.6

(1)若 x 从左边趋近于 1 时,$f(x)$ 的值如表 2.2.1 所示.

表 2.2.1

x	0.7	0.8	0.9	0.95	0.98	0.99	$\cdots$	$\to 1$
$f(x)$	1.7	1.8	1.9	1.95	1.98	1.99	$\cdots$	$\to 2$

(2)若 x 从右边趋近于 1 时,$f(x)$ 的值如表 2.2.2 所示.

表 2.2.2

x	1.3	1.2	1.1	1.05	1.02	1.01	$\cdots$	$\to 1$
$f(x)$	2.3	2.2	2.1	2.05	2.02	2.01	$\cdots$	$\to 2$

由此,我们给出如下定义:

定义 2.2.4 设函数 $f(x)$ 在 x_0 的某去心邻域内有定义,当自变量 x 无限趋近于 x_0 时,函数 $f(x)$ 的值无限趋近于某个确定的常数 A,则称 A 为函数 $f(x)$ 当 $x \to x_0$ 时的极限,记为

$$\lim_{x \to x_0} f(x) = A \quad \text{或} \quad f(x) \to A \ (x \to x_0).$$

由定义 2.2.4 和上面的讨论可知

$$\lim_{x \to 1} \frac{x^2-1}{x-1} = 2.$$

注意 由上述定义可知:

(1)当 $x \to x_0$ 时,函数 $f(x)$ 的极限是否存在,与 $f(x)$ 在点 x_0 处有无定义及在点 x_0 处函数值的大小无关.

(2)当 $x \to x_0$ 时,表示 x 从 x_0 的左右两侧无限趋近于 x_0.

(3)当 $x \to x_0$ 时,若 $f(x)$ 的绝对值无限增大,则函数 $f(x)$ 的极限不存在,但我们仍记为 $\lim_{x \to x_0} f(x) = \infty$.这里的极限式仅是为表示方便的一种约定.

例 3 通过观察函数图象(见图 2.2.7)求下列函数的极限:

(1)$\lim_{x \to 2} (x^2 - 4x + 4)$;　　　　　　(2)$\lim_{x \to -2} \dfrac{1}{x+2}$;

(3)设 $f(x) = \begin{cases} 1-x, & x \neq 0, \\ 2, & x = 0, \end{cases}$ 求 $\lim_{x \to 0} f(x)$.

解 通过观察函数图象(见图 2.2.7)的变化趋势,可得

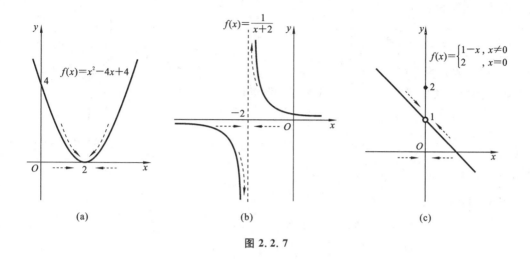

图 2.2.7

(1) $\lim\limits_{x\to 2}(x^2-4x+4)=0$（函数在 $x=2$ 处有定义，极限存在）；

(2) 当 x 从左右两侧无限趋近 -2 时，对应的函数值的绝对值无限增大，所以 $\lim\limits_{x\to -2}\dfrac{1}{x+2}=\infty$；

(3) $\lim\limits_{x\to 0}f(x)=1$（函数在 $x=0$ 处的函数值为 2）．

下面给出函数极限的精确定义：

*定义 2.2.5　　对于任意给定的正数 ε（不论多么小），总存在正数 δ，使得对于 $0<|x-x_0|<\delta$ 的 x，都有不等式 $|f(x)-A|<\varepsilon$ 成立，则称常数 A 是函数 $f(x)$ 当 $x\to x_0$ 时的极限，记为

$$\lim_{x\to x_0}f(x)=A.$$

如前所述，$\lim\limits_{x\to x_0}f(x)=A$，其中 $x\to x_0$，表示 x 从 x_0 的左右两侧无限趋近于 x_0．下面介绍函数的左、右极限的定义．

定义 2.2.6　　若当 x 仅从 x_0 的左侧（$x<x_0$）无限趋近于 x_0（记为 $x\to x_0^-$）时，函数 $f(x)$ 的值无限趋近于常数 A，则称 A 为函数 $f(x)$ 当 $x\to x_0$ 时的**左极限**，记为

$$\lim_{x\to x_0^-}f(x)=A \quad 或 \quad f(x)\to A\,(x\to x_0^-) \quad 或 \quad f(x_0-0)=A.$$

定义 2.2.7　　若当 x 仅从 x_0 的右侧（$x>x_0$）无限趋近于 x_0（记为 $x\to x_0^+$）时，函数 $f(x)$ 的值无限趋近于常数 A，则称 A 为函数 $f(x)$ 当 $x\to x_0$ 的**右极限**，记为

$$\lim_{x\to x_0^+}f(x)=A \quad 或 \quad f(x)\to A\,(x\to x_0^+) \quad 或 \quad f(x_0+0)=A.$$

函数的左极限和右极限主要用于函数仅在某点一侧有定义或函数在某点两侧的表达式不同的情况．由上述定义可得如下定理：

定理 2.2.2　　设函数在 x_0 的去心邻域内有定义，$\lim\limits_{x\to x_0}f(x)=A$ 的充要条件是

$$\lim_{x\to x_0^-}f(x)=\lim_{x\to x_0^+}f(x)=A.$$

该定理通常用来判断分段函数在分段点处的极限是否存在．

例 4 判断函数

$$f(x)=\begin{cases}1-x, & x<0 \\ x^2+1, & x\geqslant 0\end{cases}$$

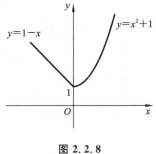

当 $x\to 0$ 时极限是否存在.

解 函数图象如图 2.2.8 所示,观察图象可以看出:

$$\lim_{x\to 0^+}f(x)=\lim_{x\to 0^+}(x^2+1)=1,$$

$$\lim_{x\to 0^-}f(x)=\lim_{x\to 0^-}(1-x)=1,$$

图 2.2.8

可见,$\lim_{x\to 0^+}f(x)=\lim_{x\to 0^-}f(x)$,所以 $\lim_{x\to 0}f(x)=1$.

例 5 判断函数

$$f(x)=\begin{cases}x-1, & x<0 \\ 0, & x=1 \\ x+1, & x>0\end{cases}$$

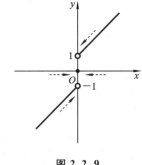

当 $x\to 0$ 时是否有极限.

解 函数图象如图 2.2.9 所示,观察图象可以看出:

$$\lim_{x\to 0^+}f(x)=\lim_{x\to 0^+}(x+1)=1,$$

$$\lim_{x\to 0^-}f(x)=\lim_{x\to 0^-}(x-1)=-1.$$

图 2.2.9

可见,$\lim_{x\to 0^+}f(x)\neq\lim_{x\to 0^-}f(x)$,所以 $\lim_{x\to 0}f(x)$ 不存在.

对于分段函数,在考虑分段点处的极限时,因该点左右两边函数解析式不同,一定要分别求左极限和右极限,然后利用定理 2.2.2 判断极限是否存在.

2.2.2 函数极限的性质

下面给出 $x\to x_0$ 时函数极限的几个常用的重要性质,这些性质同样适用于其他极限过程时的函数极限,但具体的表述形式略有不同.

定理 2.2.3(唯一性) 若函数 $\lim_{x\to x_0}f(x)=A$,则极限 A 唯一.

定理 2.2.4(局部有界性) 若函数 $f(x)$ 当 $x\to x_0$ 时极限存在,则 $f(x)$ 在 x_0 的某个去心邻域内有界.

因为 $f(x)$ 只在 x_0 的某一去心邻域内有界,故称函数极限的局部有界性.

定理 2.2.5(保号性) 若 $\lim_{x\to x_0}f(x)=A$,且 $A>0$(或 $A<0$),则在 x_0 的某个去心邻域内有 $f(x)>0$(或 $f(x)<0$).

推论 若 $\lim_{x\to x_0}f(x)=A$,且在 x_0 的某个去心邻域内 $f(x)\geqslant 0$(或 $f(x)\leqslant 0$),则 $A\geqslant 0$(或 $A\leqslant 0$).

本定理仅在 x_0 的某个去心邻域内成立,故也称函数极限的局部保号性.

定理 2.2.6(夹逼定理) 若对于 x_0 的某去心邻域内的一切 x,都有 $h(x)\leqslant f(x)\leqslant g(x)$,且 $\lim_{x\to x_0}h(x)=\lim_{x\to x_0}g(x)=A$,则 $\lim_{x\to x_0}f(x)=A$.

定理 2.2.7(单调有界定理) 单调递增(递减)有上(下)界的函数必有极限.

本节课件

2.3　函数极限的运算法则

本节讨论函数极限的求法,主要是介绍函数极限的四则运算法则和复合函数极限的运算法则,利用这些法则,可以很方便地求一些函数的极限.下面仅就 $x \to x_0$ 时函数极限的情况进行讨论,所有法则也适用于求其他极限过程时的函数极限.

2.3.1　函数极限的四则运算法则

定理 2.3.1　若 $\lim\limits_{x \to x_0} f(x) = A$,$\lim\limits_{x \to x_0} g(x) = B$,则

(1) $\lim\limits_{x \to x_0} [f(x) \pm g(x)] = \lim\limits_{x \to x_0} f(x) \pm \lim\limits_{x \to x_0} g(x) = A \pm B$;

(2) $\lim\limits_{x \to x_0} [f(x) \cdot g(x)] = \lim\limits_{x \to x_0} f(x) \cdot \lim\limits_{x \to x_0} g(x) = A \cdot B$;

(3) $\lim\limits_{x \to x_0} \dfrac{f(x)}{g(x)} = \dfrac{\lim\limits_{x \to x_0} f(x)}{\lim\limits_{x \to x_0} g(x)} = \dfrac{A}{B}$ $(B \neq 0)$.

特别地,对任意常数 k,有

$$\lim_{x \to x_0} [k f(x)] = k \lim_{x \to x_0} f(x) = kA;$$

对所有 $n \in \mathbf{N}^+$,有

$$\lim_{x \to x_0} [f(x)]^n = [\lim_{x \to x_0} f(x)]^n = A^n.$$

例 1　求极限 $\lim\limits_{x \to 1} (2x^3 + x^2 - 2)$.

解　$\lim\limits_{x \to 1} (2x^3 + x^2 - 2) = 2 \lim\limits_{x \to 1} x^3 + \lim\limits_{x \to 1} x^2 - \lim\limits_{x \to 1} 2 = 2(\lim\limits_{x \to 1} x)^3 + (\lim\limits_{x \to 1} x)^2 - 2$
$$= 2 \times 1^3 + 1^2 - 2 = 1.$$

一般地,对于多项式函数 $f(x) = a_0 x^n + a_1 x^{n-1} + \cdots + a_n$,有
$$\lim_{x \to x_0} f(x) = \lim_{x \to x_0} (a_0 x^n + a_1 x^{n-1} + \cdots + a_n)$$
$$= a_0 x_0^n + a_1 x_0^{n-1} + \cdots + a_n$$
$$= f(x_0).$$

例 2　求极限 $\lim\limits_{x \to 2} \dfrac{x^2 + x + 4}{x^2 + 1}$.

解　$\lim\limits_{x \to 2} \dfrac{x^2 + x + 4}{x^2 + 1} = \dfrac{\lim\limits_{x \to 2} (x^2 + x + 4)}{\lim\limits_{x \to 2} (x^2 + 1)} = \dfrac{2^2 + 2 + 4}{2^2 + 1} = 2$.

例 3　求极限 $\lim\limits_{x \to \sqrt{3}} \dfrac{x^2 - 3}{x^4 + x^2 + 1}$.

解　$\lim\limits_{x \to \sqrt{3}} \dfrac{x^2 - 3}{x^4 + x^2 + 1} = \dfrac{(\sqrt{3})^2 - 3}{(\sqrt{3})^4 + (\sqrt{3})^2 + 1} = 0$.

上述例子中,分式函数的极限均直接利用了商的极限的运算法则.但必须注意:若分母的极限为 0,则关于商的极限的运算法则不能直接应用,这时需要先对函数进行恒等变形,再利

用商的极限的运算法则求其极限.下面我们列举几个属于这种情况的例子.

例 4 求极限 $\lim\limits_{x\to1}\dfrac{x^2-1}{x-1}$.

解 因 $\lim\limits_{x\to1}(x-1)=0,\lim\limits_{x\to1}(x^2-1)=0$,所求极限为 $\dfrac{0}{0}$ 型未定式,故该极限不能直接使用四则运算法则.但当 $x\to1$ 时,$x-1\neq0$,于是可以通过对分子、分母进行约分再求极限.

本题的解答过程如下:

$$\lim_{x\to1}\frac{x^2-1}{x-1}=\lim_{x\to1}\frac{(x-1)(x+1)}{x-1}=\lim_{x\to1}(x+1)=2.$$

例 5 求极限 $\lim\limits_{x\to-1}\dfrac{x^3+1}{x^2-x-2}$.

解 $\lim\limits_{x\to-1}\dfrac{x^3+1}{x^2-x-2}=\lim\limits_{x\to-1}\dfrac{(x+1)(x^2-x+1)}{(x+1)(x-2)}=\lim\limits_{x\to-1}\dfrac{x^2-x+1}{x-2}=-1.$

例 6 求极限 $\lim\limits_{x\to\infty}\dfrac{2x^3-3x}{x^3+x^2-1}$.

分析 当 $x\to\infty$ 时,$2x^3-3x\to\infty$,$x^3+x^2-1\to\infty$,这是 $\dfrac{\infty}{\infty}$ 型未定式,不能直接用极限商的运算法则,可以对函数先变形:分子分母同时除以 x^3.

解 $\lim\limits_{x\to\infty}\dfrac{2x^3-3x}{x^3+x^2-1}=\lim\limits_{x\to\infty}\dfrac{2-\dfrac{3}{x^2}}{1+\dfrac{1}{x}-\dfrac{1}{x^3}}=\dfrac{2-0}{1+0-0}=2.$

例 7 求极限 $\lim\limits_{x\to\infty}\dfrac{2x^2-x+5}{3x^3-2x^2-1}$.

解 $\lim\limits_{x\to\infty}\dfrac{2x^2-x+5}{3x^3-2x^2-1}=\lim\limits_{x\to\infty}\dfrac{\dfrac{2}{x}-\dfrac{1}{x^2}+\dfrac{5}{x^3}}{3-\dfrac{2}{x}-\dfrac{1}{x^3}}=0.$

例 8 求极限 $\lim\limits_{x\to\infty}\dfrac{2x^3-x^2+5}{3x^2-2x-1}$.

解 $\lim\limits_{x\to\infty}\dfrac{2x^3-x^2+5}{3x^2-2x-1}=\lim\limits_{x\to\infty}\dfrac{2-\dfrac{1}{x}+\dfrac{5}{x^3}}{\dfrac{3}{x}-\dfrac{2}{x^2}-\dfrac{1}{x^3}}=\infty.$

一般地,当 $a_0\neq0,b_0\neq0,m$ 和 n 为非负整数时,有

$$\lim_{x\to\infty}\frac{a_0x^m+a_1x^{m-1}+\cdots+a_m}{b_0x^n+b_1x^{n-1}+\cdots+b_n}=\begin{cases}0, & n>m,\\[2mm]\dfrac{a_0}{b_0}, & n=m,\\[2mm]\infty, & n<m.\end{cases}$$

例 9 求极限 $\lim\limits_{x\to\infty}\dfrac{(2x+1)^4(x-1)^{16}}{(x+5)^{20}}$.

解 $\lim\limits_{x\to\infty}\dfrac{(2x+1)^4(x-1)^{16}}{(x+5)^{20}}=\lim\limits_{x\to\infty}\dfrac{\dfrac{(2x+1)^4}{x^4}\dfrac{(x-1)^{16}}{x^{16}}}{\dfrac{(x+5)^{20}}{x^{20}}}=\lim\limits_{x\to\infty}\dfrac{\left(2+\dfrac{1}{x}\right)^4\left(1-\dfrac{1}{x}\right)^{16}}{\left(1+\dfrac{5}{x}\right)^{20}}=16.$

例 10　求极限 $\lim\limits_{x \to 2}\left(\dfrac{1}{x-2} - \dfrac{4}{x^2-4}\right)$.

分析　该极限是 $\infty - \infty$ 型未定式的极限,可先通分,约去公因式,再求极限.

解　$\lim\limits_{x \to 2}\left(\dfrac{1}{x-2} - \dfrac{4}{x^2-4}\right) = \lim\limits_{x \to 2}\dfrac{x-2}{x^2-4} = \lim\limits_{x \to 2}\dfrac{1}{x+2} = \dfrac{1}{4}$.

例 11　求 $\lim\limits_{x \to 1}\dfrac{x-1}{\sqrt{x}-1}$.

分析　当 $x \to 1$ 时,分子和分母的极限均为零,注意到函数中含有无理式 $\sqrt{x}-1$,可对分母进行有理化,即可得极限值.

解　$\lim\limits_{x \to 1}\dfrac{x-1}{\sqrt{x}-1} = \lim\limits_{x \to 1}\dfrac{(x-1)(\sqrt{x}+1)}{(\sqrt{x}-1)(\sqrt{x}+1)} = \lim\limits_{x \to 1}(\sqrt{x}+1) = 2$.

例 12　求 $\lim\limits_{x \to +\infty}(\sqrt{x+1} - \sqrt{x})$.

分析　该函数中含有无理式,可将分子有理化后再计算极限.

解　$\lim\limits_{x \to +\infty}(\sqrt{x+1} - \sqrt{x}) = \lim\limits_{x \to +\infty}\dfrac{(\sqrt{x+1}-\sqrt{x})(\sqrt{x+1}+\sqrt{x})}{\sqrt{x+1}+\sqrt{x}}$

$$= \lim\limits_{x \to +\infty}\dfrac{1}{\sqrt{x+1}+\sqrt{x}} = 0.$$

由此可见,对于无理式,要先对分子或分母进行有理化,并约去公因式,再利用极限的运算法则求极限.

2.3.2　复合函数极限的运算法则

定理 2.3.2　设函数 $y = f[\varphi(x)]$ 是由 $y = f(u), u = \varphi(x)$ 复合而成,$f[\varphi(x)]$ 在 x_0 的某去心邻域内有定义,若 $\lim\limits_{x \to x_0}\varphi(x) = u_0, \lim\limits_{u \to u_0}f(u) = A$,且在 x_0 的某去心邻域内 $\varphi(x) \neq u_0$,则

$$\lim\limits_{x \to x_0}f[\varphi(x)] = \lim\limits_{u \to u_0}f(u) = A.$$

该定理表明,如果函数 $f(u), \varphi(x)$ 满足定理 2.3.2 的条件,那么作代换 $u = \varphi(x)$ 可以把求 $\lim\limits_{x \to x_0}f[\varphi(x)]$ 转化为求 $\lim\limits_{u \to u_0}f(u)$,其中 $u_0 = \lim\limits_{x \to x_0}\varphi(x)$.

例 13　求极限 $\lim\limits_{x \to \frac{\pi}{4}}\sin 2x$.

解　由于 $y = \sin 2x$ 是由 $y = \sin u, u = 2x$ 复合而成,且当 $x \to \dfrac{\pi}{4}$ 时,$u \to \dfrac{\pi}{2}$,于是

$$\lim\limits_{x \to \frac{\pi}{4}}\sin 2x = \lim\limits_{u \to \frac{\pi}{2}}\sin u = 1.$$

例 14　求极限 $\lim\limits_{x \to \frac{\pi}{4}}\dfrac{1+\sin 2x}{1-\cos 4x}$.

解　$\lim\limits_{x \to \frac{\pi}{4}}\dfrac{1+\sin 2x}{1-\cos 4x} = \dfrac{1+\sin\left(2 \times \frac{\pi}{4}\right)}{1-\cos\left(4 \times \frac{\pi}{4}\right)} = \dfrac{1+\sin\frac{\pi}{2}}{1-\cos\pi} = \dfrac{2}{2} = 1$.

本节课件

2.4 两个重要极限

2.4.1 重要极限 I

重要极限 I 为

$$\lim_{x \to 0} \frac{\sin x}{x} = 1.$$

直观验证 当 $x \to 0$ 时,通过 MATLAB 作图,观察 $\frac{\sin x}{x}$ 值的变化,如图 2.4.1 所示.

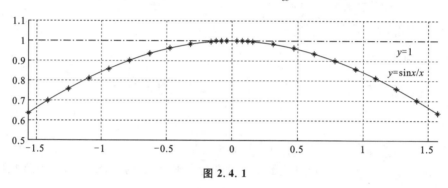

图 2.4.1

从图 2.4.1 可看出,当 $x \to 0$ 时,$\frac{\sin x}{x} \to 1$,由函数极限的定义,有 $\lim\limits_{x \to 0} \frac{\sin x}{x} = 1$.

证明 函数 $f(x) = \frac{\sin x}{x}$ 当 $x \to 0$ 时,其极限不能用商的运算法则来计算. 为证明这个极限,先作单位圆(见图 2.4.2).

当 $0 < x < \frac{\pi}{2}$ 时,有 $\sin x = \overline{CB}$,$x = \overparen{AB}$,$\tan x = \overline{AD}$.

因为 $S_{三角形 AOB} < S_{扇形 AOB} < S_{三角形 AOD}$,有

$$\frac{1}{2} \sin x < \frac{1}{2} x < \frac{1}{2} \tan x,$$

即 $\sin x < x < \tan x$.

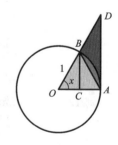

图 2.4.2

因为 $\sin x > 0$,用 $\sin x$ 除上式,有

$$1 < \frac{x}{\sin x} < \frac{1}{\cos x}, \quad 即 \quad \cos x < \frac{\sin x}{x} < 1.$$

由于 $\frac{\sin x}{x}$ 与 $\cos x$ 都是偶函数,以 $-x$ 代替 x,上述不等式不改变,因而当 $0 < |x| < \frac{\pi}{2}$ 时,有 $\cos x < \frac{\sin x}{x} < 1$. 又因 $\lim\limits_{x \to 0} \cos x = 1, \lim\limits_{x \to 0} 1 = 1$,由极限的夹逼定理,得

$$\lim_{x \to 0} \frac{\sin x}{x} = 1.$$

当 $x \to 0$ 时,$\sin x \to 0$,所以这个重要极限是 $\frac{0}{0}$ 型的未定式极限. 在应用时,利用复合函数的

极限、重要极限 I ,可以拓展为

$$\lim_{x \to \Delta}\frac{\sin\varphi(x)}{\varphi(x)}=1,$$

其中 $\varphi(x)$ 表示自变量 x 的函数,并且在自变量 $x \to \Delta$ 的过程中,$\varphi(x) \to 0(x \to \Delta$ 表示某个确定的极限过程,下同).

例如,当 $x \to \infty$ 时,$\varphi(x)=\dfrac{1}{x} \to 0$,故

$$\lim_{x \to \infty}x\sin\frac{1}{x}=\lim_{x \to \infty}\frac{\sin\dfrac{1}{x}}{\dfrac{1}{x}}=1.$$

又如当 $x \to 1$ 时,$\varphi(x)=x-1 \to 0$,故

$$\lim_{x \to 1}\frac{\sin(x-1)}{x-1}=1.$$

通过上述讨论可知,应用重要极限 I 求极限时,应注意函数是否是 $\dfrac{0}{0}$ 型,能不能变换成 $\dfrac{\sin\varphi(x)}{\varphi(x)}$ 的形式,且 $\lim\limits_{x \to \Delta}\varphi(x)=0$ 是否成立,否则不能应用该重要极限.

例 1　求下列极限:

(1) $\lim\limits_{x \to 0}\dfrac{\sin 3x}{2x}$;

(2) $\lim\limits_{x \to 0}\dfrac{1-\cos x}{x^2}$;

(3) $\lim\limits_{x \to -1}\dfrac{x^3+1}{\sin(x+1)}$;

(4) $\lim\limits_{x \to 1}(1-x)\tan\dfrac{\pi x}{2}$.

解　(1) $\lim\limits_{x \to 0}\dfrac{\sin 3x}{2x}=\lim\limits_{x \to 0}\left(\dfrac{\sin 3x}{3x}\right)\left(\dfrac{3}{2}\right)=1 \times \dfrac{3}{2}=\dfrac{3}{2}$.

(2) $\lim\limits_{x \to 0}\dfrac{1-\cos x}{x^2}=\lim\limits_{x \to 0}\dfrac{2\sin^2\dfrac{x}{2}}{x^2}=\lim\limits_{x \to 0}\left(\dfrac{\sin\dfrac{x}{2}}{\dfrac{x}{2}}\right)^2 \cdot \dfrac{2}{4}=1^2 \times \dfrac{1}{2}=\dfrac{1}{2}$.

(3) 不能直接利用重要极限,先要化简

$$\lim_{x \to -1}\frac{x^3+1}{\sin(x+1)}=\lim_{x \to -1}\frac{(x+1)(x^2-x+1)}{\sin(x+1)}$$

$$=\lim_{x \to -1}\frac{x+1}{\sin(x+1)} \cdot \lim_{x \to -1}(x^2-x+1)=3.$$

(4) 令 $1-x=t$,则 $x \to 1$ 时,$t \to 0$,从而

$$\lim_{x \to 1}(1-x)\tan\frac{\pi x}{2}=\lim_{t \to 0}t\tan\frac{(\pi-\pi t)}{2}=\lim_{t \to 0}t\cot\frac{\pi t}{2}$$

$$=\lim_{t \to 0}\frac{\dfrac{\pi t}{2}}{\sin\dfrac{\pi t}{2}} \cdot \cos\frac{\pi t}{2} \cdot \frac{2}{\pi}=\frac{2}{\pi}.$$

2.4.2　重要极限 II

重要极限 II 为

$$\lim_{x\to\infty}\left(1+\frac{1}{x}\right)^x=\mathrm{e}.$$

该重要极限中的 e,即中学学过的对数函数 $y=\ln x$ 中的底 e,是一个无理数.

直观验证 当 $x\to+\infty$ 和 $x\to-\infty$ 时,观察 $\left(1+\frac{1}{x}\right)^x$ 的值的变化,见表 2.4.1.

表 2.4.1

x	1	10	100	1000	10000	100000
$\left(1+\frac{1}{x}\right)^x$	2	2.50	2.705	2.717	2.718	2.71827

x	-10	-100	-1000	-10000	-100000
$\left(1+\frac{1}{x}\right)^x$	2.88	2.732	2.720	2.7183	2.71828

从表 2.4.1 可看出,当 $x\to+\infty$ 和 $x\to-\infty$ 时,$\left(1+\frac{1}{x}\right)^x$ 趋向一个定数,可以证明这个数是一个无理数,记为 e＝2.71828182845⋯.由函数极限的定义,有

$$\lim_{x\to\infty}\left(1+\frac{1}{x}\right)^x=\mathrm{e}.$$

若令 $x=\frac{1}{t}$,则得到该重要极限的另一种形式:

$$\lim_{t\to0}(1+t)^{\frac{1}{t}}=\mathrm{e}.$$

注意 该极限属于 1^∞ 型的未定式极限,应用中也可以表示成如下形式:

$$\lim_{x\to\Delta}\left[1+\frac{1}{w(x)}\right]^{w(x)}=\mathrm{e},$$

其中当 $x\to\Delta$ 时,$w(x)\to\infty$;或

$$\lim_{x\to\Delta}[1+v(x)]^{\frac{1}{v(x)}}=\mathrm{e},$$

其中当 $x\to\Delta$ 时,$v(x)\to0$.

例 2 求下列极限:

(1) $\lim\limits_{x\to\infty}\left(1+\frac{2}{x}\right)^x$;   (2) $\lim\limits_{x\to0}(1-x)^{\frac{2}{x}}$.

(3) $\lim\limits_{x\to\infty}\left(\frac{x^2+1}{x^2}\right)^{x^2+1}$;   (4) $\lim\limits_{x\to\infty}\left(\frac{2x+9}{2x+5}\right)^x$.

解 (1) $\lim\limits_{x\to\infty}\left(1+\frac{2}{x}\right)^x=\lim\limits_{x\to\infty}\left[1+\frac{2}{x}\right]^{\frac{1}{2/x}\cdot 2}=\lim\limits_{x\to\infty}\left\{\left[1+\frac{2}{x}\right]^{\frac{1}{2/x}}\right\}^2=\mathrm{e}^2.$

(2) $\lim\limits_{x\to0}(1-x)^{\frac{2}{x}}=\lim\limits_{x\to0}[1+(-x)]^{\frac{-1}{x}\cdot(-2)}=\lim\limits_{x\to0}\left\{[1+(-x)]^{\frac{-1}{x}}\right\}^{-2}=\mathrm{e}^{-2}.$

(3) $\lim\limits_{x\to\infty}\left(\frac{x^2+1}{x^2}\right)^{x^2+1}=\lim\limits_{x\to\infty}\left(1+\frac{1}{x^2}\right)^{x^2}\cdot\lim\limits_{x\to\infty}\left(1+\frac{1}{x^2}\right)=\mathrm{e}\times1=\mathrm{e}.$

(4) $\lim\limits_{x\to\infty}\left(\frac{2x+9}{2x+5}\right)^x=\lim\limits_{x\to\infty}\left[\left(1+\frac{4}{2x+5}\right)^{\frac{2x+5}{4}}\right]^{\frac{4x}{2x+5}}=\mathrm{e}^2.$

2.5　无穷小与无穷大

本节课件

无穷小是高等数学的重要研究对象,微积分中的很多概念本质上就是在无穷小的基础上进行定义的.

2.5.1　无穷小

1. 无穷小的定义

定义 2.5.1　若 $\lim\limits_{x\to\Delta} f(x)=0$,则称 $f(x)$ 为 $x\to\Delta$ 时的**无穷小量**,简称无穷小($x\to\Delta$ 表示 x 的某变化过程).

例如,$\lim\limits_{x\to3}(x-3)=0$,因此 $x-3$ 是 $x\to3$ 时的无穷小;又如,$\lim\limits_{x\to\infty}\dfrac{1}{x}=0$,因此 $\dfrac{1}{x}$ 是 $x\to\infty$ 时的无穷小.

注意　(1) 无穷小是极限为零的函数(或变量),而不是一个很小的数;零是唯一可以看作无穷小的数,因为如果 $f(x)\equiv0$,则 $\lim\limits_{x\to\Delta} f(x)=0$.

(2) 说某函数是无穷小,必须指明 x 的变化过程. 例如,$y=x-3$ 当 $x\to3$ 时是无穷小,但在 x 的其他变化过程中就不是无穷小.

2. 函数极限与无穷小的关系

定理 2.5.1　在自变量 x 的某一变化过程中,函数 $f(x)$ 以常数 A 为极限的充要条件是 $f(x)$ 等于常数 A 与无穷小之和,即

$$f(x)=A+\alpha(x),$$

其中 $\alpha(x)$ 为自变量在同一变化过程中的无穷小.

证明　设 $\lim\limits_{x\to x_0} f(x)=A$,即 $x\to x_0$ 时,函数 $f(x)\to A$,也就是说 $f(x)-A$ 无限接近于常数 0,即 $\lim\limits_{x\to x_0}[f(x)-A]=0$.

若记 $\alpha(x)=f(x)-A$,则有 $\lim\limits_{x\to x_0}\alpha(x)=0$,$\alpha(x)$ 为 $x\to x_0$ 时的无穷小,所以

$$f(x)=A+\alpha(x).$$

反之,若 $f(x)=A+\alpha(x)$,其中 $\alpha(x)$ 为 $x\to x_0$ 的无穷小,则有 $\lim\limits_{x\to x_0} f(x)=A$.

定理 2.5.1 可将研究函数或变量的极限,转化为研究无穷小的问题.

3. 无穷小的性质

定理 2.5.2　在自变量的同一变化过程中,则

(1) 有限个无穷小的代数和仍是无穷小;

(2) 有限个无穷小的乘积仍是无穷小;

(3) 有界函数与无穷小的乘积仍是无穷小.

推论　常数与无穷小的乘积是无穷小.

例 1　求 $\lim\limits_{x\to\infty}\dfrac{\sin x}{x}$.

解　当 $x\to\infty$ 时，$\sin x$ 是有界函数(因为 $|\sin x|\leqslant 1$)，且 $\dfrac{1}{x}$ 是无穷小(因为 $\lim\limits_{x\to\infty}\dfrac{1}{x}=0$)，根据无穷小的性质即定理 2.5.2(3)知

$$\lim_{x\to\infty}\frac{\sin x}{x}=0.$$

2.5.2　无穷大

1. 无穷大的定义

定义 2.5.2　在自变量 x 的某一变化过程中($x\to x_0$ 或 $x\to\infty$)，如果 $|f(x)|$ 无限增大，则称 $f(x)$ 为该变化过程中的**无穷大量**，简称**无穷大**.

例如，$f(x)=2x$，当 $x\to\infty$ 时，$2x\to\infty$，故 $f(x)=2x$ 是当 $x\to\infty$ 时的无穷大.

注意　(1)无穷大是指绝对值无限增大的函数或变量，而不是一个很大的数.

(2)无穷大与自变量的某一变化过程有关，例如，$f(x)=2x$，当 $x\to\infty$ 时为无穷大，但在 $x\to x_0$ 时就不是无穷大.

2. 无穷大与无穷小的关系

定理 2.5.3　在自变量的同一变化过程中，若 $f(x)$ 为无穷大，则 $\dfrac{1}{f(x)}$ 为无穷小；反之，若 $f(x)$ 为无穷小，且 $f(x)\neq 0$，则 $\dfrac{1}{f(x)}$ 为无穷大.

例 2　求 $\lim\limits_{x\to 1}\dfrac{3x}{x-1}$.

解　当 $x\to 1$ 时，分母的极限为 0，不能用极限的运算法则进行计算，但是 $\lim\limits_{x\to 1}\dfrac{x-1}{3x}=0$，根据无穷大与无穷小的关系，可知

$$\lim_{x\to 1}\frac{3x}{x-1}=\infty.$$

2.5.3　无穷小的比较

由无穷小的性质可知，有限个无穷小的和、差、积仍是无穷小，但是关于两个无穷小的商，却会出现不同的情况. 例如，当 $x\to 0$ 时，$x,2x,x^2,\sin x$ 都是无穷小，而

$$\lim_{x\to 0}\frac{x^2}{x}=0,\quad \lim_{x\to 0}\frac{2x}{x}=2,\quad \lim_{x\to 0}\frac{\sin x}{x}=1,\quad \lim_{x\to 0}\frac{x}{x^2}=\infty.$$

定义 2.5.3　设 α,β 是自变量 $x\to\Delta$ 过程中的两个无穷小，那么

(1)若 $\lim\limits_{x\to\Delta}\dfrac{\beta}{\alpha}=0$，则称 β 是比 α 高阶的无穷小，记作 $\beta=o(\alpha)$；

(2)若 $\lim\limits_{x\to\Delta}\dfrac{\beta}{\alpha}=c\neq 0$，$c$ 为常数，则称 β 与 α 是同阶无穷小；

(3)若 $\lim\limits_{x\to\Delta}\dfrac{\beta}{\alpha}=1$，则称 β 与 α 是等价无穷小，记作 $\alpha\sim\beta$.

例如：因为 $\lim\limits_{x\to 0}\dfrac{x^2}{x}=0$，所以当 $x\to 0$ 时，x^2 是比 x 高阶的无穷小，即 $x^2=o(x)$；

因为 $\lim\limits_{x\to 0}\dfrac{2x}{x}=2$，所以当 $x\to 0$ 时，$2x$ 和 x 是同阶无穷小；

因 $\lim\limits_{x\to 0}\dfrac{\sin x}{x}=1$，所以当 $x\to 0$ 时，$\sin x$ 和 x 是等价无穷小.

2.5.4 等价无穷小代换定理

定理 2.5.4 若在自变量 $x\to\Delta$ 过程中，$\alpha\sim\alpha'$，$\beta\sim\beta'$，且 $\lim\limits_{x\to\Delta}\dfrac{\beta'}{\alpha'}$ 存在，则

$$\lim_{x\to\Delta}\frac{\beta}{\alpha}=\lim_{x\to\Delta}\frac{\beta'}{\alpha'}.$$

证明 因为 $\alpha\sim\alpha'$，$\beta\sim\beta'$，所以

$$\lim_{x\to\Delta}\frac{\alpha}{\alpha'}=1,\quad \lim_{x\to\Delta}\frac{\beta}{\beta'}=1,$$

从而

$$\lim_{x\to\Delta}\frac{\beta}{\alpha}=\lim_{x\to\Delta}\left(\frac{\beta}{\beta'}\cdot\frac{\beta'}{\alpha'}\cdot\frac{\alpha'}{\alpha}\right)=\lim_{x\to\Delta}\frac{\beta}{\beta'}\cdot\lim_{x\to\Delta}\frac{\beta'}{\alpha'}\cdot\lim_{x\to\Delta}\frac{\alpha'}{\alpha}=\lim_{x\to\Delta}\frac{\beta'}{\alpha'}.$$

定理 2.5.4 表明，对于 $\dfrac{0}{0}$ 型极限 $\lim\limits_{x\to\Delta}\dfrac{\beta}{\alpha}$，可用与之等价的无穷小的极限 $\lim\limits_{x\to\Delta}\dfrac{\beta'}{\alpha'}$ 来代换，简化计算.

当 $x\to 0$ 时，常用的等价无穷小有

$$\sin x\sim x,\quad \tan x\sim x,\quad \arcsin x\sim x,\quad \arctan x\sim x,$$

$$\ln(1+x)\sim x,\quad \mathrm{e}^x-1\sim x,\quad 1-\cos x\sim\frac{x^2}{2},\quad (1+x)^a-1\sim\alpha x,$$

等等.

例 3 利用等价无穷小代换求下列极限：

(1) $\lim\limits_{x\to 0}\dfrac{3x}{\sin 7x}$；

(2) $\lim\limits_{x\to 0}\dfrac{1-\cos x}{x\tan x}$；

(3) $\lim\limits_{x\to 0}\dfrac{\tan x}{x^3+2x}$；

(4) $\lim\limits_{x\to 0}\dfrac{x^3}{\tan x-\sin x}$.

解 (1) 当 $x\to 0$ 时，$\sin 7x\sim 7x$，因此

$$\lim_{x\to 0}\frac{3x}{\sin 7x}=\lim_{x\to 0}\frac{3x}{7x}=\frac{3}{7}.$$

(2) 当 $x\to 0$ 时，$1-\cos x\sim\dfrac{x^2}{2}$，$\tan x\sim x$，所以

$$\lim_{x\to 0}\frac{1-\cos x}{x\tan x}=\lim_{x\to 0}\frac{\dfrac{x^2}{2}}{x\cdot x}=\frac{1}{2}.$$

(3) $\lim\limits_{x\to 0}\dfrac{\tan x}{x^3+2x}=\lim\limits_{x\to 0}\dfrac{x}{x^3+2x}=\lim\limits_{x\to 0}\dfrac{1}{x^2+2}=\dfrac{1}{2}$.

(4) $\lim\limits_{x\to 0}\dfrac{x^3}{\tan x-\sin x}=\lim\limits_{x\to 0}\dfrac{x^3\cos x}{\sin x(1-\cos x)}=\lim\limits_{x\to 0}\dfrac{x^3\cos x}{x\cdot\dfrac{x^2}{2}}=2$.

在利用等价无穷小代换来计算极限时，只能代换分子或分母中乘积中的无穷小因式，分

子、分母中相加(减)的代数式中的无穷小不能代换.

例如,当 $x\to 0$ 时,$\sin x\sim x$,$\tan x\sim x$,但求解 $\lim\limits_{x\to 0}\dfrac{\tan x-\sin x}{x^3}$ 时,不能将 $\tan x-\sin x$ 代换成 $x-x$.

2.6 函数的连续性

本节课件

自然界中有许多连续变化的现象,如河水的流动、植物的生长.这样的现象在数学中就是函数的连续性.

2.6.1 函数的连续性定义

自然界中连续变化的本质,反映在函数关系上,就是自变量的微小变化,只能引起函数值的微小变化.

设变量 u 从它的一个初值 u_1 变到终值 u_2,差值 u_2-u_1 叫做变量 u 的**增量**,也称**改变量**,记为 Δu,且

$$\Delta u=u_2-u_1.$$

Δu 可以是正的,也可以是负的.

设函数 $f(x)$ 在 x_0 的某一邻域内有定义,当自变量 x 在该邻域内由 x_0 变到 $x_0+\Delta x$ 时,相应地,函数 y 的值由 $f(x_0)$ 变到 $f(x_0+\Delta x)$,记 $\Delta y=f(x_0+\Delta x)-f(x_0)$,$\Delta y$ 称为函数 $f(x)$ 在 x_0 处的增量(或改变量).

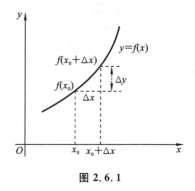

图 2.6.1

几何上,函数值的增量 Δy 表示当自变量从 x_0 变化到 $x_0+\Delta x$ 时,函数曲线上对应点的纵坐标的增量(见图 2.6.1).

如果函数 $f(x)$ 在 x_0 点连续,则当自变量的增量 Δx 趋于零时,函数的增量 Δy 也趋于零.于是,得到函数连续的定义如下:

定义 2.6.1 设函数 $f(x)$ 在点 x_0 的某一邻域内有定义,如果

$$\lim\limits_{\Delta x\to 0}\Delta y=\lim\limits_{\Delta x\to 0}[f(x_0+\Delta x)-f(x_0)]=0,$$

则称函数 $y=f(x)$ 在点 x_0 处连续.

在定义 2.6.1 中,令 $x=x_0+\Delta x$,当 $\Delta x\to 0$ 时,则有 $x\to x_0$,于是可得定义的下面一种形式.

定义 2.6.2 设函数 $f(x)$ 在点 x_0 的某一邻域内有定义,如果

$$\lim\limits_{x\to x_0}f(x)=f(x_0),$$

则称函数 $f(x)$ 在点 x_0 处连续.

简言之,若极限值等于函数值,则函数 $f(x)$ 在点 x_0 处连续.

由函数在点 x_0 处连续的定义可知,函数 $f(x)$ 在点 x_0 处连续必须同时满足下列三个

条件：

(1) $f(x)$ 在点 x_0 的某邻域内有定义；

(2) $\lim\limits_{x \to x_0} f(x)$ 存在；

(3) $\lim\limits_{x \to x_0} f(x) = f(x_0)$.

如果上述条件中任意一个都不满足，则函数在点 x_0 处不连续.

例 1　观察下列函数图象（见图 2.6.2），判定函数在点 $x=1$ 处的连续性.

(1) $f(x) = \begin{cases} 2-x, & x \neq 1, \\ 0, & x = 1; \end{cases}$
　　　　　　　　(2) $g(x) = 2 - x$.

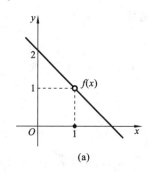 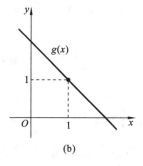

(a)　　　　　　　　　　　　　(b)

图 2.6.2

解　(1) 函数 $f(x)$ 在点 $x=1$ 处有定义，$f(1)=0$，$\lim\limits_{x \to 1} f(x) = 1$，因为 $\lim\limits_{x \to 1} f(x) = 1 \neq f(1)$，所以函数 $f(x)$ 在点 $x=1$ 处不连续.

(2) 函数 $g(x)$ 在点 $x=1$ 处有定义，且 $\lim\limits_{x \to 1} g(x) = 1 = g(1)$，故函数 $g(x)$ 在点 $x=1$ 处连续.

根据左、右极限的定义，可得函数左、右连续的如下定义.

定义 2.6.3　如果函数 $f(x)$ 在点 x_0 处的左（右）极限存在且等于该点的函数值，即

$$\lim\limits_{x \to x_0^-} f(x) = f(x_0) \; (\lim\limits_{x \to x_0^+} f(x) = f(x_0)),$$

称函数 $f(x)$ 在点 x_0 处左（右）连续.

由连续和左右连续的定义可得如下定理.

定理 2.6.1　函数 $y = f(x)$ 在点 x_0 处连续的充分必要条件是函数在点 x_0 处左连续且右连续，即

$$\lim\limits_{x \to x_0^-} f(x) = \lim\limits_{x \to x_0^+} f(x) = f(x_0).$$

该定理常用于讨论分段函数在分段点处的连续性.

如果函数 $f(x)$ 在区间 (a,b) 内每一点都连续，则称为函数 $f(x)$ 在区间 (a,b) 内连续；如果函数 $f(x)$ 在区间 (a,b) 内连续，且在点 a 处右连续，在点 b 处左连续，则函数 $f(x)$ 在闭区间 $[a,b]$ 上连续，在图象上表现为以 $(a, f(a))$、$(b, f(b))$ 为端点的连续不断的曲线.

例 2　判定函数 $f(x) = \begin{cases} x-1, & x \leqslant 0 \\ x+1, & x > 0 \end{cases}$ 在点 $x=0$ 处的连续性.

解　观察函数 $f(x)$ 的图象，如图 2.6.3 所示. 因为

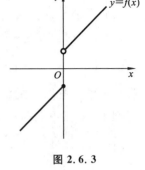

图 2.6.3

$$\lim_{x \to 0^-} f(x) = \lim_{x \to 0^-} (x-1) = -1 = f(0),$$

故函数在点 $x=0$ 处左连续. 又

$$\lim_{x \to 0^+} f(x) = \lim_{x \to 0^+} (x+1) = 1 \neq f(0),$$

故函数在点 $x=0$ 处不右连续. 所以, 函数 $f(x)$ 在点 $x=0$ 处不连续.

例 3　判定 $f(x) = \begin{cases} -x, & x<0 \\ 0, & x=0 \\ x, & x>0 \end{cases}$ 在点 $x=0$ 处的连续性.

解　因为 $\lim\limits_{x \to 0^-} f(x) = \lim\limits_{x \to 0^-} (-x) = 0 = f(0)$, 故函数在点 $x=0$ 处左连续;

又 $\lim\limits_{x \to 0^+} f(x) = \lim\limits_{x \to 0^+} x = 0 = f(0)$, 故函数在点 $x=0$ 处右连续. 所以, 函数 $f(x)$ 在点 $x=0$ 处连续.

2.6.2　函数的间断点

如果函数 $y=f(x)$ 在点 x_0 处不连续, 则称 $f(x)$ 在点 x_0 处**间断**, x_0 称为函数的**间断点**.

函数 $f(x)$ 在点 x_0 处间断有三种情况:

(1) $f(x)$ 在点 x_0 处无定义;

(2) $f(x)$ 在点 x_0 的某邻域内有定义, 但 $\lim\limits_{x \to x_0} f(x)$ 不存在;

(3) $f(x)$ 在点 x_0 的某邻域内有定义, 且 $\lim\limits_{x \to x_0} f(x)$ 存在, 但 $\lim\limits_{x \to x_0} f(x) \neq f(x_0)$.

例 4　考察函数 $f(x) = \dfrac{x^2+x-2}{x-1}$ 在点 $x=1$ 处的连续性.

解　函数 $f(x)$ 的图象如图 2.6.4 所示, 因 $f(x) = \dfrac{x^2+x-2}{x-1}$ 在点 $x=1$ 处无定义, 因此 $x=1$ 是该函数的间断点.

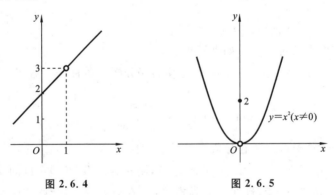

图 2.6.4　　　　　　图 2.6.5

例 5　考察函数 $f(x) = \begin{cases} 2, & x=0 \\ x^2, & x \neq 0 \end{cases}$ 在点 $x=0$ 处的连续性.

解　函数 $f(x)$ 的图象如图 2.6.5 所示, 由于

$$\lim_{x \to 0} f(x) = \lim_{x \to 0} x^2 = 0, \quad 又 \quad f(0) = 2,$$

有
$$\lim_{x\to0}f(x)\neq f(0),$$
故点 $x=0$ 是函数的间断点.

根据函数 $f(x)$ 在间断点处左、右极限的不同情况,间断点可分为如下两类:

(1) 若点 x_0 是函数 $f(x)$ 的间断点,并且 $f(x)$ 在点 x_0 的左、右极限都存在,则称点 x_0 为 $f(x)$ 的**第一类间断点**.

第一类间断点又分两种:若函数 $f(x)$ 在点 x_0 处的左、右极限相等,但不等于该点的函数值或函数在该点没有定义,则称点 x_0 为函数的**可去间断点**.如图 2.6.4 中的点 $x=1$,图 2.6.5 中的点 $x=0$,都是可去间断点;若左、右极限都存在但不相等,则称点 x_0 为函数的**跳跃间断点**,如图 2.6.3 中的点 $x=0$ 为跳跃间断点.

(2) 若点 x_0 是函数 $f(x)$ 的间断点,但不是第一类间断点,则称点 x_0 为 $f(x)$ 的**第二类间断点**.

第二类间断点有一种特殊情形:若 $\lim_{x\to x_0^-}f(x)=\infty$ 或 $\lim_{x\to x_0^+}f(x)=\infty$,则称点 x_0 为函数的**无穷间断点**,如函数 $f(x)=\dfrac{1}{x}$,点 $x=0$ 是无穷间断点.

如果点 x_0 为 $f(x)$ 的可去间断点,我们可以补充定义 $f(x_0)$ 或修改 $f(x_0)$ 的值,构造出一个在点 x_0 处连续的函数,可去间断点也由此得名.

如例 4 中,$f(x)$ 在 $x=1$ 处没有定义,但
$$\lim_{x\to1}\frac{x^2+x-2}{x-1}=\lim_{x\to1}\frac{(x-1)(x+2)}{x-1}=3,$$
若补充定义 $f(1)=3$,即
$$f(x)=\begin{cases}\dfrac{x^2+x-2}{x-1}, & x\neq1,\\ 3, & x=1,\end{cases}$$
则函数 $f(x)$ 在 $x=1$ 处连续.

2.6.3　初等函数的连续性

1. 连续函数的四则运算法则

定理 2.6.2　若函数 $f(x),g(x)$ 在点 x_0 处连续,则
$$f(x)\pm g(x),\quad f(x)\cdot g(x),\quad \frac{f(x)}{g(x)}\ (g(x)\neq0)$$
都在点 x_0 处连续.

2. 复合函数的连续性

定理 2.6.3　若函数 $y=f(u)$ 在点 $u=u_0$ 处连续,函数 $u=\varphi(x)$ 在点 $x=x_0$ 处连续,且 $u_0=\varphi(x_0)$,则复合函数 $y=f[\varphi(x)]$ 在点 x_0 处连续.

3. 初等函数的连续性

定理 2.6.4　基本初等函数在其定义域内都是连续的.

定理 2.6.5　一切初等函数在其定义区间内都是连续的.

这里所谓定义区间,就是包含在函数的定义域内的区间.

例 6 求函数 $f(x)=\dfrac{1}{\sqrt{1-x^2}}$ 的连续区间.

解 函数 $f(x)=\dfrac{1}{\sqrt{1-x^2}}$ 是初等函数,它的定义域为 $\{x\mid 1-x^2>0\}$,即

$$\{x\mid -1<x<1\} \quad \text{或} \quad x\in(-1,1),$$

所以函数的连续区间为 $(-1,1)$.

根据函数连续性的定义,若 $f(x)$ 在点 x_0 处连续,则 $\lim\limits_{x\to x_0}f(x)=f(x_0)$. 因此,如果函数为初等函数,则求其定义区间内的某点处的极限,就是求函数在该点的函数值.

例 7 求极限 $\lim\limits_{x\to 0}\ln(\cos x)$.

解 因为 $y=\ln(\cos x)$ 为初等函数,点 $x=0$ 为其定义区间内的点,即连续点,所以

$$\lim\limits_{x\to 0}\ln(\cos x)=\ln(\cos 0)=\ln 1=0.$$

2.6.4 闭区间上连续函数的性质

定理 2.6.6(最值定理) 在闭区间 $[a,b]$ 上的连续函数 $f(x)$ 一定有最大值和最小值.

如图 2.6.6 所示,函数 $f(x)$ 在点 x_0 处取得最大值 M,在点 x_1 处取得最小值 m.

最值定理给出了函数有最大值及最小值的充分条件. 定理中闭区间、连续的两个条件缺一不可. 即在开区间上的连续函数或在闭区间上有间断点的函数,结论不一定成立. 例如,函数 $y=-x+1$ 在开区间 $(0,1)$ 上连续,但是它在该区间内既无最大值,也无最小值(见图 2.6.7). 又如函数

$$f(x)=\begin{cases} x+1, & -1\leqslant x<0, \\ 0, & x=0, \\ x-1, & 0<x\leqslant 1, \end{cases}$$

它在闭区间 $[-1,1]$ 上有间断点 $x=0$,它在此区间上也没有最大值和最小值,如图 2.6.8 所示.

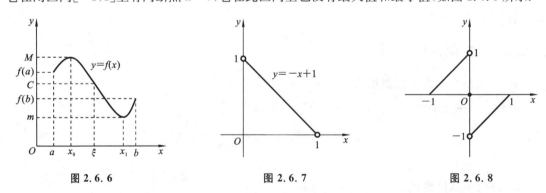

图 2.6.6　　　　　　　　　图 2.6.7　　　　　　　　　图 2.6.8

定理 2.6.7(介值定理) 设 $f(x)$ 在闭区间 $[a,b]$ 上连续,且 $f(a)\neq f(b)$,则对介于 $f(a)$、$f(b)$ 之间的任意实数 C,至少存在一点 $\xi\in(a,b)$,使得 $f(\xi)=C$.

介值定理的几何意义是:在闭区间 $[a,b]$ 上的连续曲线 $y=f(x)$ 与介于直线 $y=f(a)$ 和 $y=f(b)$ 之间的任意直线 $y=C$ 至少有一个交点(见图 2.6.6).

推论 如果函数 $f(x)$ 在 $[a,b]$ 上连续,函数 $f(x)$ 的最大值为 M,最小值为 m,则对介于 m 和 M 之间的任意实数 C,至少存在一点 $\xi\in(a,b)$,使得 $f(\xi)=C$.

如果存在 $x = x_0$ 使 $f(x_0) = 0$,那么称点 x_0 为函数 $f(x)$ 的**零点**.

定理 2.6.8(零点定理)　若函数 $f(x)$ 在闭区间 $[a,b]$ 上连续,且 $f(a) \cdot f(b) < 0$,则至少存在一点 $\xi \in (a,b)$,使得 $f(\xi) = 0$.

零点定理的几何解释是:在 $[a,b]$ 上的连续曲线 $y = f(x)$,若 $f(a)$ 与 $f(b)$ 异号,即在曲线的两个端点分别位于 x 轴的上下两侧,则该曲线与 x 轴至少有一个交点(见图 2.6.9).所谓交点,即方程 $f(x) = 0$ 的根.于是,若 $f(x)$ 满足定理中的条件,则方程 $f(x) = 0$ 在 (a,b) 内至少存在一个实根 ξ.ξ 又称为函数 $f(x)$ 的**零点**,因此该定理又称为**根的存在定理**.

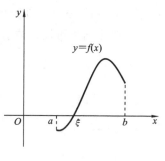

图 2.6.9

例 8　证明 $x^3 - 4x^2 + 1 = 0$ 在区间 $(0,1)$ 内至少有一个实根.

证明　设 $f(x) = x^3 - 4x^2 + 1$,因 $f(x)$ 是初等函数,所以在闭区间 $[0,1]$ 上连续,且

$$f(0) = 1 > 0, \quad f(1) = -2 < 0,$$

由零点定理知,至少存在一点 $\xi \in (0,1)$,使得

$$f(\xi) = 0,$$

即方程 $x^3 - 4x + 1 = 0$ 在 $(0,1)$ 内至少有一个根.

2.7　极限的 MATLAB 求解

本节课件

极限是微积分的基础,数学中很多重要的概念都是通过极限定义的,求极限的方法有很多,有的计算很复杂,利用 MATLAB 的 limit 函数计算极限则简单方便,本节介绍极限的 MATLAB 求解.

2.7.1　基本命令

利用 MATLAB 求解极限的基本命令如表 2.7.1 所示.

表 2.7.1

命 令 语 法	功 能 说 明
limit(f,x,a)	计算 $\lim\limits_{x \to a} f(x)$
limit(f,a)	计算默认自变量趋近于 a 时函数 $f(x)$ 的极限值
limit(f,a,'left')	计算左极限 $\lim\limits_{x \to a^-} f(x)$
limit(f,a,'right')	计算右极限 $\lim\limits_{x \to a^+} f(x)$
limit(f,x,+inf)	计算 $\lim\limits_{x \to +\infty} f(x)$
limit(f,x,-inf)	计算 $\lim\limits_{x \to -\infty} f(x)$

说明:(1) MATLAB 不能直接计算 $\lim\limits_{x\to\infty}f(x)$,必须分别计算 $\lim\limits_{x\to+\infty}f(x)$ 与 $\lim\limits_{x\to-\infty}f(x)$,再判断 limit(f,x,−inf)是否等同于 limit(f,x,+inf);

（2）输出结果可以是数值、无穷大 inf、不定值 NaN.

2.7.2　求解示例

例 1　用 MATLAB 求解下列函数的极限.

（1）$\lim\limits_{x\to1}\dfrac{x-1}{\sqrt{x}-1}$;

（2）$\lim\limits_{x\to0}\dfrac{\cos x-1}{x}$;

（3）$\lim\limits_{x\to\frac{\pi}{2}}\tan x$;

（4）$\lim\limits_{x\to0}\dfrac{(1+x^2)^{\frac{1}{3}}-1}{\cos x-1}$.

解

（1）
```
>>syms x
>>limit((x-1)/(sqrt(x)-1),x,1)
ans=
2
```

（2）
```
>>syms x
>>limit((cos(x)-1)/x,x,0)
ans=
0
```

（3）
```
>>syms x
>>limit(tan(x),x,pi/2,)
ans=
NaN
```

说明:NaN 即 Not a number,在这里表示 tan(x)在 $x\to\dfrac{\pi}{2}$ 时极限不存在.

（4）
```
>>syms x
>>limit (((1+x^2)^(1/3)-1)/(cos(x)-),x,0)
ans=
-2/3
```

例 2　验证两个重要极限
$$\lim\limits_{x\to0}\frac{\sin x}{x}=1,\quad \lim\limits_{x\to\infty}\left(1+\frac{1}{x}\right)^x=e.$$

解　第一个重要极限:$\lim\limits_{x\to0}\dfrac{\sin x}{x}=1$.

作函数 $y=\dfrac{\sin x}{x}$ 的图象,在 MATLAB 中输入:

```
>>syms x
>>ezplot('sin(x)/x',[-pi,pi])
```

函数图象如图 2.7.1 所示.

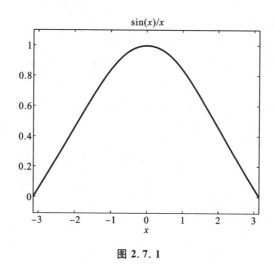

图 2.7.1

观察图 2.7.1 中当 $x \to 0$ 时函数值的变化趋势,函数值趋近于 1.

在 MATLAB 中输入:

```
>>syms x
>>limit(sin(x)/x,x,0)
ans=
1
```

当 $x \to 0$ 时输出为 1,结论与图象一致.

第二个重要极限: $\lim\limits_{x \to \infty} \left(1 + \dfrac{1}{x}\right)^x = e$.

作函数 $y = \left(1 + \dfrac{1}{x}\right)^x$ 图象,在 MATLAB 中输入:

```
>>syms x
>>ezplot('(1+1/x)^x',[1,100])
```

函数图象如图 2.7.2 所示.

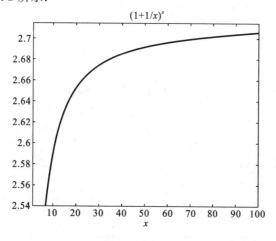

图 2.7.2

观察图 2.7.2 中函数的单调性,理解函数极限 $\lim\limits_{x\to\infty}\left(1+\dfrac{1}{x}\right)^x=\mathrm{e}$.

在 MATLAB 中输入:

```
>>syms x
>>limit((1+1/x)^x,x,+inf)
ans=
exp(1)
```

再输入:

```
>>limit((1+1/x)^x,x,-inf)
ans=
exp(1)
```

当 $x\to+\infty$ 与 $x\to-\infty$ 时,输出结果均为 e,则 $\lim\limits_{x\to\infty}\left(1+\dfrac{1}{x}\right)^x=\mathrm{e}$.

例 3   用 MATLAB 求解下列函数的极限.

(1) $\lim\limits_{x\to0^+}x\ln x$;

(2) $\lim\limits_{x\to-\infty}\dfrac{2x^3-3x}{x^3+x^2-1}$;

(3) $\lim\limits_{x\to+\infty}x(\sqrt{x^2+1}-x)$;

(4) $\lim\limits_{x\to+\infty}\dfrac{\cos x}{\mathrm{e}^x+\mathrm{e}^{-x}}$.

解   (1)
```
>>syms x
>>limit(x*log(x),x,0,'right')
ans =
0
```

(2)
```
>>syms x
>>limit((2*x^3-3*x)/(x^3+x^2-1),x,-inf)
ans=
2
```

(3)
```
>>syms x
>>limit(x*(sqrt(x^2+1)-x),x,+inf)
ans=
1/2
```

(4)
```
>>syms x
>>limit(cos(x)/(exp(x)+exp(-x)),x,+inf)
ans=
0
```

例 4   判断 $\lim\limits_{x\to0}\mathrm{e}^{\frac{1}{x}}$ 是否存在.

解   先求 $\lim\limits_{x\to0^+}\mathrm{e}^{\frac{1}{x}}$.
```
>>syms x
>>limit(exp(1/x),x,0,'right')
```

```
ans=
Inf
```

再求 $\lim\limits_{x \to 0^-} e^{\frac{1}{x}}$.

```
>>syms x
>>limit(exp(1/x),x,0,'left')
ans=
0
```

因为无限即为极限不存在,则 $\lim\limits_{x \to 0} e^{\frac{1}{x}}$ 不存在.

拓展阅读

数学家刘徽

　　刘徽(约 225—约 295),魏晋期间伟大的数学家,中国古典数学理论的奠基人之一.

　　刘徽曾从事过度量衡考校工作,研究过天文历法,还进行过野外测量,但他主要还是进行数学研究工作.他反复地学习和研究了《九章算术》.公元 263 年,也就是 1700 多年前,他就全面系统地为《九章算术》注释了 10 卷.在刘徽的注解中,包含了许多他的天才性创见和补充,这是他一生中取得的最大的功绩.

　　刘徽自撰自注的"重差",原附于《九章算术》之后,称第十卷.唐初李淳风奉敕编纂《算经十书》,《九章算术》和《海岛算经》列为其中两部.《九章算术注》之图及《海岛算经》之自注和图今已失传.刘徽出身平民,终生未仕,被称为"布衣"数学家.他不仅是中国数学史上一位非常伟大的数学家,而且在世界数学史上,也占有重要的地位.他的《九章算术注》和《海岛算经》是我国非常宝贵的数学遗产.

　　《九章算术》约成书于东汉之初,其内容十分丰富,全书采用问题集的形式,收集了 246 个与生产、生活实践有联系的应用问题,按不同内容列为九章,是为《九章算术》书名之由来.《九章算术》采用按类分章的形式成书,问题大都与当时的实际社会生活密切相关.《九章算术》使中国数学在解决实际问题的计算方面,大大胜过希腊的数学体系.

　　面对这样的数学遗产,刘徽为《九章算术》作注释,不是简单地对一部古老数学专著的注解,而是把他自己的许多研究成果充实到了里边.刘徽在长期精心研究《九章算术》的基础上,潜心为《九章算术》撰写注解文字.他的注解内容详细、丰富,纠正了原书流传下来的一些错误,对一些不完整的公式和定理作出了逻辑证明,对一些不是很明确的概念提出了确切而又严格的定义.他提出了自己大量新颖的见解,创造了许多数学原理并严加证明,然后应用于各种算法之中,成为中国传统数学理论体系的奠基者之一.

　　刘徽对《九章算术》的注释,提高了《九章算术》的学术水平,使中国古代的这部数学遗产变得更充实完整,他的《九章算术注》通过"析理以辞,解体用图",形成了一个以计算为中心,以演绎推理为主要逻辑方法的数学理论体系.其独特的数学体系不仅对东方数学,而且标志着从公元 1 世纪开始,中国取代古希腊成为世界数学的中心,是东方数学的典范之一,与古希腊欧几里得的《几何原本》所代表的古代西方数学交相辉映,为此后中国数学领先世界 1500 多年奠定了基础.

此外,刘徽的"割圆术"还开创了运用极限思想解决数学问题的先河.刘徽的极限思想不仅用来解决"圆周率",而且还用来计算多面体、圆锥、圆台的体积.刘徽总结说:要解决数学中有关无穷的问题不能靠算筹来计算,而要运用极限思想来进行合情推理.显然,刘徽对于极限思想在数学中的运用,已到了自觉认识的程度.

刘徽的数学研究不是纯粹的功利目的,而是将自己的科学目的升华到一个高的甚至超越实际应用阶段的高度,并在抽象性理论的基础上进行逻辑推理证明的道路上走得相当深远.这在刘徽的《九章算术注》"序"中表现得十分清楚,刘徽说他研究数学并非完全为了应用,而是为了满足一种学术研究的兴趣,并在此基础上建立起数学的理论体系.刘徽十分重视数学知识的系统化和论述的逻辑性,从而使中国传统数学达到一个新的高度.

刘徽认为将数学理论置于实际应用之上,研究数学是为了探知其未知的功能.刘徽称精通数学者为"好之者"有着深刻的内涵.他认为"好"高于科学的"知",也高于科学的"用".研究数学完全是出于对数学的爱好和兴趣,以及对科学真理的追求和探索.刘徽研究数学是"以阐世术之美",以阐发他的数学方法之美.这是刘徽首先在中国数学史上提出的"数学美"的概念.刘徽言数学研究和数学解题过程犹如"庖丁解牛",数学方法犹如"刀刃",是在体验和感受着一种数学境界的美.

刘徽的一生是为数学刻苦探求的一生.他人格高尚,学而不厌,给中华民族留下了宝贵的财富.

习题答案

习　题　2

1. 已知 $\lim\limits_{n\to\infty} x_n = 9$,$\lim\limits_{n\to\infty} y_n = 6$,求 $\lim\limits_{n\to\infty}\left(\dfrac{x_n}{3} - \dfrac{y_n}{2}\right)$.

2. 已知 $\lim\limits_{n\to\infty} x_n = 10$,$\lim\limits_{n\to\infty} y_n = 2$,求 $\lim\limits_{n\to\infty}\left(\dfrac{x_n}{5} + \dfrac{y_n}{2}\right)$.

3. 求下列数列的极限:

(1) $\lim\limits_{n\to\infty}\dfrac{3n^3 - 2n + 1}{4n - n^3}$;

(2) $\lim\limits_{n\to\infty}\dfrac{2n^3 + 3n^2 - 33}{3n - n^3}$;

(3) $\lim\limits_{n\to\infty}\dfrac{6n + 3}{2n}$;

(4) $\lim\limits_{n\to\infty}\dfrac{3n^2 - n + 1}{2 + n^2}$.

4. 求下列数列的极限:

(1) $\lim\limits_{n\to\infty}\left(\dfrac{1}{2} + \dfrac{1}{4} + \cdots + \dfrac{1}{2^n}\right)$;

(2) $\lim\limits_{n\to\infty}\dfrac{1 + 2 + 3 + \cdots + n}{n^2}$;

(3) $\lim\limits_{n\to\infty}\dfrac{1 + 2 + 3 + \cdots + n}{n^2 - 2n}$;

(4) $\lim\limits_{n\to\infty}\dfrac{2 + 4 + \cdots + 2n}{3n^2}$.

5. 判断函数 $f(x)=\begin{cases} x^2-1, & x>0 \\ 0, & x=0 \\ 1-x, & x<0 \end{cases}$ 当 $x\to 0$ 时的极限是否存在.

6. 判断函数 $f(x)=\begin{cases} 2x^2-7, & x>0 \\ 0, & x=0 \\ 7-2x, & x<0 \end{cases}$ 当 $x\to 0$ 时的极限是否存在.

7. 已知函数 $f(x)=\begin{cases} 3x, & -1<x<1, \\ 2, & x=1, \\ 3x^2, & x>1, \end{cases}$ 求 $\lim\limits_{x\to 1}f(x)$.

8. 已知函数 $f(x)=\begin{cases} x^2-5x-1, & x>-1, \\ 9, & x=-1, \\ 1+2x+x^2, & x<-1, \end{cases}$ 求点 $x=-1$ 处的左、右极限,并讨论点 $x=-1$ 处的极限是否存在.

9. 求 $f(x)=\dfrac{|x|}{x}$ 当 $x\to 0$ 时的左、右极限,并说明它们在 $x\to 0$ 时的极限是否存在.

10. 求下列函数的极限:

(1) $\lim\limits_{x\to 2}(x^2+x-1)$;

(2) $\lim\limits_{x\to 2}\dfrac{3x-6}{x^2+1}$;

(3) $\lim\limits_{x\to 2}\dfrac{x-2}{x^2-4}$;

(4) $\lim\limits_{x\to 1}\dfrac{1-x^2}{1-x^3}$;

(5) $\lim\limits_{x\to\infty}\dfrac{x^3-4x+1}{2x^2+x-1}$;

(6) $\lim\limits_{x\to\infty}\dfrac{4x^4+64x}{x^5+9x^2-1}$;

(7) $\lim\limits_{x\to\infty}\dfrac{3x^3+4x^2+2}{7x^3+5x^2-3}$;

(8) $\lim\limits_{x\to\infty}\dfrac{2x^3+6x+12}{x^3+9x-100}$.

11. 求下列函数的极限:

(1) $\lim\limits_{x\to 1}\dfrac{x^2-1}{2x^2-x-1}$;

(2) $\lim\limits_{x\to 3}\left(\dfrac{2}{x-3}-\dfrac{12}{x^2-9}\right)$;

(3) $\lim\limits_{x\to 1}\left(\dfrac{1}{1-x}-\dfrac{3}{1-x^3}\right)$;

(4) $\lim\limits_{x\to+\infty}(\sqrt{x+1}-\sqrt{x})$;

(5) $\lim\limits_{n\to+\infty}\dfrac{(2n+3)^3-(n+5)^3}{(2n+1)^3+(3n+4)^3}$;

(6) $\lim\limits_{x\to+\infty}\dfrac{(2x+3)^3(x+5)^{15}}{(x+3)^{18}}$.

12. 计算下列极限:

(1) $\lim\limits_{x\to 0}\dfrac{\tan 2x}{x}$;

(2) $\lim\limits_{x\to 0}\dfrac{\sin 3x}{5x}$;

(3) $\lim\limits_{x\to 2}\dfrac{x^3-8}{\sin(x-2)}$;

(4) $\lim\limits_{x\to 0}\dfrac{\sin 2x}{\tan 5x}$;

(5) $\lim\limits_{x\to\pi}\dfrac{\sin x}{\pi-x}$;

(6) $\lim\limits_{x\to\infty}x\sin\dfrac{1}{x}$;

(7) $\lim\limits_{x\to 0}\dfrac{\sin^2 4x}{x^2}$;

(8) $\lim\limits_{n\to\infty}2^n\sin\dfrac{\pi}{2^n}$;

(9) $\lim\limits_{x\to a}\dfrac{\sin x-\sin\alpha}{x-\alpha}$;

(10) $\lim\limits_{x\to 1}\dfrac{\sin^2(x-1)}{x-1}$.

13. 计算下列极限：

(1) $\lim\limits_{x\to 0}(1-x)^{\frac{1}{x}}$；

(2) $\lim\limits_{x\to 0}(1+x^2)^{\frac{1}{x^2}}$；

(3) $\lim\limits_{x\to\infty}\left(1-\dfrac{2}{x}\right)^x$；

(4) $\lim\limits_{x\to 0}(1+2x)^{\frac{\sin x}{x}}$；

(5) $\lim\limits_{x\to\infty}\left(1-\dfrac{1}{x}\right)^{-2x}$；

(6) $\lim\limits_{x\to\infty}\left(\dfrac{2x-1}{2x+1}\right)^x$；

(7) $\lim\limits_{x\to\infty}\left(1-\dfrac{1}{3x}\right)^x$；

(8) $\lim\limits_{x\to 1}(3-2x)^{\frac{3}{x-1}}$；

(9) $\lim\limits_{n\to\infty}\left(1+\dfrac{2}{n+1}\right)^n$；

(10) $\lim\limits_{x\to\infty}\left(1+\dfrac{2}{x}\right)^{x+2}$．

14. 利用等价无穷小代换定理求下列极限：

(1) $\lim\limits_{x\to 0}\dfrac{\sin 5x}{\tan 6x}$；

(2) $\lim\limits_{x\to 0}\dfrac{\sin 5x}{\arctan 2x}$；

(3) $\lim\limits_{x\to 0}\dfrac{1-\cos 2x}{x^2}$；

(4) $\lim\limits_{x\to 0}\dfrac{\ln(1+4x)}{\sin 2x}$；

(5) $\lim\limits_{x\to 0}\dfrac{x-\sin x}{x}$；

(6) $\lim\limits_{x\to 0}\dfrac{e^{3x}-1}{x}$；

(7) $\lim\limits_{x\to 0}\dfrac{\sqrt{1+\tan x}-\sqrt{1-\tan x}}{e^x-1}$；

(8) $\lim\limits_{x\to 0}\dfrac{x(\tan x-\sin x)}{(1-\cos x)^2}$．

15. 若 $\lim\limits_{x\to 0}\dfrac{f(x)-3}{x^2}=100$，求 $\lim\limits_{x\to 0}f(x)$．

16. 已知当 $x\to 0$ 时，$(1+ax^2)^{\frac{1}{3}}-1$ 与 $1-\cos x$ 是等价无穷小，求常数 a 的值.

17. 求下列函数的连续区间：

(1) $y=\sqrt{x-3}$；

(2) $y=\dfrac{1}{x-3}$．

18. 当 a 取什么值时，函数 $f(x)=\begin{cases}\dfrac{x^2-16}{x-4}, & x\neq 4 \\ a, & x=4\end{cases}$ 连续？

19. 判定函数 $f(x)=\begin{cases}x^2, & x\leqslant 0 \\ x+1, & x>0\end{cases}$ 在点 $x=0$ 处的连续性.

20. 欲使 $f(x)=\begin{cases}a+x^2, & x<-1 \\ 1, & x=-1 \\ \ln(b+x^2), & x>-1\end{cases}$ 在点 $x=-1$ 处连续，求 a,b 的值.

21. 当 $x=0$ 时，下列函数无定义，试定义 $f(0)$ 的值，使 $f(x)$ 在 $x=0$ 处连续.

(1) $f(x)=\dfrac{\sqrt{1+x}-1}{\sqrt[3]{1+x}-1}$；

(2) $f(x)=\sin x\cdot\sin\dfrac{1}{x}$．

22. 求证 $x^5+x-1=0$ 在区间 $(0,1)$ 内至少有一个实根.

23. 求证方程 $x^5-x^2=1$ 至少有一根介于 1 和 2 之间.

24. 求证方程 $4x=2^x$ 至少有一根介于 0 和 1 之间.

25. 用 MATLAB 求解下列函数的极限：

(1) $\lim\limits_{x \to 3}(x^2 + 5x - 9)$;

(2) $\lim\limits_{x \to 1}\dfrac{\sqrt{x} - 1}{\sqrt[3]{x} - 1}$;

(3) $\lim\limits_{x \to \frac{\pi}{2}}(\sin x + \cos x)$;

(4) $\lim\limits_{x \to \infty}\left(1 - \dfrac{1}{x}\right)^x$.

26. 用 MATLAB 求解下列函数的单侧极限：

(1) $\lim\limits_{x \to 0^-}\dfrac{|2x|}{x}$;

(2) $\lim\limits_{x \to 0^+}\dfrac{x}{\cos x}$;

(3) $\lim\limits_{x \to +\infty}(1 - 5^x + 7^x)^{\frac{1}{x}}$;

(4) $\lim\limits_{x \to -\infty}\dfrac{5x^2 + 5}{2x^2 - 3}$.

第3章　微分学及其应用

微积分学是高等数学的主体内容,微分学又是微积分学的重要组成部分,其基本概念是导数和微分.导数是度量函数的变化率,微分是函数变化量的近似表示.本章主要讨论导数与微分的概念、计算方法,并在介绍微分中值定理的基础上,用洛必达法则求几种未定式极限,进一步介绍导数在研究函数的性态以及解决实际问题方面的应用.

3.1　导数的概念

本节课件

3.1.1　引例

在工程、工业控制、自然科学、计算机、信息科学等领域,有许多研究函数变化率的问题,如密度、比热、电流强度、边际成本等,用数学语言表示就是函数的导数.在数学发展史上,导数的概念起源于牛顿对瞬时速度的研究和莱布尼茨对曲线切线斜率的研究.为了说明微分学的基本概念——导数,我们先讨论与导数概念形成有密切关系的两个经典问题:瞬时速度和切线斜率.

引例 1　变速直线运动的瞬时速度.

设一质点做变速直线运动,该质点的位移 s 与时间 t 的函数关系为 $s=s(t)$,如图 3.1.1 所示,求质点在任意时刻 t_0 的瞬时速度 $v(t_0)$.

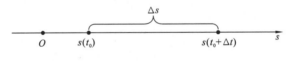

图 3.1.1

t_0 到 $t_0+\Delta t$ 这个时间间隔内,质点所经过的位移为
$$\Delta s=s(t_0+\Delta t)-s(t_0),$$
作 Δs 与 Δt 的比,得质点在 Δt 这段时间内的平均速度为
$$\bar{v}=\frac{\Delta s}{\Delta t}=\frac{s(t_0+\Delta t)-s(t_0)}{\Delta t}.$$

显然,$\bar{v}$ 只是 $v(t_0)$ 的一个近似值,并且时间间隔 Δt 越小,平均速度 $\bar{v}$ 就越接近时刻 t_0 的瞬时速度 $v(t_0)$.当 Δt 无限小时,$\bar{v}$ 就无限逼近于 $v(t_0)$,也就是当 $\Delta t\to 0$ 时,平均速度的极限即为 t_0 时刻的瞬时速度:
$$v(t_0)=\lim_{\Delta t\to 0}\bar{v}=\lim_{\Delta t\to 0}\frac{\Delta s}{\Delta t}=\lim_{\Delta t\to 0}\frac{s(t_0+\Delta t)-s(t_0)}{\Delta t}.$$

引例 2　平面曲线的切线斜率.

已知平面曲线 $y=f(x)$,求曲线在其上任意点 $M(x_0,f(x_0))$ 处的切线斜率.

　　平面曲线切线的定义:曲线 $y=f(x)$ 上的两点 M 和 N 的连线 MN 是该曲线的一条割线,当点 N 沿曲线无限趋近于点 M,割线 MN 绕点 M 转动,其极限位置 MT 就是曲线在点 M 处的切线,如图 3.1.2 所示.

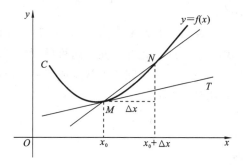

图 3.1.2

　　割线 MN 的斜率为

$$\bar{k}=\frac{\Delta y}{\Delta x}=\frac{f(x_0+\Delta x)-f(x_0)}{\Delta x},$$

当点 N 沿曲线无限趋近 M,即 $\Delta x\to 0$ 时,割线斜率的极限就是切线的斜率,即

$$k=\lim_{\Delta x\to 0}\bar{k}=\lim_{\Delta x\to 0}\frac{\Delta y}{\Delta x}=\lim_{\Delta x\to 0}\frac{f(x_0+\Delta x)-f(x_0)}{\Delta x}.$$

　　从上面所讨论的两个问题看出,变速直线运动的瞬时速度和切线的斜率都可以归结为如下的极限:

$$\lim_{\Delta x\to 0}\frac{\Delta y}{\Delta x}\quad\text{或}\quad\lim_{\Delta x\to 0}\frac{f(x_0+\Delta x)-f(x_0)}{\Delta x}. \tag{3.1.1}$$

　　在自然科学和工程技术领域内还有许多概念,如电流强度、角速度、线密度等等,都可以归结为公式(3.1.1)的数学形式,也就是如上极限形式.正是由于这些问题求解的需要,促使人们研究此极限,从而导致微分学的诞生.撇开这些量的实际意义,抓住它们在数量关系上的共性,就得出导数的概念,即当自变量在一点处的增量趋于零($\Delta x\to 0$)时,函数 $y=f(x)$ 增量 Δy 与自变量增量 Δx 的比值的极限就是函数在该点处的导数.

3.1.2　导数的定义

　　定义 3.1.1　设函数 $y=f(x)$ 在点 x_0 的某个邻域内有定义,当自变量在点 x_0 处有增量 Δx 时,相应的函数有增量 $\Delta y=f(x_0+\Delta x)-f(x_0)$,如果极限

$$\lim_{\Delta x\to 0}\frac{\Delta y}{\Delta x}=\lim_{\Delta x\to 0}\frac{f(x_0+\Delta x)-f(x_0)}{\Delta x}$$

存在,则称函数 $f(x)$ **在点 x_0 处可导**,这个极限值称为函数 $f(x)$ **在点 x_0 处的导数**,记为

$$f'(x_0),\quad y'|_{x=x_0},\quad \frac{\mathrm{d}y}{\mathrm{d}x}\Big|_{x=x_0}\quad\text{或}\quad\frac{\mathrm{d}f(x)}{\mathrm{d}x}\Big|_{x=x_0}.$$

于是有

$$f'(x_0)=\lim_{\Delta x\to 0}\frac{\Delta y}{\Delta x}=\lim_{\Delta x\to 0}\frac{f(x_0+\Delta x)-f(x_0)}{\Delta x}. \tag{3.1.2}$$

　　若记 $\Delta x=x-x_0$,当 $\Delta x\to 0$ 时,即有 $x\to x_0$,因此,点 x_0 处导数的定义还可表示为

$$f'(x_0)=\lim_{x\to x_0}\frac{f(x)-f(x_0)}{x-x_0}. \tag{3.1.3}$$

　　有了导数的记号,则有:

　　引例 1 中物体在 t_0 时刻的瞬时速度,记为 $v(t_0)=s'(t_0)$;

　　引例 2 中曲线 $y=f(x)$ 在点 (x_0,y_0) 处切线的斜率,记为 $k=f'(x_0)$.

　　显然,当极限 $\lim\limits_{\Delta x\to 0}\dfrac{f(x_0+\Delta x)-f(x_0)}{\Delta x}$ 不存在时,称函数 $f(x)$ 在点 x_0 处不可导或导数不

存在.

上面讲的是函数在点 x_0 处可导,如果函数 $y=f(x)$ 在开区间 I 内每一点 x 处都可导,则称函数 $y=f(x)$ 在开区间 I 内**可导**. 此时,函数 $f(x)$ 在每一个 $x\in I$ 处都对应着 $f(x)$ 的一个导数值. 这样,在区间 I 内就构成了一个新的函数,这个函数称为函数 $y=f(x)$ 在开区间 I 内的**导函数**,记为

$$y',\quad f'(x),\quad \frac{\mathrm{d}f(x)}{\mathrm{d}x}\quad 或\quad \frac{\mathrm{d}y}{\mathrm{d}x},$$

即

$$f'(x)=\lim_{\Delta x\to 0}\frac{f(x+\Delta x)-f(x)}{\Delta x}. \tag{3.1.4}$$

在不引起混淆时,也将导函数简称为**导数**.

显然,函数 $y=f(x)$ 在点 x_0 处的导数,就是导函数 $f'(x)$ 在点 x_0 处的函数值

$$f'(x_0)=f'(x)|_{x=x_0}.$$

根据导数的定义,可按如下方法求函数 $y=f(x)$ 导数.

(1) 求增量:设自变量 x 取得增量 Δx,求出相应的函数增量

$$\Delta y=f(x+\Delta x)-f(x).$$

(2) 作增量比:作出函数增量 Δy 与自变量增量 Δx 的比

$$\frac{\Delta y}{\Delta x}=\frac{f(x+\Delta x)-f(x)}{\Delta x}.$$

(3) 取极限:当 $\Delta x\to 0$ 时,求增量比的极限,得

$$y'=\lim_{\Delta x\to 0}\frac{\Delta y}{\Delta x}=\lim_{\Delta x\to 0}\frac{f(x+\Delta x)-f(x)}{\Delta x}.$$

例1 求函数 $y=f(x)=C$(C 是常数)的导数.

解 $$y'=\lim_{\Delta x\to 0}\frac{f(x+\Delta x)-f(x)}{\Delta x}=\lim_{\Delta x\to 0}\frac{C-C}{\Delta x}=0,$$

即

$$(C)'=0. \tag{3.1.5}$$

这就是说,**常数的导数等于零**.

例2 求函数 $f(x)=x^n$($n\in \mathbf{N}^+$)的导数.

解 $$f'(x)=\lim_{\Delta x\to 0}\frac{f(x+\Delta x)-f(x)}{\Delta x}=\lim_{\Delta x\to 0}\frac{(x+\Delta x)^n-x^n}{\Delta x}$$

$$\xeq{二项式定理}\lim_{\Delta x\to 0}\frac{nx^{n-1}\Delta x+\mathrm{C}_n^2 x^{n-2}(\Delta x)^2+\cdots+\mathrm{C}_n^n(\Delta x)^n}{\Delta x}=nx^{n-1}.$$

一般地,幂函数的导数为

$$(x^a)'=ax^{a-1}. \tag{3.1.6}$$

例3 求正弦函数 $y=\sin x$ 的导数.

解 设自变量 x 取得增量 Δx,相应地,函数增量

$$\Delta y=\sin(x+\Delta x)-\sin x=2\cos\left(x+\frac{\Delta x}{2}\right)\sin\frac{\Delta x}{2},$$

则

$$y'=\lim_{\Delta x\to 0}\frac{\Delta y}{\Delta x}=\lim_{\Delta x\to 0}\frac{2\cos\left(x+\frac{\Delta x}{2}\right)\sin\frac{\Delta x}{2}}{\Delta x}$$

$$= \lim_{\Delta x \to 0} \cos\left(x + \frac{\Delta x}{2}\right) \cdot \lim_{\Delta x \to 0} \frac{\sin \dfrac{\Delta x}{2}}{\dfrac{\Delta x}{2}} = \cos x,$$

即
$$(\sin x)' = \cos x. \tag{3.1.7}$$

用同样的方法,可以求得余弦函数的导数
$$(\cos x)' = -\sin x. \tag{3.1.8}$$

* 例 4　求指数函数 $y = a^x (a > 0, a \neq 1)$ 的导数.

解　设自变量 x 取得增量 Δx,相应地,函数增量
$$\Delta y = a^{x + \Delta x} - a^x,$$

则
$$y' = \lim_{\Delta x \to 0} \frac{\Delta y}{\Delta x} = \lim_{\Delta x \to 0} \frac{a^{x + \Delta x} - a^x}{\Delta x} = a^x \lim_{\Delta x \to 0} \frac{a^{\Delta x} - 1}{\Delta x}$$

$$= a^x \lim_{\Delta x \to 0} \frac{\Delta x \ln a}{\Delta x} = a^x \ln a,$$

即
$$(a^x)' = a^x \ln a. \tag{3.1.9}$$

特别地,当 $a = e$ 时,$(e^x)' = e^x$.

以上公式(3.1.5)~(3.1.9)在以后的计算中可直接使用.

例 5　讨论函数 $y = |x|$ 在点 $x = 0$ 处的可导性.

解　设自变量 x 在点 $x = 0$ 处取得增量 Δx,相应地,函数增量 $\Delta y = |\Delta x|$.

左极限 $\lim\limits_{\Delta x \to 0^-} \dfrac{|\Delta x|}{\Delta x} = \lim\limits_{\Delta x \to 0^-} \dfrac{-\Delta x}{\Delta x} = -1$,右极限 $\lim\limits_{\Delta x \to 0^+} \dfrac{|\Delta x|}{\Delta x} = \lim\limits_{\Delta x \to 0^+} \dfrac{\Delta x}{\Delta x} = 1$,左、右极限存但不相

等,故 $\lim\limits_{\Delta x \to 0} \dfrac{\Delta y}{\Delta x} = \lim\limits_{\Delta x \to 0} \dfrac{|\Delta x|}{\Delta x}$ 不存在,所以函数 $y = |x|$ 在点 $x = 0$ 处不可导.

与左、右连续的概念类似,我们进一步引入左、右导数的概念.

根据函数 $f(x)$ 在点 x_0 处的导数 $f'(x_0)$ 的定义可知,导数
$$f'(x_0) = \lim_{x \to x_0} \frac{f(x) - f(x_0)}{x - x_0}$$

是一个极限. 左极限 $\lim\limits_{x \to x_0^-} \dfrac{f(x) - f(x_0)}{x - x_0}$、右极限 $\lim\limits_{x \to x_0^+} \dfrac{f(x) - f(x_0)}{x - x_0}$ 分别称为函数 $f(x)$ 在 x_0 处

的**左导数**和**右导数**,分别记为 $f'_-(x_0)$ 和 $f'_+(x_0)$,即
$$f'_-(x_0) = \lim_{x \to x_0^-} \frac{f(x) - f(x_0)}{x - x_0},$$

$$f'_+(x_0) = \lim_{x \to x_0^+} \frac{f(x) - f(x_0)}{x - x_0},$$

也可以表示为
$$f'_-(x_0) = \lim_{\Delta x \to 0^-} \frac{f(x_0 + \Delta x) - f(x_0)}{\Delta x},$$

$$f'_+(x_0) = \lim_{\Delta x \to 0^+} \frac{f(x_0 + \Delta x) - f(x_0)}{\Delta x}.$$

因为极限存在的充分必要条件是函数的左、右极限存在且相等,所以函数 $f(x)$ 在一点处
的导数存在的充要条件是函数 $f(x)$ 在这一点的左、右导数存在且相等,即
$$f'(x_0) \text{存在} \Leftrightarrow f'_-(x_0) = f'_+(x_0).$$

3.1.3 导数的几何意义

由引例 2 可知,函数 $y=f(x)$ 在点 x_0 处的导数 $f'(x_0)$ 在几何上表示曲线 $y=f(x)$ 在点 (x_0,y_0) 处切线的斜率.

相应地,求曲线 $y=f(x)$ 在点 x_0 处的切线,只要先求出函数 $y=f(x)$ 在点 x_0 处的导数 $f'(x_0)$,然后根据直线的点斜式方程,就可得到曲线 $y=f(x)$ 在点 x_0 处的切线的方程

$$y-y_0=f'(x_0)(x-x_0).$$

过切点 $M_0(x_0,y_0)$ 且与切线垂直的直线称为曲线 $y=f(x)$ 在点 M_0 处的**法线**. 若 $f'(x_0)\neq0$,则法线方程为

$$y-y_0=-\frac{1}{f'(x_0)}(x-x_0).$$

若 $f'(x_0)=0$,则切线方程为 $y=y_0$,即切线平行于 x 轴.

若 $f'(x_0)=\infty$,则切线方程为 $x=x_0$,即切线垂直于 x 轴.

例 6 求曲线 $y=\frac{1}{x}$ 在点 $\left(2,\frac{1}{2}\right)$ 处的切线方程和法线方程.

解 由于

$$y'=\left(\frac{1}{x}\right)'=(x^{-1})'=-x^{-2}=-\frac{1}{x^2},$$

因此切线斜率为

$$k=y'|_{x=2}=-\frac{1}{x^2}\bigg|_{x=2}=-\frac{1}{4},$$

故所求切线方程为

$$y-\frac{1}{2}=-\frac{1}{4}(x-2),$$

即

$$x+4y-4=0.$$

由于法线斜率 $k=-\dfrac{1}{-\frac{1}{4}}=4$,故法线方程为

$$y-\frac{1}{2}=4(x-2),$$

即

$$8x-2y-15=0.$$

3.1.4 函数可导与连续的关系

初等函数在其定义区间上都是连续的,那么函数的连续性与可导性有什么关系呢?

定理 3.1.1 若函数 $y=f(x)$ 在点 x_0 处可导,则 $f(x)$ 在点 x_0 处连续.

证明 若函数 $y=f(x)$ 在点 x_0 处可导,则有

$$\lim_{\Delta x\to0}\frac{\Delta y}{\Delta x}=f'(x_0),$$

于是

$$\frac{\Delta y}{\Delta x} = f'(x_0) + \alpha \text{（当 } \Delta x \to 0 \text{ 时}, \alpha \to 0），$$

因此有 $\Delta y = f'(x_0) \Delta x + \alpha \Delta x$，即当 $\Delta x \to 0$ 时，$\Delta y \to 0$.

综上所述，函数 $y = f(x)$ 在点 x_0 处连续. 定理得证.

但定理的逆命题并不成立，即函数在某点连续，在该点不一定可导. 如 $y = \sqrt[3]{x}$ 在 $(-\infty, +\infty)$ 内连续，在点 $x = 0$ 处不可导. 由图 3.1.3 可以看出，在点 $x = 0$ 处有垂直于 x 轴的切线 $x = 0$. 又如 $y = |x|$ 在 $x = 0$ 处连续，在 $x = 0$ 处无切线，不可导，如图 3.1.4 所示.

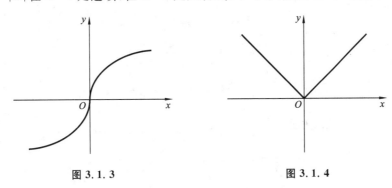

图 3.1.3　　　　　　　　　　　图 3.1.4

函数可导与连续的关系为：**可导必连续，连续不一定可导.**

函数在某开区间内可导是指函数曲线处处有切线，因此在这一区间上它常常表现为光滑的曲线.

函数 $f(x)$ 在点 x_0 处不可导常见的几种典型情况如下：

(1) 函数 $f(x)$ 在点 x_0 处不连续；

(2) 函数 $f(x)$ 在点 x_0 处连续，而 $f'_-(x_0) \neq f'_+(x_0)$. 从几何上看，函数 $f(x)$ 的图象在对应点处有一个"尖点"，如图 3.1.4 所示；

(3) 函数 $f(x)$ 在点 x_0 连续，而 $\lim\limits_{\Delta x \to 0} \frac{\Delta y}{\Delta x} = \infty$. 几何上表示曲线 $y = f(x)$ 在点 $P(x_0, f(x_0))$ 处有垂直于 x 轴的切线，如图 3.1.3 所示.

3.2　导数的计算

本节课件

上节由导数定义，求出了几个简单函数的导数，但由定义求函数的导数往往是比较困难的. 本节将介绍导数的几个基本求导法则，借助这些法则和基本初等函数的导数公式，就能比较方便地求出初等函数的导数.

3.2.1　函数的和、差、积、商的求导法则

定理 3.2.1　如果函数 $u = u(x)$ 和 $v = v(x)$ 都在点 x 处可导，则它们的和、差、积、商（分母 $v(x) \neq 0$）在点 x 处都可导，且有

(1) $(u(x) \pm v(x))' = u'(x) \pm v'(x)$；

(2) $(u(x)v(x))' = u'(x)v(x) + u(x)v'(x)$；

(3) $\left(\dfrac{u(x)}{v(x)}\right)' = \dfrac{u'(x)v(x) - u(x)v'(x)}{v^2(x)}$ $(v(x) \neq 0)$.

证明　(1) $[u(x) \pm v(x)]' = \lim\limits_{\Delta x \to 0} \dfrac{[u(x+\Delta x) \pm v(x+\Delta x)] - [u(x) \pm v(x)]}{\Delta x}$

$$= \lim\limits_{\Delta x \to 0} \dfrac{u(x+\Delta x) - u(x)}{\Delta x} \pm \lim\limits_{\Delta x \to 0} \dfrac{v(x+\Delta x) - v(x)}{\Delta x}$$

$$= u'(x) \pm v'(x),$$

简单表示为

$$(u \pm v)' = u' \pm v'.$$

(2) $[u(x)v(x)]' = \lim\limits_{\Delta x \to 0} \dfrac{u(x+\Delta x)v(x+\Delta x) - u(x)v(x)}{\Delta x}$

$$= \lim\limits_{\Delta x \to 0} \left[\dfrac{u(x+\Delta x) - u(x)}{\Delta x} \cdot v(x+\Delta x) + u(x)\dfrac{v(x+\Delta x) - v(x)}{\Delta x} \right]$$

$$= \lim\limits_{\Delta x \to 0} \dfrac{u(x+\Delta x) - u(x)}{\Delta x} \cdot \lim\limits_{\Delta x \to 0} v(x+\Delta x) + u(x)\lim\limits_{\Delta x \to 0}\dfrac{v(x+\Delta x) - v(x)}{\Delta x}$$

$$= u'(x)v(x) + u(x)v'(x),$$

简单表示为

$$(uv)' = u'v + uv'.$$

特别地,根据法则(2)可推出

$$(Cu)' = Cu' \quad (C \text{ 为任意常数}).$$

定理中法则(1)、(2)可推广到有限个可导函数的情形:

$$(u + v + w)' = u' + v' + w',$$

$$(uvw)' = u'vw + uv'w + uvw'.$$

(3) $\left[\dfrac{u(x)}{v(x)}\right]' = \lim\limits_{\Delta x \to 0} \dfrac{\dfrac{u(x+\Delta x)}{v(x+\Delta x)} - \dfrac{u(x)}{v(x)}}{\Delta x} = \lim\limits_{\Delta x \to 0} \dfrac{u(x+\Delta x)v(x) - u(x)v(x+\Delta x)}{v(x+\Delta x)v(x)\Delta x}$

$$= \lim\limits_{\Delta x \to 0} \dfrac{\dfrac{[u(x+\Delta x) - u(x)]}{\Delta x}v(x) - \dfrac{[v(x+\Delta x) - v(x)]}{\Delta x}u(x)}{v(x+\Delta x)v(x)}$$

$$= \dfrac{u'(x)v(x) - u(x)v'(x)}{v^2(x)},$$

简单表示为

$$\left(\dfrac{u}{v}\right)' = \dfrac{u'v - uv'}{v^2} \quad (v \neq 0).$$

例 1　求下列函数的导数:

(1) $y = x^3 - 4x^2 + 3x - 7$;

(2) $y = \dfrac{1-2x}{1+3x}$;

(3) $y = \dfrac{2}{x^2+1}$;

(4) $y = e^x(\sin x + \cos x)$.

解　(1) $y' = (x^3)' - (4x^2)' + (3x)' - (7)' = 3x^2 - 8x + 3$.

(2) $y' = \left(\dfrac{1-2x}{1+3x}\right)' = \dfrac{(1-2x)'(1+3x) - (1-2x)(1+3x)'}{(1+3x)^2}$

$$= \frac{-2(1+3x)-(1-2x)\times 3}{(1+3x)^2} = -\frac{5}{(1+3x)^2}.$$

(3) $y' = \left(\dfrac{2}{x^2+1}\right)' = -\dfrac{2(x^2+1)'}{(x^2+1)^2} = -\dfrac{4x}{(x^2+1)^2}.$

(4) $y' = (\mathrm{e}^x)'(\sin x + \cos x) + \mathrm{e}^x(\sin x + \cos x)'$

$\qquad = \mathrm{e}^x(\sin x + \cos x) + \mathrm{e}^x(\cos x - \sin x)$

$\qquad = 2\mathrm{e}^x \cos x.$

例 2　已知 $f(x) = x^2 + 3\cos x - \sin\dfrac{\pi}{2}$，求 $f'(x), f'\left(\dfrac{\pi}{2}\right).$

解　$f'(x) = (x^2)' + 3(\cos x)' - \left(\sin\dfrac{\pi}{2}\right)' = 2x - 3\sin x,$

$\qquad f'\left(\dfrac{\pi}{2}\right) = 2 \cdot \dfrac{\pi}{2} - 3 \cdot \sin\dfrac{\pi}{2} = \pi - 3.$

注意　符号 $f'(x_0)$ 与符号 $[f(x_0)]'$ 有区别，比如，记号 $\left[f\left(\dfrac{\pi}{2}\right)\right]'$ 与 $f'\left(\dfrac{\pi}{2}\right)$ 的不同点：$\left[f\left(\dfrac{\pi}{2}\right)\right]'$ 是指先将 $\dfrac{\pi}{2}$ 代入 $f(x)$ 得函数值（一个数），然后对这个数进行求导，所以 $\left[f\left(\dfrac{\pi}{2}\right)\right]' = 0$；然而 $f'\left(\dfrac{\pi}{2}\right)$ 是指先求出 $f(x)$ 的导函数 $f'(x)$，再将 $\dfrac{\pi}{2}$ 代入导函数 $f'(x)$，所以

$$f'\left(\frac{\pi}{2}\right) = 2 \cdot \frac{\pi}{2} - 3 \cdot \sin\frac{\pi}{2} = \pi - 3.$$

例 3　求下列函数的导数：

(1) $y = \tan x$ 与 $y = \cot x$；

(2) $y = \sec x$ 与 $y = \csc x$。

解　(1) $(\tan x)' = \left(\dfrac{\sin x}{\cos x}\right)' = \dfrac{(\sin x)'\cos x - \sin x(\cos x)'}{\cos^2 x}$

$\qquad\qquad = \dfrac{\cos^2 x + \sin^2 x}{\cos^2 x} = \sec^2 x.$

同理，$(\cot x)' = -\csc^2 x.$

(2) $(\sec x)' = \left(\dfrac{1}{\cos x}\right)' = \dfrac{-(\cos x)'}{\cos^2 x} = \sin x \sec^2 x = \sec x \tan x.$

同理，$(\csc x)' = -\csc x \cot x.$

3.2.2　基本初等函数的导数公式

下面列出基本初等函数的导数公式：

(1) $(C)' = 0$；

(2) $(x^a)' = a x^{a-1}$；

(3) $(a^x)' = a^x \ln a \ (a>0, a\neq 1)$；

(4) $(\mathrm{e}^x)' = \mathrm{e}^x$；

(5) $(\log_a x)' = \dfrac{1}{x\ln a} \ (a>0, a\neq 1)$；

(6) $(\ln x)' = \dfrac{1}{x}$；

(7) $(\sin x)' = \cos x$；

(8) $(\cos x)' = -\sin x$；

(9) $(\tan x)' = \sec^2 x$；

(10) $(\cot x)' = -\csc^2 x$；

(11) $(\sec x)' = \sec x \cdot \tan x$；

(12) $(\csc x)' = -\csc x \cdot \cot x$；

(13) $(\arcsin x)' = \dfrac{1}{\sqrt{1-x^2}}$;

(14) $(\arccos x)' = -\dfrac{1}{\sqrt{1-x^2}}$;

(15) $(\arctan x)' = \dfrac{1}{1+x^2}$;

(16) $(\text{arccot} x)' = -\dfrac{1}{1+x^2}$.

在后续计算中可直接使用这些公式,要熟记.

例 4　人体对某种药物的反应一般是指血压变化(或体温变化),血压反应 R 与剂量 Q 有关,且关系为

$$R(Q) = Q^2\left(\frac{k}{2} - \frac{Q}{3}\right),$$

其中 k 为常数,则人体对该药物的敏感度(即血压反应 R 关于剂量 Q 的导数)是多少?

解　人体对药物的敏感度为

$$R'(Q) = (Q^2)'\left(\frac{k}{2} - \frac{Q}{3}\right) + Q^2\left(\frac{k}{2} - \frac{Q}{3}\right)'$$

$$= 2Q\left(\frac{k}{2} - \frac{Q}{3}\right) + Q^2 \cdot \left(-\frac{1}{3}\right) = kQ - Q^2.$$

3.2.3　复合函数的求导法则

对于 $y = \ln x^2$, $y = \ln\tan x$, $y = \sin^2 x$, $y = \sin 2x$ 等这样的复合函数,能由前面导数的四则求导法则进行求导运算吗?

如复合函数 $y = \ln x^2$,可分解为 $y = \ln u$, $u = x^2$,试分别求出 $\dfrac{\mathrm{d}y}{\mathrm{d}u}$, $\dfrac{\mathrm{d}u}{\mathrm{d}x}$, $\dfrac{\mathrm{d}y}{\mathrm{d}x}$.

$$\frac{\mathrm{d}y}{\mathrm{d}u} = \frac{1}{u}, \quad \frac{\mathrm{d}u}{\mathrm{d}x} = 2x, \quad \frac{\mathrm{d}y}{\mathrm{d}x} = [\ln x^2]' = (2\ln x)' = \frac{2}{x}.$$

观察 $\dfrac{\mathrm{d}y}{\mathrm{d}u}$, $\dfrac{\mathrm{d}u}{\mathrm{d}x}$, $\dfrac{\mathrm{d}y}{\mathrm{d}x}$ 三者的关系,发现

$$\frac{\mathrm{d}y}{\mathrm{d}u} \cdot \frac{\mathrm{d}u}{\mathrm{d}x} = \frac{1}{u} \cdot \frac{2}{x} = \frac{1}{x^2} \cdot 2x = \frac{2}{x} = \frac{\mathrm{d}y}{\mathrm{d}x}.$$

猜想:对 $y = f(u)$, $u = \varphi(x)$ 复合而成的函数 $y = f[\varphi(x)]$ 对 x 求导,是否都有

$$\frac{\mathrm{d}y}{\mathrm{d}u} \cdot \frac{\mathrm{d}u}{\mathrm{d}x} = \frac{\mathrm{d}y}{\mathrm{d}x}$$

成立呢?

下面以定理的形式给出复合函数的求导法则.

定理 3.2.2　若 $u = \varphi(x)$ 在点 x 处可导,而 $y = f(u)$ 在对应的点 $u = \varphi(x)$ 可导,那么复合函数 $y = f[\varphi(x)]$ 在点 x 处可导,且

$$(f[\phi(x)])' = f'(u) \cdot \varphi'(x), \quad \text{或} \quad \frac{\mathrm{d}y}{\mathrm{d}x} = \frac{\mathrm{d}y}{\mathrm{d}u} \cdot \frac{\mathrm{d}u}{\mathrm{d}x}, \quad \text{或} \quad y'_x = y'_u \cdot u'_x.$$

证明　由于 $y = f(u)$ 在对应的点 u 可导,所以 $\lim\limits_{\Delta u \to 0} \dfrac{\Delta y}{\Delta u} = f'(u)$,根据极限与无穷小的关系有

$$\frac{\Delta y}{\Delta u} = f'(u) + \alpha \quad (\alpha \text{ 是 } \Delta u \to 0 \text{ 时的无穷小}).$$

当 $\Delta u \to 0$ 时,

$$\Delta y = f'(u) \Delta u + \alpha \Delta u,$$

两边除以 Δx，得

$$\frac{\Delta y}{\Delta x} = f'(u) \frac{\Delta u}{\Delta x} + \alpha \frac{\Delta u}{\Delta x},$$

于是

$$\lim_{\Delta x \to 0} \frac{\Delta y}{\Delta x} = \lim_{\Delta x \to 0} \left[f'(u) \frac{\Delta u}{\Delta x} + \alpha \frac{\Delta u}{\Delta x} \right].$$

由于 $u = \varphi(x)$ 在点 x 处可导，$u = \varphi(x)$ 在点 x 处必连续，于是当 $\Delta x \to 0$ 时，$\Delta u \to 0$，所以 $\lim\limits_{\Delta x \to 0} \alpha = \lim\limits_{\Delta u \to 0} \alpha = 0$. 又由 $u = \varphi(x)$ 在点 x 处可导，所以

$$\lim_{\Delta x \to 0} \frac{\Delta u}{\Delta x} = \varphi'(x).$$

因此，$\lim\limits_{\Delta x \to 0} \dfrac{\Delta y}{\Delta x} = f'(u) \lim\limits_{\Delta x \to 0} \dfrac{\Delta u}{\Delta x} = f'(u) \varphi'(x)$. 定理得证.

简言之，复合函数对自变量的导数等于函数对中间变量的导数与中间变量对自变量的导数之积.

复合函数的求导法则可以推广到有限个中间变量的情形，也就是有限次复合关系，例如，$y = f(u)$，$u = \varphi(v)$，$v = \psi(x)$，则复合函数 $y = f\{\varphi[\psi(x)]\}$ 的求导公式为

$$\frac{\mathrm{d}y}{\mathrm{d}x} = \frac{\mathrm{d}y}{\mathrm{d}u} \cdot \frac{\mathrm{d}u}{\mathrm{d}v} \cdot \frac{\mathrm{d}v}{\mathrm{d}x}.$$

求导公式像一条由中间变量连接起来的链条，故复合函数的求导法则又叫"链式法则". 求复合函数的导数必须要弄清其复合结构，即找出所有中间变量（链子），然后逐层求导. 找出中间变量后，使每一步求导都能利用求导法则和基本求导公式.

下面利用复合函数的求导法则，求 $y = \ln x^2$ 的导数.

函数 $y = \ln x^2$ 可分解为 $y = \ln u$，$u = x^2$，则

$$\frac{\mathrm{d}y}{\mathrm{d}x} = \frac{\mathrm{d}y}{\mathrm{d}u} \cdot \frac{\mathrm{d}u}{\mathrm{d}x} = \frac{1}{u} \cdot 2x = \frac{2}{x},$$

也可写作

$$y'_x = (\ln u)'_u \cdot (x^2)'_x = \frac{1}{u} \cdot 2x = \frac{2}{x}.$$

例 5　设 $y = \ln^2 x \, (x > 0)$，求 y'.

解　函数 $y = \ln^2 x$ 可分解为 $y = u^2$，$u = \ln x$. 因为

$$y'_u = 2u, \quad u'_x = \frac{1}{x},$$

所以根据复合函数求导法则，得

$$y'_x = y'_u \cdot u'_x = 2u \cdot \frac{1}{x} = \frac{2}{x} \ln x.$$

注意　$y = \ln^2 x$ 与 $y = \ln x^2$ 不同，$y = \ln^2 x$ 是 $y = (\ln x)^2$ 的简写，而 $y = \ln x^2$ 是 $y = \ln(x)^2$ 的简写.

例 6　设 $y = \arcsin(1 + 2x) \, (-1 \leqslant x \leqslant 0)$，求 y'.

解　函数 $y = \arcsin(1 + 2x)$ 可分解为 $y = \arcsin u$，$u = 1 + 2x$. 因为

$$y'_u = \frac{1}{\sqrt{1 - u^2}}, \quad u'_x = 2,$$

所以根据复合函数求导法则,得

$$y' = y'_u \cdot u'_x = \frac{1}{\sqrt{1-u^2}} \cdot 2 = \frac{2}{\sqrt{-4x-4x^2}} = \frac{1}{\sqrt{-x-x^2}}.$$

例 7 函数 $y = (x^2+2)^3$,求 $\dfrac{\mathrm{d}y}{\mathrm{d}x}$.

解 函数 $y = (x^2+2)^3$ 可分解 $y = u^3$,$u = x^2+2$. 因为

$$\frac{\mathrm{d}y}{\mathrm{d}u} = 3u^2, \quad \frac{\mathrm{d}u}{\mathrm{d}x} = 2x,$$

所以根据复合函数求导法则,得

$$\frac{\mathrm{d}y}{\mathrm{d}x} = \frac{\mathrm{d}y}{\mathrm{d}u} \cdot \frac{\mathrm{d}u}{\mathrm{d}x} = 3u^2 \cdot 2x = 6x(x^2+2)^2.$$

熟悉复合函数求导法则后,可以省去中间变量,例如:

$$\frac{\mathrm{d}y}{\mathrm{d}x} = \left[(x^2+2)^3\right]' = 3(x^2+2)^2 \cdot (x^2+2)' = 6x(x^2+2)^2.$$

例 8 求下列函数之导数:

(1) $y = \ln\tan x$;   (2) $y = \mathrm{e}^{2x^2}$;

(3) $y = \sin\dfrac{3x}{1+x^2}$;   (4) $y = \sqrt{1-x^2}$.

解 (1) $y' = \dfrac{1}{\tan x}(\tan x)' = \cot x \sec^2 x.$

(2) $y' = \mathrm{e}^{2x^2}(2x^2)' = \mathrm{e}^{2x^2} \cdot 4x = 4x\mathrm{e}^{2x^2}.$

(3) $y' = \cos\dfrac{3x}{1+x^2} \cdot \left(\dfrac{3x}{1+x^2}\right)' = \cos\dfrac{3x}{1+x^2} \cdot \dfrac{3(1+x^2)-3x \cdot 2x}{(1+x^2)^2} = \dfrac{-3x^2+3}{(1+x^2)^2}\cos\dfrac{3x}{1+x^2}.$

(4) $y' = \dfrac{1}{2\sqrt{1-x^2}} \cdot (1-x^2)' = -\dfrac{x}{\sqrt{1-x^2}}.$

例 9 已知 $f(u)$ 可导,求函数 $y = f(\sin x)$ 的导数.

解 函数 $y = f(\sin x)$ 可分解 $y = f(u)$,$u = \sin x$. 因为

$$\frac{\mathrm{d}y}{\mathrm{d}u} = f'(u), \quad \frac{\mathrm{d}u}{\mathrm{d}x} = \cos x,$$

所以根据复合函数求导法则,得

$$\frac{\mathrm{d}y}{\mathrm{d}x} = \frac{\mathrm{d}y}{\mathrm{d}u} \cdot \frac{\mathrm{d}u}{\mathrm{d}x} = f'(u) \cdot \cos x = f'(\sin x) \cdot \cos x.$$

注意 求含抽象函数的导数时,需要注意符号表示的含义. $f'(\sin x)$ 表示 $f(u)$ 对 u 求导后代入 $u = \sin x$,$[f(\sin x)]'$ 表示函数 $f(\sin x)$ 对 x 求导.

例 10 据测定,某种细菌的个数 y 随天数 t 的繁殖规律为 $y = 400\mathrm{e}^{0.17t}$,求:

(1) 开始时的细菌个数;

(2) 第 5 天的繁殖速度.

解 (1) 由 $y = 400\mathrm{e}^{0.17t}$ 可知,当 $t = 0$ 时 $y = 400$,所以开始时的细菌个数为 400 个.

(2) 因为 $y' = 0.17 \times 400 \times \mathrm{e}^{0.17t}$,所以第 5 天的繁殖速度为

$$y'|_{t=5} = 0.17 \times 400 \times \mathrm{e}^{0.17 \times 5} \approx 159(\text{个}/\text{天}),$$

即开始时细菌为 400 个,第 5 天的繁殖速度为 159 个/天.

例 11　在火炮射击中,炮筒因受热要发生膨胀,假设炮筒的长度 L mm 取决于温度 H ℃,而温度又取决于射击时间 t min,如果温度每上升 1 ℃,炮筒长度增加 0.02 mm,而火炮射击时每隔 1 min 温度又上升 50 ℃,问炮筒长度增加有多快?

解　设 $L(H)$ 和 $H(t)$ 都是可导函数,则

$$\frac{\mathrm{d}L}{\mathrm{d}H}=0.02 \text{ mm}/℃, \qquad \frac{\mathrm{d}H}{\mathrm{d}t}=50 \text{ ℃}/\text{min}.$$

根据复合函数求导法则,得

$$\frac{\mathrm{d}L}{\mathrm{d}t}=\frac{\mathrm{d}L}{\mathrm{d}H}\cdot\frac{\mathrm{d}H}{\mathrm{d}t}=0.02\times50 \text{ mm}/\text{min}=1 \text{ mm}/\text{min},$$

即炮击时炮筒长度增加的速度为 1 mm/min.

3.2.4　高阶导数

由导数的引例可知,变速直线运动的瞬时速度函数 $v(t)$ 是路程函数 $s(t)$ 对时间 t 的导数,即

$$v(t)=\frac{\mathrm{d}s}{\mathrm{d}t} \quad 或 \quad v(t)=s'(t).$$

加速度函数 $a(t)$ 是速度函数 $v(t)$ 对时间 t 的变化率,即速度函数 $v(t)$ 对时间 t 的导数,有

$$a(t)=\frac{\mathrm{d}v}{\mathrm{d}t}=\frac{\mathrm{d}}{\mathrm{d}t}\left(\frac{\mathrm{d}s}{\mathrm{d}t}\right) \quad 或 \quad a(t)=[s'(t)]'=s''(t).$$

因此,加速度函数 $a(t)$ 是路程函数 $s(t)$ 对时间 t 的导数的导数,称之为路程函数 $s(t)$ 对时间 t 的二阶导数,记为 $\dfrac{\mathrm{d}^2 s}{\mathrm{d}t^2}$ 或 $s''(t)$.

下面给出高阶导数的定义.

定义 3.2.1　函数 $y=f(x)$ 的导数 $f'(x)$ 仍是 x 的函数,如果函数 $f'(x)$ 仍可导,我们将函数 $f'(x)$ 的导数,称为函数 $y=f(x)$ 的**二阶导数**,记为 y'',也可记为

$$f''(x), \quad \frac{\mathrm{d}^2 y}{\mathrm{d}x^2}, \quad \frac{\mathrm{d}^2 f(x)}{\mathrm{d}x^2}.$$

规定:$f'(x)$ 称为函数 $y=f(x)$ 的**一阶导数**,$f'(x)$ 的导数 $f''(x)$ 称为函数 $y=f(x)$ 的**二阶导数**,二阶导数 $f''(x)$ 的导数,称为 $y=f(x)$ 的**三阶导数**,……,$f(x)$ 的 $n-1$ 阶导数的导数称为 $f(x)$ 的 n **阶导数**,分别记作

$$y''',y^{(4)},\cdots,y^{(n)} \quad 或 \quad f'''(x),f^{(4)}(x),\cdots,f^{(n)}(x),$$

也可以记作

$$\frac{\mathrm{d}^3 y}{\mathrm{d}x^3},\frac{\mathrm{d}^4 y}{\mathrm{d}x^4},\cdots,\frac{\mathrm{d}^n y}{\mathrm{d}x^n}.$$

二阶及二阶以上的导数统称为**高阶导数**.由此可知,求高阶导数只需逐阶求导,也就是求 $y^{(n)}$ 只需对 $y^{(n-1)}$ 求导即可.

注意　符号 $y^{(n)}$ 与 y^n 代表不同的意义,$y^{(n)}$ 是指 y 的 n 阶导数,y^n 是指 y 的 n 次方.

例 12　求下列函数的二阶导数:

(1) $y=2x^3+4x+5$;　　　　　　(2) $s=\sin\omega t$;

(3) $y=\arctan x$;　　　　　　　(4) $y=x\ln x.$

解　(1) $y' = 6x^2 + 4, y'' = (6x^2 + 4)' = 12x$.

(2) $s' = \omega\cos\omega t, s'' = (\omega\cos\omega t)' = -\omega^2\sin\omega t$.

(3) $y' = \dfrac{1}{1+x^2}, y'' = \left(\dfrac{1}{1+x^2}\right)' = -\dfrac{2x}{(1+x^2)^2}$.

(4) $y' = \ln x + x \cdot \dfrac{1}{x} = 1 + \ln x, y'' = (1+\ln x)' = \dfrac{1}{x}$.

例 13　求下列函数的 n 阶导数 $y^{(n)}$：

(1) $y = a^x$；　　　　　　　(2) $y = x^\alpha (\alpha \in \mathbf{R})$；　　　　　　　(3) $y = \cos x$.

解　(1) $y' = a^x\ln a, y'' = a^x(\ln a)^2, y''' = a^x(\ln a)^3, \cdots$，依此类推，可得
$$y^{(n)} = a^x(\ln a)^n.$$

(2) $y' = \alpha x^{\alpha-1}, y'' = \alpha(\alpha-1)x^{\alpha-2}, y''' = \alpha(\alpha-1)(\alpha-2)x^{\alpha-3}, \cdots$，依此类推，可得
$$y^{(n)} = \alpha(\alpha-1)\cdots(\alpha-n+1)x^{\alpha-n}.$$

特别地，$(x^n)^{(n)} = n(n-1)\cdots(n-n+1) = n!$，而 $(x^n)^{(n+k)} = 0$.

(3) $y' = -\sin x = \cos\left(x+\dfrac{\pi}{2}\right), y'' = -\cos x = \cos\left(x+\dfrac{2\pi}{2}\right), y''' = \sin x = \cos\left(x+\dfrac{3\pi}{2}\right), \cdots$，依此类推，可得
$$y^{(n)} = \cos\left(x+\dfrac{n\pi}{2}\right).$$

通过类似方法可得常用高阶导数公式：
$$(x^\alpha)^{(n)} = \alpha(\alpha-1)\cdots(\alpha-n+1)x^{\alpha-n};$$
$$\left(\dfrac{1}{x}\right)^{(n)} = (-1)^n \dfrac{n!}{x^{n+1}};$$
$$(a^x)^{(n)} = a^x \cdot \ln^n a \ (a>0);$$
$$(e^x)^{(n)} = e^x;$$
$$(\sin x)^{(n)} = \sin\left(x+n \cdot \dfrac{\pi}{2}\right);$$
$$(\cos x)^{(n)} = \cos\left(x+n \cdot \dfrac{\pi}{2}\right);$$
$$(\ln x)^{(n)} = (-1)^{n-1}\dfrac{(n-1)!}{x^n}.$$

例 14　已知物体做变速直线运动，其运动方程为
$$s(t) = A\cos(\omega t + \varphi) \ (A, \omega, \varphi \text{ 是常数}),$$
求物体运动的加速度.

解　因为 $s(t) = A\cos(\omega t + \varphi)$，于是
$$v(t) = s'(t) = -A\omega\sin(\omega t + \varphi),$$
$$a(t) = s''(t) = -A\omega^2\cos(\omega t + \varphi),$$
所以物体运动的加速度为
$$a(t) = -A\omega^2\cos(\omega t + \varphi).$$

如果 $u(x)$、$v(x)$ 都在 x 点处具有 n 阶导数，则

(1) $(u \pm v)^{(n)} = u^{(n)} \pm v^{(n)}$；

(2) $(u \cdot v)^{(n)} = C_n^0 u^{(n)} v + C_n^1 u^{(n-1)} v' + C_n^2 u^{(n-2)} v'' + \cdots + C_n^k u^{(n-k)} v^{(k)} + \cdots + C_n^n u v^{(n)}$

$$= \sum_{k=0}^{n} C_n^k u^{(n-k)} v^{(k)}.$$

其中,(2)称为**莱布尼茨公式**,形式上类似于二项式定理:

$$(u+v)^n = C_n^0 u^n v^0 + C_n^1 u^{n-1} v^1 + C_n^2 u^{n-2} v^2 + \cdots + C_n^k u^{n-k} v^k + \cdots + C_n^n u^0 v^n.$$

可以这样来记,在二项展开式 $(u+v)^n = \sum\limits_{k=0}^{n} C_n^k u^{n-k} v^k$ 中,将函数的幂次改为导数的阶数,即得

$$(u \cdot v)^{(n)} = \sum_{k=0}^{n} C_n^k u^{(n-k)} v^{(k)}.$$

例 15　设 $y = x^2 e^{2x}$,求 $y^{(20)}$.

解　设 $u(x) = x^2, v(x) = e^{2x}$,则

$$u'(x) = 2x, \quad u''(x) = 2, \quad u'''(x) = 0, \quad u^{(4)}(x) = 0, \quad \cdots, \quad u^{(20)}(x) = 0,$$
$$v^{(k)}(x) = 2^k \cdot e^{2x},$$

所以
$$y^{(20)} = 2^{20} \cdot e^{2x} \cdot x^2 + C_{20}^1 2^{19} \cdot e^{2x} \cdot 2x + C_{20}^2 2^{18} \cdot e^{2x} \cdot 2 + 0 + \cdots + 0$$
$$= 2^{20} \cdot e^{2x} (x^2 + 20x + 95).$$

3.2.5　隐函数及由参数方程所确定的函数的导数

1. 隐函数的导数

在实际问题中,我们会遇到一类函数,是一个由变量 x 和 y 的方程 $F(x, y) = 0$ 所确定的,如方程 $e^y = xy, x^2 - y + 5 = 0$ 等. 如果存在定义在某个区间上的函数 $y = f(x)$,使得方程 $F(x, f(x)) = 0$ 成立,则称函数 $y = f(x)$ 为由方程 $F(x, y) = 0$ 所确定的**隐函数**. 相应地,以前讨论的函数如 $y = e^x, y = \sin x$ 等称为**显函数**.

有些隐函数可以化成显函数,称为**隐函数的显化**. 例如,隐函数 $x^2 - y + 5 = 0$ 可以化成显函数 $y = x^2 + 5$,而有些则难以化成显函数,如 $xy - x + e^y = 0$. 因此,我们希望找到一种能够由方程 $F(x, y) = 0$ 直接求出函数的导数的方法.

设方程 $F(x, y) = 0$ 确定了隐函数 $y = f(x)$,且可导,得 $F(x, f(x)) \equiv 0$,则恒等式两边对 x 求导仍相等. 需要注意的是,等式中的 y 是 x 的函数,用复合函数求导法则即可求得隐函数 $y = f(x)$ 的导数.

例 16　求由方程 $x^2 + y^2 = 25$ 所确定的隐函数 y 的导数 y'.

解　把 y 视为 x 的函数,用复合函数求导法则,将方程 $x^2 + y^2 = 25$ 两边对 x 求导,得

$$2x + 2yy' = 0, \quad \text{即} \quad y' = -\frac{x}{y}.$$

例 17　求由方程 $e^y = xy$ 所确定的隐函数 y 的导数 y'.

解　把 y 视为 x 的函数,用复合函数求导法则,将方程 $e^y = xy$ 两边对 x 求导,得

$$e^y y' = xy' + y, \quad \text{即} \quad y' = \frac{y}{e^y - x}.$$

例 18　求椭圆 $\dfrac{x^2}{9} + \dfrac{y^2}{4} = 1$ 在点 $P\left(1, \dfrac{4\sqrt{2}}{3}\right)$ 处的切线方程.

解　方程 $\dfrac{x^2}{9}+\dfrac{y^2}{4}=1$ 两边对 x 求导,得

$$\frac{2x}{9}+\frac{2y}{4}y'=0,\quad 即\quad y'=-\frac{4x}{9y}.$$

把 P 点的坐标 $x=1,y=\dfrac{4\sqrt2}{3}$ 代入上式,得切线的斜率 $k=-\dfrac{\sqrt2}{6}$.

因此,所求切线方程为

$$y-\frac{4\sqrt2}{3}=-\frac{\sqrt2}{6}(x-1),$$

即

$$\sqrt2x+6y-9\sqrt2=0.$$

例 19　求由方程 $x-y+\dfrac12\sin y=0$ 所确定的隐函数的二阶导数 $\dfrac{\mathrm{d}^2y}{\mathrm{d}x^2}$.

解　用隐函数求导法,有

$$1-y'+\frac12\cos y\cdot y'=0,$$

得

$$\frac{\mathrm{d}y}{\mathrm{d}x}=y'=\frac{2}{2-\cos y},$$

两边再对 x 求导,得

$$\frac{\mathrm{d}^2y}{\mathrm{d}x^2}=\frac{-2\sin y\cdot\dfrac{\mathrm{d}y}{\mathrm{d}x}}{(2-\cos y)^2}=\frac{-4\sin y}{(2-\cos y)^3}.$$

求隐函数的高阶导数,用通常的求高阶导数的方法即可.

对于有些显函数,直接求导数比较困难,如幂指函数 $y=u^v$(其中 u、v 都是 x 的函数,且 $u>0$)或由多个函数经过乘、除、乘方和开方运算得到的函数.对这样的函数,可先对等式两边取对数,变成隐函数形式,然后再利用隐函数求导的方法求出它的导数,这种方法称为**对数求导法**.

例 20　求函数 $y=x^{2x}(x>0)$ 的导数.

解　函数 y 是幂指函数.等式两边取对数,得

$$\ln y=2x\ln x,$$

利用隐函数的求导方法,得

$$\frac1y y'=2\ln x+2,$$

所以

$$y'=2y(\ln x+1)=2x^{2x}(\ln x+1).$$

注意　本题也可先进行恒等变形,将函数写成 $y=\mathrm{e}^{2x\ln x}$,然后求导.

例 21　求函数 $y=\sqrt[5]{\dfrac{x(x-1)}{(x-2)(x+3)}}$ 的导数.

解　本题直接用求导数公式与法则求解很麻烦,可先对等式两边取对数,得

$$\ln y=\frac15[\ln x+\ln(x-1)-\ln(x-2)-\ln(x+3)],$$

利用隐函数求导方法,得

$$\frac{1}{y}y'=\frac{1}{5}\left(\frac{1}{x}+\frac{1}{x-1}-\frac{1}{x-2}-\frac{1}{x+3}\right),$$

$$y'=\frac{y}{5}\left(\frac{1}{x}+\frac{1}{x-1}-\frac{1}{x-2}-\frac{1}{x+3}\right),$$

所以

$$y'=\frac{1}{5}\sqrt[5]{\frac{x(x-1)}{(x-2)(x+3)}}\left(\frac{1}{x}+\frac{1}{x-1}-\frac{1}{x-2}-\frac{1}{x+3}\right).$$

说明　方程两边取对数前应先取绝对值,由于不影响计算结果,为了方便起见,绝对值省略了.

2. 参数方程所确定的函数的导数

研究物体运动的轨迹时,常遇到参数方程.例如,发射一颗炮弹,初速度为 v_0,仰角为 α,如果不计空气阻力,则炮弹的运动方程为

$$\begin{cases} x=v_0\cos\alpha\cdot t, \\ y=v_0\sin\alpha\cdot t-\dfrac{1}{2}gt^2, \end{cases} \tag{3.2.1}$$

其中 g 是重力加速度,t 是飞行时间,x 与 y 为炮弹在 t 时刻的横坐标与纵坐标.式(3.2.1)中,x,y 都是变量 t 的函数,这类方程称为**参数方程**.消去参变量 t,有

$$y=x\tan\alpha-\frac{g}{2v_0^2\cos^2\alpha}x^2.$$

可见,参数方程(3.2.1)确定了一个函数.

一般地,设参数方程

$$\begin{cases} x=\varphi(t), \\ y=\psi(t), \end{cases}$$

确定了函数 $y=f(x)$,设函数 $\varphi(t),\psi(t)$ 都是可导的,且 $\varphi'(t)\neq0$,则 $y=f(x)$ 也可导,且

$$\frac{\mathrm{d}y}{\mathrm{d}x}=\frac{\psi'(t)}{\varphi'(t)}.$$

例 22　已知圆的参数方程为 $\begin{cases} x=a\cos t, \\ y=a\sin t, \end{cases}$ 求 $\dfrac{\mathrm{d}y}{\mathrm{d}x}$.

解　$y'=\dfrac{\mathrm{d}y}{\mathrm{d}x}=\dfrac{\psi'(t)}{\varphi'(t)}=\dfrac{(a\sin t)'}{(a\cos t)'}=\dfrac{a\cos t}{-a\sin t}=-\cot t.$

例 23　已知参数方程为 $\begin{cases} x=t\sin t, \\ y=t\cos t, \end{cases}$ 求 $\dfrac{\mathrm{d}y}{\mathrm{d}x}$.

解　$y'=\dfrac{\mathrm{d}y}{\mathrm{d}x}=\dfrac{\psi'(t)}{\varphi'(t)}=\dfrac{(t\cos t)'}{(t\sin t)'}=\dfrac{\cos t-t\sin t}{\sin t+t\cos t}.$

例 24　求曲线 $\begin{cases} x=2\mathrm{e}^t \\ y=\mathrm{e}^{-t} \end{cases}$ 在点 $(2,1)$ 处的切线方程和法线方程.

解　$y'=\dfrac{\mathrm{d}y}{\mathrm{d}x}=\dfrac{-\mathrm{e}^{-t}}{2\mathrm{e}^t}=-\dfrac{1}{2}\mathrm{e}^{-2t}.$

对应于点 $(2,1)$,$t=0$,所以切线的斜率 $k=\dfrac{\mathrm{d}y}{\mathrm{d}x}\bigg|_{t=0}=-\dfrac{1}{2}$,故切线方程为

$$y-1=-\frac{1}{2}(x-2), \quad 即 \quad x+2y-4=0;$$

法线方程为

$$y-1=2(x-2), \quad 即 \quad 2x-y-3=0.$$

*例 25 已知炮弹出膛后在空中的运动方程为(3.2.1),v_0 是炮弹出膛口时的速度,求:

(1) 炮弹在时刻 t 的运动方向;

(2) 炮弹在时刻 t 的速度.

解 (1) 炮弹在时刻 t 的运动方向,就是炮弹运动轨迹在时刻 t 的切线方向,而切线方向可由切线的斜率来反映,所以求运动方向时只要求切线的斜率 $\frac{dy}{dx}$ 即可,于是

$$\frac{dy}{dx}=\frac{v_0\sin\alpha-gt}{v_0\cos\alpha}.$$

(2) 求炮弹在时刻 t 的速度,先求沿 x 轴方向的分速度 $v_x=\frac{dx}{dt}$ 和沿 y 轴方向的分速 $v_y=\frac{dy}{dt}$,即

$$v_x=\frac{dx}{dt}=v_0\cos\alpha, \quad v_y=\frac{dy}{dt}=v_0\sin\alpha-gt.$$

所以,炮弹在时刻 t 的速度为

$$v=\sqrt{v_x^2+v_y^2}=\sqrt{(v_0\cos\alpha)^2+(v_0\sin\alpha-gt)^2}$$
$$=\sqrt{v_0^2-2v_0gt\sin\alpha+(gt)^2}.$$

3.3 函数的微分

本节课件

工程技术中,常常会遇到这样的问题:当函数自变量有微小变化时,计算函数的变化量. 这类问题如果直接计算往往比较困难,为了找到一种计算简单、误差在允许范围内的近似计算公式,引入微分的概念.

3.3.1 引例

先看一个例子,如图 3.3.1 所示,设有一块边长为 x_0 的正方形铁皮,其面积为 $A=x_0^2$. 当铁皮均匀受热膨胀后边长伸长 Δx,则铁皮面积 A 的增量为

$$\Delta A =A(x_0+\Delta x)-A(x_0)=(x_0+\Delta x)^2-x_0^2$$
$$=2x_0\cdot\Delta x+(\Delta x)^2.$$

这里求 ΔA 只是做了一个减法运算. 然而,对于一些复杂的函数 $y=f(x)$,增量

$$\Delta y=f(x_0+\Delta x)-f(x_0)$$

的计算可能很复杂,而且有时也不需要知道 Δy 的准确值,只要知道与 Δy 的误差较小的近似值即可. 有什么方法能较简单地

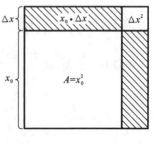

图 3.3.1

求出 Δy 的近似值呢?

我们再看铁皮面积的增量, ΔA 由两部分构成: 一部分为 $2x_0 \cdot \Delta x$, 它 Δx 的线性函数, 表示两个小长方形的面积之和; 一部分为 $(\Delta x)^2$, 表示小正方形的面积. 当 $\Delta x \to 0$ 时, $(\Delta x)^2$ 是比 Δx 高阶的无穷小, 即 $(\Delta x)^2 = o(\Delta x)$. 可见, 如果边长改变很微小时, $(\Delta x)^2$ 就非常小, 可以忽略不计, 于是 ΔA 主要取决于第一部分 $2x_0 \cdot \Delta x$, 当 Δx 很小时, 可用它作为 ΔA 的近似值, 即

$$\Delta A \approx 2x_0 \cdot \Delta x.$$

3.3.2　微分的概念

抛开上述例子的实际背景, 我们给出下面的定义:

定义 3.3.1　如果函数 $y = f(x)$ 在某区间内有定义, x_0 及 $x_0 + \Delta x$ 在这个区间内, 若函数增量

$$\Delta y = f(x_0 + \Delta x) - f(x_0)$$

可表示为

$$\Delta y = A \Delta x + o(\Delta x),$$

其中 A 是不依赖 Δx 的常数, 则称函数 $y = f(x)$ 在点 x_0 处可微, $A \Delta x$ 称为函数在点 x_0 处的**微分**, 记作 $\mathrm{d}y$, 即

$$\mathrm{d}y = A \Delta x.$$

下面讨论函数在什么情况下可微, 即可微的条件, 并求出 A.

设函数在点 x_0 处可微, 所以

$$\Delta y = A \Delta x + o(\Delta x).$$

等号两边同除以 Δx, 得

$$\frac{\Delta y}{\Delta x} = A + \frac{o(\Delta x)}{\Delta x}.$$

令 $\Delta x \to 0$, 等式两边取极限得

$$\lim_{\Delta x \to 0} \frac{\Delta y}{\Delta x} = \lim_{\Delta x \to 0} A + \lim_{\Delta x \to 0} \frac{o(\Delta x)}{\Delta x}.$$

由于 A 是不依赖 Δx 的常数, $o(\Delta x)$ 为 Δx 的高阶无穷小, 所以

$$\lim_{\Delta x \to 0} \frac{\Delta y}{\Delta x} = A.$$

由导数的定义可知,

$$A = f'(x_0),$$

所以在函数 $y = f(x)$ 在点 x_0 处可微的条件下, 函数在点 x_0 处可导, 且 $A = f'(x_0)$.

若函数可导, 那函数可微吗? 下面我们来分析一下.

若函数在点 x_0 可导, 则有

$$\lim_{\Delta x \to 0} \frac{\Delta y}{\Delta x} = f'(x_0).$$

由极限与无穷小的关系可知 $\dfrac{\Delta y}{\Delta x} = f'(x_0) + \alpha$, 其中 $\lim_{\Delta x \to 0} \alpha = 0$, 于是有

$$\Delta y = f'(x_0) \Delta x + \alpha \Delta x,$$

因为 $\Delta x \to 0$, $\alpha \Delta x$ 是 Δx 的高阶无穷小,且 $f'(x_0)$ 与 Δx 无关. 所以,函数 $y = f(x)$ 在点 x_0 处可微.

由上述分析可得如下定理:

定理 3.3.1 函数 $y = f(x)$ 在点 x_0 处可微的充分必要条件是函数 $y = f(x)$ 在点 x_0 处可导,且当函数 $y = f(x)$ 在点 x_0 处可微时,其微分

$$\mathrm{d}y = f'(x_0)\Delta x.$$

例 1 求函数 $y = x^2$ 当 $x = 2$, $\Delta x = 0.02$ 时的微分.

解 $\mathrm{d}y\Big|_{\substack{x=2 \\ \Delta x=0.02}} = (x^2)' \cdot \Delta x\Big|_{\substack{x=2 \\ \Delta x=0.02}} = 2x\Delta x\Big|_{\substack{x=2 \\ \Delta x=0.02}} = 2 \times 2 \times 0.02 = 0.08.$

例 2 设函数 $y = x^3$,当 $x = 2$ 时,求 Δx 分别等于 0.01 和 0.001 时的增量与微分.

解 当 $x = 2$, $\Delta x = 0.01$ 时,

$$\Delta y = (2+0.01)^3 - 2^3 = 0.120601,$$

$$\mathrm{d}y\Big|_{\substack{x=2 \\ \Delta x=0.01}} = (x^3)'\Delta x\Big|_{\substack{x=2 \\ \Delta x=0.01}} = 3x^2\Delta x\Big|_{\substack{x=2 \\ \Delta x=0.01}}$$

$$= 3 \times 2^2 \times 0.01 = 0.12.$$

当 $x = 2$, $\Delta x = 0.001$ 时,

$$\Delta y = (2+0.001)^3 - 2^3 = 0.012006001,$$

$$\mathrm{d}y\Big|_{\substack{x=2 \\ \Delta x=0.001}} = (x^3)'\Delta x\Big|_{\substack{x=2 \\ \Delta x=0.001}} = 3x^2\Delta x\Big|_{\substack{x=2 \\ \Delta x=0.001}} = 3 \times 2^2 \times 0.001 = 0.012.$$

可以发现,当 $\Delta x \to 0$ 时,用 $\mathrm{d}y$ 的值近似替代 Δy 的值,误差很小,并且 $\mathrm{d}y$ 比 Δy 更容易计算.

定义 3.3.2 若函数 $f(x)$ 在区间 I 内的任意点 x 都可微,则称函数 $f(x)$ 在区间 I 内可微,函数的微分记作 $\mathrm{d}y$,即

$$\mathrm{d}y = f'(x)\Delta x.$$

规定 $\Delta x = \mathrm{d}x$,即自变量的增量等于自变量的微分,于是函数的微分可记为

$$\mathrm{d}y = f'(x)\mathrm{d}x,$$

即

$$\frac{\mathrm{d}y}{\mathrm{d}x} = f'(x).$$

上式说明:函数的微分 $\mathrm{d}y$ 与自变量的微分 $\mathrm{d}x$ 之商,等于该函数的导数,故导数又名**微商**.

例 3 填空:$\mathrm{d}(\quad) = x\mathrm{d}x.$

解 由于 $\left(\dfrac{x^2}{2} + C\right)' = x$($C$ 为常数),故 $\mathrm{d}\left(\dfrac{x^2}{2} + C\right) = x\mathrm{d}x.$

3.3.3 微分的计算

从函数的微分表达式 $\mathrm{d}y = f'(x)\mathrm{d}x$,可以得到基本初等函数的微分公式和函数的微分法则.

1. 基本初等函数的微分公式

(1) $\mathrm{d}(C) = 0$;

(2) $\mathrm{d}(x^a)=ax^{a-1}\mathrm{d}x$;

(3) $\mathrm{d}(a^x)=a^x\ln a\mathrm{d}x\ (a>0\ 且\ a\neq1)$;

(4) $\mathrm{d}(\mathrm{e}^x)=\mathrm{e}^x\mathrm{d}x$;

(5) $\mathrm{d}(\log_a x)=\dfrac{1}{x\ln a}\mathrm{d}x\ (a>0\ 且\ a\neq1)$;

(6) $\mathrm{d}(\ln x)=\dfrac{1}{x}\mathrm{d}x$;

(7) $\mathrm{d}(\sin x)=\cos x\mathrm{d}x$;

(8) $\mathrm{d}(\cos x)=-\sin x\mathrm{d}x$;

(9) $\mathrm{d}(\tan x)=\sec^2 x\mathrm{d}x$;

(10) $\mathrm{d}(\cot x)=-\csc^2 x\mathrm{d}x$;

(11) $\mathrm{d}(\sec x)=\sec x\tan x\mathrm{d}x$;

(12) $\mathrm{d}(\csc x)=-\csc x\cot x\mathrm{d}x$;

(13) $\mathrm{d}(\arcsin x)=\dfrac{1}{\sqrt{1-x^2}}\mathrm{d}x$;

(14) $\mathrm{d}(\arccos x)=-\dfrac{1}{\sqrt{1-x^2}}\mathrm{d}x$;

(15) $\mathrm{d}(\arctan x)=\dfrac{1}{1+x^2}\mathrm{d}x$;

(16) $\mathrm{d}(\operatorname{arccot}x)=-\dfrac{1}{1+x^2}\mathrm{d}x$.

2. 函数和、差、积、商的微分法则

设函数 u 和 v 都是 x 的可微函数,则

(1) $\mathrm{d}(u\pm v)=\mathrm{d}u\pm\mathrm{d}v$;

(2) $\mathrm{d}(uv)=u\mathrm{d}v+v\mathrm{d}u$;

(3) $\mathrm{d}(Cu)=C\mathrm{d}u\ (C\ 为常数)$;

(4) $\mathrm{d}\left(\dfrac{u}{v}\right)=\dfrac{v\mathrm{d}u-u\mathrm{d}v}{v^2}\ (v\neq0)$.

例 4　求下列函数的微分:

(1) $y=x^2+\sin x$;　　　　　(2) $y=x^2\ln x$.

解　(1) 方法一　$\mathrm{d}y=(x^2+\sin x)'\mathrm{d}x=(2x+\cos x)\mathrm{d}x$.

方法二　$\mathrm{d}y=\mathrm{d}(x^2)+\mathrm{d}(\sin x)=(x^2)'\mathrm{d}x+(\sin x)'\mathrm{d}x=(2x+\cos x)\mathrm{d}x$.

(2) 方法一　$\mathrm{d}y=(x^2\ln x)'\mathrm{d}x=(2x\ln x+x)\mathrm{d}x$.

方法二　$\mathrm{d}y=x^2\mathrm{d}(\ln x)+\ln x\mathrm{d}(x^2)=x\mathrm{d}x+2x\ln x\mathrm{d}x=(x+2x\ln x)\mathrm{d}x$.

3. 一阶微分形式不变性

设函数 $y=f[\varphi(x)]$ 由 $y=f(u),u=\varphi(x)$ 复合而成. 因为
$$y'_x=f'(u)\cdot\varphi'(x),$$
于是
$$\mathrm{d}y=f'(u)\cdot\varphi'(x)\mathrm{d}x.$$
又

$$du = \varphi'(x)dx,$$

所以

$$dy = f'(u)du.$$

由此可见,不论 u 是自变量还是中间变量,函数的微分 dy 的形式是不变的,这种性质称为**一阶微分形式不变性**.

例 5　设 $y = \sin(3x+1)$,求 dy.

解　方法一　$dy = [\sin(3x+1)]'dx = 3\cos(3x+1)dx.$

方法二　$dy = \cos(3x+1)d(3x+1) = 3\cos(3x+1)dx.$

例 6　设 $y = \ln(1+e^{2x})$,求 dy.

解　方法一　$dy = [\ln(1+e^{2x})]'dx = \dfrac{2e^{2x}}{1+e^{2x}}dx.$

方法二　$dy = d(\ln(1+e^{2x})) = \dfrac{1}{1+e^{2x}}d(1+e^{2x}) = \dfrac{1}{1+e^{2x}} \cdot e^{2x}d(2x) = \dfrac{2e^{2x}}{1+e^{2x}}dx.$

微分的计算可以先求出导数,再写出微分形式;也可以直接根据微分法则进行计算.

3.3.4　微分的几何意义

为了对函数的微分有更直观的了解,下面来说明其几何意义.

如图 3.3.2 所示,设函数曲线 $y = f(x)$,过曲线上一点 $M(x,y)$ 的切线为 MT,它的倾角为 φ. 当自变量 x 有增量 $\Delta x = \overline{MQ}$ 时,相应地,函数 y 的增量 $\Delta y = \overline{QN}$,同时切线的纵坐标也得到对应的增量 $\overline{QP}$. 由直角三角形 MQP 的性质可知

$$\overline{QP} = \overline{MQ} \cdot \tan\varphi = f'(x)\Delta x = dy.$$

由此可知,函数 $f(x)$ 在点 x 的微分 dy 的几何意义是曲线在点 $M(x,y)$ 处的切线的纵坐标对应于 Δx 的增量.

用 dy 近似代替 Δy,就是在点 $M(x,y)$ 附近用切线段 MP 近似代替曲线段 MN,这就是"**以直代曲**"的数学思想,读者要深刻领悟.

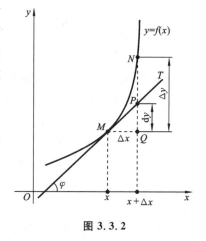

图 3.3.2

3.3.5　微分在近似计算中的应用

计算函数的增量是科学技术和工程中经常遇到的问题,如果计算公式比较复杂,利用微分可以将复杂的计算公式用简单的近似公式来代替.

对于可微函数,有

$$\Delta y = f'(x_0)\Delta x + o(\Delta x),$$

在函数增量 Δy 中,$f'(x_0)\Delta x$ 是主要部分,它是 Δx 的线性函数,通常称为 Δy 的**线性主部**.于是,当 $|\Delta x|$ 很小时,可用 Δy 的线性主部 $f'(x_0)\Delta x$ 来近似代替 Δy,从而使 Δy 的计算大为简化.

当 $|\Delta x|$ 很小时,用微分 dy 近似替代 Δy,即

$$\Delta y \approx dy = f'(x_0)\Delta x,$$

或

$$f(x_0+\Delta x)\approx f(x_0)+f'(x_0)\Delta x.$$

若记 $x=x_0+\Delta x$，则有

$$f(x)\approx f(x_0)+f'(x_0)(x-x_0).$$

根据以上近似公式，可近似计算 $\Delta y, f(x_0+\Delta x), f(x)$.

例 7　计算 $\sin30°30'$ 的近似值.

解　令 $f(x)=\sin x$，取

$$x_0=30°=\frac{\pi}{6},\quad \Delta x=30'=\frac{\pi}{360},$$

因为

$$\sin30°30'=\sin\left(\frac{\pi}{6}+\frac{\pi}{360}\right)\approx\sin\frac{\pi}{6}+(\sin x)'\Big|_{x=\frac{\pi}{6}}\cdot\frac{\pi}{360}$$

$$=\sin\frac{\pi}{6}+\cos\frac{\pi}{6}\cdot\frac{\pi}{360}$$

$$=\frac{1}{2}+\frac{\sqrt{3}}{2}\cdot\frac{\pi}{360}\approx0.5076.$$

在利用微分进行近似计算时，一是要有确定的函数 $f(x)$ 及 x_0 和 Δx 的值，二是 $|\Delta x|$ 越小，精确度越高.

在工程计算中，当 x 很小时，常用的几种近似公式有（一般取 $x_0=0$，则有 $f(x)\approx f(0)+f'(0)x$）

（1）$\sin x\approx x$；

（2）$\tan x\approx x$；

（3）$e^x\approx1+x$；

（4）$\ln(1+x)\approx x$；

（5）$(1+x)^a\approx1+\alpha x$.

例 8　计算 $\sqrt[3]{65}$ 的近似值.

解　$\sqrt[3]{65}=\sqrt[3]{64+1}=4\sqrt[3]{1+\frac{1}{64}}\approx4\left(1+\frac{1}{3}\times\frac{1}{64}\right)\approx4.0208.$

例 9　一只半径为 1 cm 的球，要给它镀上一层厚 0.01 cm 的铜，估计每只球需铜多少克？（$\rho=8.9$ g/cm³）

解　依题意，球半径 $R_0=1$ cm，半径增加为 $\Delta R=0.01$ cm，则增加的铜 ΔV 为

$$\Delta V\approx V'(R_0)\Delta R=\left(\frac{4}{3}\pi R^3\right)'\Big|_{R=R_0}\Delta R$$

$$=\frac{4}{3}\pi\cdot3R_0^2\cdot\Delta R=4\pi R_0^2\cdot\Delta R$$

$$=4\pi\times1^2\times0.01\approx0.13\ (\text{cm}^3),$$

于是镀每只球需要的铜约为

$$\Delta m=\Delta V\cdot\rho\approx0.13\times8.9=1.157\ (\text{g}).$$

本节课件

3.4　微分中值定理

中值定理把函数在某区间上的整体性质与它在该区间上某一点的导数联系起来,它是用微分学知识解决实际问题的理论基础,又是解决微分学自身发展的一种理论性数学模型,因而又把它称为**微分学基本定理**.下面首先介绍罗尔定理,然后由它推导出拉格朗日中值定理和柯西中值定理.

3.4.1　罗尔定理

定理 3.4.1(罗尔定理)　设函数 $y=f(x)$ 满足下列条件:

(1) 在闭区间 $[a,b]$ 上连续;

(2) 在开区间 (a,b) 内可导;

(3) 在区间两个端点处的函数值相等,即 $f(a)=f(b)$,

则至少存在一点 $\xi\in(a,b)$,使得 $f'(\xi)=0$.

证明　由于函数 $y=f(x)$ 在闭区间 $[a,b]$ 上连续,根据闭区间上连续函数的最值定理,$f(x)$ 在 $[a,b]$ 上必定取得最大值 M 和最小值 m.

(1) 若 $M=m$,则在闭区间 $[a,b]$ 内 $f(x)$ 恒等于常数 M,因此在开区间 (a,b) 内恒有 $f'(x)=0$,所以对 (a,b) 内的每一点都可取作 ξ,定理的结论成立.

(2) 若 $M\neq m$,因为 $f(a)=f(b)$,所以 M 与 m 中至少有一个不等于端点处的函数值. 不妨设 $M\neq f(a)$,于是在开区间 (a,b) 内至少存在一点 ξ,使 $f(\xi)=M$,下面证明 $f'(\xi)=0$.

在 ξ 处取自变量 x 的增量 Δx,因为 $f(\xi)=M$ 是最大值,所以总有

$$f(\xi+\Delta x)\leqslant f(\xi).$$

当 $\Delta x>0$ 时,有 $\dfrac{f(\xi+\Delta x)-f(\xi)}{\Delta x}\leqslant 0$,于是

$$\lim_{\Delta x\to 0^{+}}\frac{f(\xi+\Delta x)-f(\xi)}{\Delta x}\leqslant 0,\quad 即\quad f'_{+}(\xi)\leqslant 0.$$

当 $\Delta x<0$ 时,有 $\dfrac{f(\xi+\Delta x)-f(\xi)}{\Delta x}\geqslant 0$. 于是

$$\lim_{\Delta x\to 0^{-}}\frac{f(\xi+\Delta x)-f(\xi)}{\Delta x}\geqslant 0,\quad 即\quad f'_{-}(\xi)\geqslant 0.$$

而 $\xi\in(a,b)$,所以 $f(x)$ 在 ξ 处可导,因此

$$f'(\xi)=f'_{+}(\xi)=f'_{-}(\xi),$$

从而 $f'(\xi)=0$.定理的结论成立.

罗尔定理的几何意义是:对于闭区间 $[a,b]$ 上的连续曲线 $y=f(x)$,若其上每一点(端点除外)都有不垂直于 x 轴的切线,且曲线两端点的连线平行于 x 轴,则在曲线上至少有一点 C,其切线平行于 x 轴,而且这样的点可能不只一个,如图 3.4.1 所示.

需要注意的是,定理的三个条件中,少一个条件都可能使结论不成立.

例如,函数

$$f(x)=|x|=\begin{cases} x, & x\geqslant 0 \\ -x, & x<0 \end{cases}$$

在$[-1,1]$上连续,$f(-1)=f(1)$,但在$(-1,1)$内的 $x=0$ 处不可导,所以不存在 $\xi\in(-1,1)$ 使 $f'(\xi)=0$,如图 3.4.2 所示.

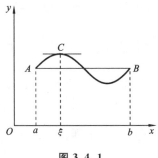
图 3.4.1

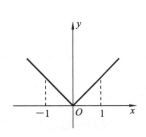
图 3.4.2

又如,函数 $f(x)=x$ 在$[0,1]$上连续,在$(0,1)$内可导,但 $f(0)\neq f(1)$,同样也不存在 $\xi\in(0,1)$,使得 $f'(\xi)=0$,如图 3.4.3 所示.

再如,函数

$$f(x)=x-[x]=\begin{cases} x, & 0\leqslant x<1 \\ 0, & x=1 \end{cases}$$

在$(0,1)$内可导,$f(0)=f(1)$,但在闭区间$[0,1]$的右端点 $x=1$ 处不连续,所以也不存在 $\xi\in(0,1)$,使得 $f'(\xi)=0$,如图 3.4.4 所示.

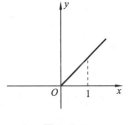
图 3.4.3

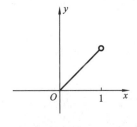
图 3.4.4

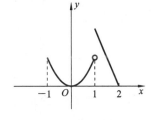
图 3.4.5

但有时定理的条件不满足时,结论也可能成立.如函数

$$f(x)=\begin{cases} x^2, & -1\leqslant x<1 \\ 4-2x, & 1\leqslant x\leqslant 2 \end{cases}$$

在$[-1,2]$上有定义,在 $x=1$ 处间断,且 $f(-1)=1\neq f(2)=0$,即罗尔定理的三个条件都不满足,但却存在 $\xi=0$,使得 $f'(\xi)=0$,如图 3.4.5 所示.

例 1 验证罗尔定理对函数 $f(x)=\sin x$ 在$[0,2\pi]$上的正确性,并求出符合条件的 ξ.

解 显然 $f(x)=\sin x$ 在$[0,2\pi]$上连续,在$(0,2\pi)$内可导,且 $f(0)=f(2\pi)=0$,于是 $f(x)=\sin x$ 在$[0,2\pi]$上满足罗尔定理的全部条件,故在$(0,2\pi)$内至少存在一点 ξ,使

$$f'(\xi)=\cos\xi=0.$$

事实上,$(0,2\pi)$内的点 $\xi_1=\dfrac{\pi}{2}$,$\xi_2=\dfrac{3\pi}{2}$就是符合条件的 ξ.

例 2 设函数 $f(x)=(x-1)(x-2)(x-3)$,不求导数,试判断方程 $f'(x)=0$ 有几个实根,以及实根所在的范围.

解 显然,函数 $f(x)$ 在 $[1,2]$ 及 $[2,3]$ 上满足罗尔定理的条件. 于是,由罗尔定理知,至少存在 $\xi_1 \in (1,2)$,$\xi_2 \in (2,3)$,使得

$$f'(\xi_1)=0, \quad f'(\xi_2)=0,$$

即 ξ_1,ξ_2 都是 $f'(x)=0$ 的根.

而 $f'(x)=0$ 是 x 的二次方程,它最多只能有两个根,故方程 $f'(x)=0$ 有且仅有两个根 ξ_1,ξ_2,它们分别落在区间 $(1,2)$ 与 $(2,3)$ 内.

3.4.2 拉格朗日中值定理

定理 3.4.2(拉格朗日中值定理) 设函数 $y=f(x)$ 满足下列条件:

(1) 在闭区间 $[a,b]$ 上连续;

(2) 在开区间 (a,b) 内可导,

则至少存在一点 $\xi \in (a,b)$,使得

$$f'(\xi)=\frac{f(b)-f(a)}{b-a},$$

或

$$f(b)-f(a)=f'(\xi)(b-a).$$

在证明定理之前,我们先来分析一下这个定理的几何意义.

假设函数 $y=f(x)$ 在区间 $[a,b]$ 上的图形是连续曲线弧 $\overset{\frown}{AB}$,在这段弧上除两端点外,处处都有不垂直于 x 轴的切线,如图 3.4.6 所示.

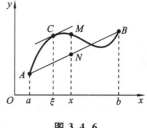

图 3.4.6

显然,$\dfrac{f(b)-f(a)}{b-a}$ 是连接点 $A(a,f(a))$ 与点 $B(b,f(b))$ 的弦 AB 的斜率,$f'(\xi)$ 是弧 $\overset{\frown}{AB}$ 上某点 $C(\xi,f(\xi))$ 处的切线斜率.

因此,定理的结论是:在弧 $\overset{\frown}{AB}$ 上至少存在一点 C,使得过 C 点的切线平行于弦 AB,而且这样的点可能不止一个. 易知弦 AB 的方程为

$$y-f(a)=\frac{f(b)-f(a)}{b-a}(x-a),$$

即

$$y=f(a)+\frac{f(b)-f(a)}{b-a}(x-a).$$

它在 $[a,b]$ 上连续,在 (a,b) 内可导,导数即是 $\dfrac{f(b)-f(a)}{b-a}$.

由此可见,要证明拉格朗日定理成立,就是要证明至少存在一点 $\xi \in (a,b)$,使得在 ξ 处的导数 $f'(\xi)$ 等于这个函数的导数 $\dfrac{f(b)-f(a)}{b-a}$,即 $f'(\xi)-\dfrac{f(b)-f(a)}{b-a}=0$.

此结果联想到罗尔定理,只是罗尔定理中端点连线平行于 x 轴,因而,我们考虑建立一个辅助函数,让它满足罗尔定理的条件.

证明 作辅助函数

$$\varphi(x)=f(x)-f(a)-\frac{f(b)-f(a)}{b-a}(x-a),$$

显然 $\varphi(x)$ 在 $[a,b]$ 上连续,在 (a,b) 内可导,且 $\varphi(a)=\varphi(b)=0$,因此由罗尔定理知,至少存在一点 $\xi\in(a,b)$,使得

$$\varphi'(\xi)=f'(\xi)-\frac{f(b)-f(a)}{b-a}=0,$$

即

$$f'(\xi)=\frac{f(b)-f(a)}{b-a}\quad \text{或}\quad f(b)-f(a)=f'(\xi)(b-a).$$

显然,上式对于 $b<a$ 也成立,上式也叫做**拉格朗日中值公式**.

拉格朗日中值定理揭示了函数在一个区间上的增量与函数在该区间内某点处的导数之间的关系.显而易见,罗尔定理是拉格朗日中值定理当 $f(a)=f(b)$ 时的特殊情形.

例 3　证明:当 $0<a<b$ 时

$$\frac{b-a}{1+b^2}<\arctan b-\arctan a<\frac{b-a}{1+a^2}.$$

证明　令 $f(x)=\arctan x$,显然 $f(x)$ 在 $[a,b]$ 上满足拉格朗日中值定理的条件,于是至少存在一点 $\xi\in(a,b)$,使得

$$\arctan b-\arctan a=(\arctan x)'|_{x=\xi}(b-a)=\frac{b-a}{1+\xi^2},$$

因为 $a<\xi<b$,所以

$$\frac{b-a}{1+b^2}<\arctan b-\arctan a<\frac{b-a}{1+a^2}.$$

我们知道,如果一个函数在某区间上恒为一个常数,那么该函数在这个区间上的导数恒为零,因此由定理 3.4.2 可以得出以下推论.

推论 3.4.1　如果函数 $f(x)$ 在区间 (a,b) 内的导数值恒为零,则函数 $f(x)$ 在区间 (a,b) 内是一个常数.

证明　设在区间 (a,b) 内取任意两点 x_1 和 x_2,且 $x_1<x_2$,$f(x)$ 在 $[x_1,x_2]$ 上满足拉格朗日定理的条件,故有

$$f(x_2)-f(x_1)=f'(\xi)(x_2-x_1),\quad \xi\in(x_1,x_2).$$

由函数 $f(x)$ 在区间 (a,b) 内的导数值恒为零,可知 $f'(\xi)=0$,所以

$$f(x_2)-f(x_1)=0,\quad \text{即}\quad f(x_1)=f(x_2).$$

由 x_1,x_2 的任意性,这就证明了 $f(x)$ 在区间 (a,b) 内为一个常数.

推论 3.4.1 的几何意义很明显,如果在区间 (a,b) 内,曲线上任一点处切线的斜率恒为零,则此曲线一定是一条平行于 x 轴的直线.

推论 3.4.2　函数 $f(x)$ 和 $g(x)$ 在区间 (a,b) 内恒有 $f'(x)=g'(x)$,则在 (a,b) 内有
$$f(x)=g(x)+C\quad (C\text{ 为任意常数}).$$

推论 3.4.2 表明,如果两个函数在 (a,b) 内导数相等,则这两个函数至多相差一个常数.

3.4.3　柯西中值定理

定理 3.4.3(柯西中值定理)　设函数 $f(x),g(x)$ 在闭区间 $[a,b]$ 上连续,在开区间 (a,b)

内可导,对于任意 $x\in(a,b),g'(x)\neq0$,则至少存在一点 $\xi\in(a,b)$,使得

$$\frac{f(b)-f(a)}{g(b)-g(a)}=\frac{f'(\xi)}{g'(\xi)}.$$

证明 作辅助函数

$$\varphi(x)=f(x)-f(a)-\frac{f(b)-f(a)}{g(b)-g(a)}[g(x)-g(a)],$$

显然 $\varphi(x)$ 在 $[a,b]$ 上连续,在 (a,b) 内可导,且 $\varphi(a)=0,\varphi(b)=0$,满足罗尔定理的条件,于是至少存在一点 $\xi\in(a,b)$,使得 $\varphi'(\xi)=0$,即

$$\frac{f'(\xi)}{g'(\xi)}=\frac{f(b)-f(a)}{g(b)-g(a)}.$$

容易看出当 $g(x)=x$ 时,$g(b)-g(a)=b-a$,$g'(x)=1$,上式变为

$$f'(\xi)=\frac{f(b)-f(a)}{b-a},$$

即为拉格朗日中值公式,于是拉格朗日定理是柯西定理当 $g(x)=x$ 时的特例.

注意 柯西定理的结论并不是 $f(x)$ 与 $g(x)$ 由拉格朗日定理的结论相除而得到,因为 $f(x)$ 与 $g(x)$ 应用拉格朗日定理,分别得到

$$\frac{f(b)-f(a)}{b-a}=f'(\xi_1),\quad a<\xi_1<b,$$

$$\frac{g(b)-g(a)}{b-a}=g'(\xi_2),\quad a<\xi_2<b,$$

于是

$$\frac{f(b)-f(a)}{g(b)-g(a)}=\frac{f'(\xi_1)}{g'(\xi_2)},$$

ξ_1 与 ξ_2 不一定相等. 而柯西定理的结论却是

$$\frac{f(b)-f(a)}{g(b)-g(a)}=\frac{f'(\xi)}{g'(\xi)}.$$

例 4 设函数 $y=f(x)$ 在 $[a,b]$ 上连续,在 (a,b) 内可导,证明至少存在一点 $\xi\in(a,b)$,使得

$$2\xi[f(b)-f(a)]=(b^2-a^2)f'(\xi).$$

证明 所证问题可化为

$$\frac{f(b)-f(a)}{b^2-a^2}=\frac{f'(\xi)}{2\xi}.$$

因此可令 $g(x)=x^2$,则 $g'(x)=2x\neq0$,所以 $f(x)$ 与 $g(x)$ 在 $[a,b]$ 上满足柯西定理的条件,于是至少存在一点 $\xi\in(a,b)$,使得

$$\frac{f(b)-f(a)}{b^2-a^2}=\frac{f'(\xi)}{2\xi},$$

即

$$2\xi[f(b)-f(a)]=(b^2-a^2)f'(\xi).$$

从上述三个定理的结论中我们可以看到,式子的一端只涉及所讨论的函数在区间上的增量,式子的另一端只涉及函数在区间内某点的导数.因此,这三个中值定理为我们以后运用导数来研究函数的性质提供了理论依据.

本节课件

3.5　导数的应用

3.5.1　洛必达法则

在求解 $\dfrac{0}{0}$ 型、$\dfrac{\infty}{\infty}$ 型的未定式极限时,极限的四则运算法则不再适用,但极限仍可能存在,求这类未定式极限的有效方法就是使用洛必达法则.

定理 3.5.1(洛必达法则)　如果函数 $f(x)$ 和 $g(x)$ 在点 x_0 的某去心邻域内有定义,且

(1) $\lim\limits_{x\to x_0} f(x)=0$,$\lim\limits_{x\to x_0} g(x)=0$;

(2) 在点 x_0 的某去心邻域内,$f'(x)$ 和 $g'(x)$ 都存在,且 $g'(x)\neq 0$;

(3) $\lim\limits_{x\to x_0}\dfrac{f'(x)}{g'(x)}$ 存在(或者为无穷大),则

$$\lim_{x\to x_0}\frac{f(x)}{g(x)}=\lim_{x\to x_0}\frac{f'(x)}{g'(x)}.$$

证明　只要补充定义 $f(x_0)=g(x_0)=0$,且 $f(x),g(x)$ 在 $[x_0,x]\in U(x_0,\delta)$ 上满足柯西中值定理,则有

$$\frac{f(x)-f(x_0)}{g(x)-g(x_0)}=\frac{f(x)}{g(x)}=\frac{f'(\xi)}{g'(\xi)},\quad \xi\in(x_0,x).$$

注意到 $x\to x_0$ 时,$\xi\to x_0$,即得

$$\lim_{x\to x_0}\frac{f(x)}{g(x)}=\lim_{\xi\to x_0}\frac{f'(\xi)}{g'(\xi)}=\lim_{x\to x_0}\frac{f'(x)}{g'(x)}.$$

关于洛必达法则的几点说明:

(1) 当 $\lim\limits_{x\to x_0} f(x)=\infty$,$\lim\limits_{x\to x_0} g(x)=\infty$ 时,定理的结论仍成立,并且当把 $x\to x_0$ 改成 x 的其他变化过程 $x\to\Delta$ 时,结论仍成立.

(2) 使用洛比达法则的前提条件是函数为 $\dfrac{0}{0}$ 型或 $\dfrac{\infty}{\infty}$ 型的未定式.

(3) 使用洛必达法则,要求 $\lim\limits_{x\to x_0}\dfrac{f'(x)}{g'(x)}$ 存在(或为无穷大),则 $\lim\limits_{x\to x_0}\dfrac{f(x)}{g(x)}$ 也存在(或为无穷大).若 $\lim\limits_{x\to x_0}\dfrac{f'(x)}{g'(x)}$ 不存在(不是无穷大),则不能运用洛必达法则,但这并不代表 $\lim\limits_{x\to x_0}\dfrac{f(x)}{g(x)}$ 也不存在,要改用其他方法求其极限.

(4) 如果 $\lim\limits_{x\to x_0}\dfrac{f'(x)}{g'(x)}$ 仍是 $\dfrac{0}{0}$ 型或 $\dfrac{\infty}{\infty}$ 型,且仍符合条件,则可以继续使用洛必达法则.

例 1　求 $\lim\limits_{x\to 0}\dfrac{e^x-1}{x^2-x}$.

解　这是 $\dfrac{0}{0}$ 型未定式.

$$\lim_{x\to 0}\frac{e^x-1}{x^2-x}=\lim_{x\to 0}\frac{(e^x-1)'}{(x^2-x)'}=\lim_{x\to 0}\frac{e^x}{2x-1}=\lim_{x\to 0}\frac{1}{-1}=-1.$$

注意 上式中的 $\lim\limits_{x\to 0}\dfrac{e^x}{2x-1}$ 已不再是未定式, 不可再用洛必达法则.

例 2 求 $\lim\limits_{x\to 0}\dfrac{x-\sin x}{x^3}$.

解 这是 $\dfrac{0}{0}$ 型未定式.

方法一 $\lim\limits_{x\to 0}\dfrac{x-\sin x}{x^3}=\lim\limits_{x\to 0}\dfrac{1-\cos x}{3x^2}=\lim\limits_{x\to 0}\dfrac{\sin x}{6x}=\lim\limits_{x\to 0}\dfrac{\cos x}{6}=\dfrac{1}{6}$.

注意 在第一次使用洛必达法则后, 如果所得极限仍然是 $\dfrac{0}{0}$ 型未定式, 则可继续使用洛必达法则, 直至转化成非 $\dfrac{0}{0}$ 型未定式.

在利用洛必达法则的同时, 有时也可以利用一些其他方法, 如等价无穷小代换, 可使运算变得更简捷.

方法二 $\lim\limits_{x\to 0}\dfrac{x-\sin x}{x^3}=\lim\limits_{x\to 0}\dfrac{1-\cos x}{3x^2}=\lim\limits_{x\to 0}\dfrac{\dfrac{1}{2}x^2}{3x^2}=\dfrac{1}{6}$.

例 3 求 $\lim\limits_{x\to\infty}\dfrac{x+\sin x}{x}$.

解 这是 $\dfrac{\infty}{\infty}$ 型未定式, 但

$$\lim_{x\to\infty}\frac{(x+\sin x)'}{(x)'}=\lim_{x\to\infty}\frac{1+\cos x}{1}=\lim_{x\to\infty}(1+\cos x),$$

其极限不存在, 洛必达法则失效. 此时, 要改用其他方法求其极限:

$$\lim_{x\to\infty}\frac{x+\sin x}{x}=\lim_{x\to\infty}\left(1+\frac{\sin x}{x}\right)=1+0=1.$$

例 4 求 $\lim\limits_{x\to 0^+}x^n\ln x$.

解 这是 $0\cdot\infty$ 型未定式, 利用无穷大与无穷小的关系, 可化为 $\dfrac{\infty}{\infty}$ 型或 $\dfrac{0}{0}$ 型未定式.

$$\lim_{x\to 0^+}x^n\ln x=\lim_{x\to 0^+}\frac{\ln x}{x^{-n}}=\lim_{x\to 0^+}\frac{1/x}{-nx^{-n-1}}=\lim_{x\to 0^+}\frac{-x^n}{n}=0.$$

例 5 求 $\lim\limits_{x\to 1}\left(\dfrac{x}{x-1}-\dfrac{1}{\ln x}\right)$.

解 这是 $\infty-\infty$ 型未定式, 一般可利用通分的方法转化为 $\dfrac{0}{0}$ 型未定式.

$$\lim_{x\to 1}\left(\frac{x}{x-1}-\frac{1}{\ln x}\right)=\lim_{x\to 1}\frac{x\ln x-x+1}{(x-1)\ln x}=\lim_{x\to 1}\frac{1+\ln x-1}{\dfrac{x-1}{x}+\ln x}$$

$$=\lim_{x\to 1}\frac{\ln x}{1-\dfrac{1}{x}+\ln x}=\lim_{x\to 1}\frac{\dfrac{1}{x}}{\dfrac{1}{x^2}+\dfrac{1}{x}}=\frac{1}{2}.$$

例 6 求 $\lim\limits_{x\to 0^+}x^x$.

解 这是 0^0 型的未定式.

$$\lim_{x \to 0^+} x^x = e^{\lim_{x \to 0^+} x \ln x} = e^{\lim_{x \to 0^+} \frac{\ln x}{1/x}} = e^{\lim_{x \to 0^+} \frac{1/x}{-1/x^2}} = e^{\lim_{x \to 0^+} (-x)} = e^0 = 1.$$

3.5.2　函数的单调性

第 1 章已经介绍了单调函数的概念,研究发现,函数的单调性与函数的导数的符号有着密切的联系.如图 3.5.1(a)所示,函数 $f(x)$ 在 $[a,b]$ 上单调递增,它的图象随 x 的增大而上升,此时,曲线上各点处切线的斜率 $f'(x) > 0$.如图 3.5.1(b)所示,函数 $f(x)$ 在 $[a,b]$ 上单调递减,它的图象随 x 的增大而下降,此时,曲线上各点处切线的斜率 $f'(x) < 0$.

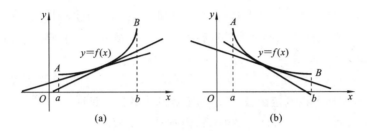

图 3.5.1

反过来,能不能用导数的符号判定函数的单调性呢? 对此,有如下定理:

定理 3.5.2　设函数 $f(x)$ 在闭区间 $[a,b]$ 上连续,在开区间 (a,b) 内可导.

(1) 如果在 (a,b) 内,$f'(x) > 0$,那么 $f(x)$ 在 $[a,b]$ 内单调递增;

(2) 如果在 (a,b) 内,$f'(x) < 0$,那么 $f(x)$ 在 $[a,b]$ 内单调递减.

其中,区间 $[a,b]$ 称为函数的单调区间.

注意　(1) 如果把这个定理中的闭区间换成其他各种区间,那么结论也成立.

(2) 如果在区间内的个别点处有 $f'(x) = 0$,并不一定会改变函数的单调性.如 $f(x) = x^3$,虽然 $f'(0) = 0$,但其单调区间是 $(-\infty, +\infty)$.

例 7　讨论 $y = e^x - x$ 的单调性.

解　函数的定义域为 $(-\infty, +\infty)$.由于 $y' = e^x - 1$,令 $y' = 0$,得 $x = 0$.

在 $(-\infty, 0)$ 内,$y' < 0$,故函数在 $(-\infty, 0]$ 上单调递减;

在 $(0, +\infty)$ 内,$y' > 0$,故函数在 $[0, +\infty)$ 上单调递增.

说明:若 $f'(x_0) = 0$,则称 $x = x_0$ 为函数 $f(x)$ 的驻点,它可能是单调性的分界点.

例 8　确定 $f(x) = \sqrt[3]{x^2}$ 的单调区间.

解　函数的定义域为 $(-\infty, +\infty)$,且

$$f'(x) = \frac{2}{3\sqrt[3]{x}} \quad (x \neq 0),$$

当 $x = 0$ 时,函数的导数不存在.

$x = 0$ 把定义域分成两个区间,在 $(-\infty, 0)$ 内,$y' < 0$,故 $(-\infty, 0]$ 是函数的单调递减区间;在 $(0, +\infty)$ 内,$y' > 0$,故 $[0, +\infty)$ 是函数的单调递增区间.

由例 7、例 8 可知,驻点和不可导点都可能是单调性的分界点.下面给出讨论函数单调性或确定单调区间的步骤:

(1) 求函数 $f(x)$ 的定义域,确定研究范围;

(2) 求导数 $f'(x)$,确定 $f(x)$ 的全部驻点和不可导点;

(3) 将这些点把定义域分成若干个小区间,根据 $f'(x)$ 在每个小区间内的符号,确定函数在各小区间上的单调性.

例 9 讨论 $f(x)=x^3-3x$ 的单调性.

解 函数的定义域为 $(-\infty,+\infty)$,且

$$f'(x)=3x^2-3=3(x+1)(x-1).$$

令 $f'(x)=0$,得驻点 $x_1=-1$,$x_2=1$.

这两个点把定义域分为 $(-\infty,-1)$、$(-1,1)$ 和 $(1,+\infty)$ 三个小区间. 在 $(-\infty,-1)$ 内,$f'(x)>0$,故 $f(x)$ 单调递增;在 $(-1,1)$ 内,$f'(x)<0$,故 $f(x)$ 单调递减;在 $(1,+\infty)$ 内,$f'(x)>0$,故 $f(x)$ 单调递增.

综上所述,函数在 $(-\infty,1]$,$[1,+\infty)$ 上单调递增,在 $[-1,1]$ 内单调递减.

利用函数的单调性可以判定函数 $f(x)$ 的零点的个数以及证明不等式.

例 10 证明方程 $x^3-3x+1=0$ 在 $(0,1)$ 内有唯一实根.

证明 显然 $f(x)=x^3-3x+1$ 在 $[0,1]$ 上连续,且 $f(0) \cdot f(1)=-1<0$,根据零点定理知,存在 $\xi \in (0,1)$,使得 $f(\xi)=0$,即方程 $x^3-3x+1=0$ 在 $(0,1)$ 有实根.

又在 $(0,1)$ 内,

$$f'(x)=3x^2-3=3(x^2-1)<0,$$

故 $f(x)$ 在 $[0,1]$ 上单调递减,因此方程 $x^3-3x+1=0$ 在 $(0,1)$ 内有唯一实根.

例 11 证明:当 $x>1$ 时,$2\sqrt{x}>3-\dfrac{1}{x}$.

证明 令 $f(x)=2\sqrt{x}-\left(3-\dfrac{1}{x}\right)$,则

$$f'(x)=\frac{1}{\sqrt{x}}-\frac{1}{x^2}=\frac{1}{x^2}(x\sqrt{x}-1).$$

$f(x)$ 在 $[1,+\infty)$ 上连续,在 $(1,+\infty)$ 内 $f'(x)>0$,因此在 $[1,+\infty)$ 上 $f(x)$ 单调递增,从而当 $x>1$ 时,$f(x)>f(1)$.

由于 $f(1)=0$,故

$$f(x)>f(1)=0, \quad \text{即 } 2\sqrt{x}-\left(3-\frac{1}{x}\right)>0,$$

因此,

$$2\sqrt{x}>3-\frac{1}{x} \ (x>1).$$

3.5.3 函数的极值

上一节,我们研究了函数的单调性,发现在函数单调性分界点处点两边的函数单调性不同,该点处的函数值比左、右两边小范围内的其他函数值都要大或都要小,这些点具有特别的意义,下面我们对此进行研究.

1. 极值的定义

极值是函数的局部性态,能够清晰地反映出极值点与其某邻域内其他点之间函数值的大

小关系.

定义 3.5.1 设函数 $f(x)$ 在点 x_0 的某邻域内有定义,则有下面的定义:

(1) 如果该邻域内的任意一点 $x(x \neq x_0)$,都有 $f(x_0) > f(x)$,那么称 $f(x_0)$ 是函数 $f(x)$ 的一个**极大值**,x_0 称为 $f(x)$ 的极大值点;

(2) 如果该邻域内的任意一点 $x(x \neq x_0)$,都有 $f(x_0) < f(x)$,那么称 $f(x_0)$ 是函数 $f(x)$ 的一个**极小值**,x_0 称为 $f(x)$ 的极小值点.

极大值与极小值统称为**极值**,极大值点与极小值点统称为**极值点**.

如图 3.5.2 所示,$f(x_1)$ 与 $f(x_3)$ 是函数的极大值,$f(x_2)$ 与 $f(x_4)$ 是函数的极小值,其中极大值 $f(x_1)$ 甚至比极小值 $f(x_4)$ 还小,这是因为极值是函数的局部性态.

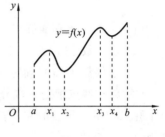

图 3.5.2

2. 极值的判定法

从图 3.5.2 我们还可以看出,对于连续函数来说,极值点只能出现在函数单调区间的分界点. 那么对可导函数来讲,单调性的分界点只能出现在导数为零的点,有如下定理:

定理 3.5.3(必要条件) 设函数 $f(x)$ 在点 x_0 处可导,且在点 x_0 处取得极值,那么 $f'(x_0) = 0$.

该定理表明,可导函数的极值点一定是驻点. 反过来,函数的驻点不一定是极值点. 例如,函数 $f(x) = x^3$,$x = 0$ 是它的驻点,但却不是这个函数的极值点,如图 3.5.3 所示.

另外,连续函数的极值点还可能出现在不可导点处. 例如,$f(x) = (x-2)^{\frac{2}{3}}$ 在 $x=2$ 处是不可导,但 $x=2$ 却是该函数的极小值点,如图 3.5.4 所示.

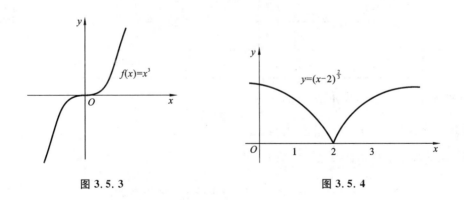

图 3.5.3   图 3.5.4

由此可知,连续函数的极值点一定在驻点和不可导点处,但并非所有的驻点和不可导点都是极值点,那么,如何判断驻点和不可导点是不是极值点呢? 我们可以通过如下定理来判断.

定理 3.5.4(第一充分条件) 设 $f(x)$ 在点 x_0 处连续且在 x_0 的某个去心邻域内可导,在这个邻域内,

(1) 若 $x < x_0$ 时,$f'(x) > 0$;$x > x_0$ 时,$f'(x) < 0$,则 x_0 是 $f(x)$ 的极大值点(见图 3.5.5(a));

(2) 若 $x < x_0$ 时,$f'(x) < 0$;$x > x_0$ 时,$f'(x) > 0$,则 x_0 是 $f(x)$ 的极小值点(见图 3.5.5(b));

(3) 若 x_0 的某去心邻域内,$f'(x)$ 的符号相同,则 x_0 不是 $f(x)$ 的极值点.

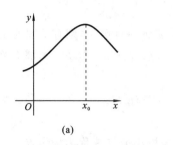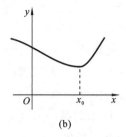

图 3.5.5

由上面两个定理能够得出求函数极值点和极值的步骤：

(1) 求函数 $f(x)$ 的定义域，确定研究范围；

(2) 求导数 $f'(x)$，确定 $f(x)$ 的全部驻点和不可导点；

(3) 将这些点把定义域分成若干个小区间，在每个小区间内讨论 $f'(x)$ 的符号，通过考察每个驻点或不可导点的左、右两边 $f'(x)$ 的符号，确定该点是否为极值点，从而求出函数的全部极值点和极值.

例 12　求函数 $f(x)=3x^4-8x^3+6x^2$ 的极值.

解　函数的定义域为 $(-\infty,+\infty)$，且
$$f'(x)=12x^3-24x^2+12x=12x(x-1)^2.$$

令 $f'(x)=0$，得驻点 $x_1=0,x_2=1$.

驻点 $x_1=0,x_2=1$ 把定义域分为三个小区间，列表 3.5.1 讨论如下：

表 3.5.1

x	$(-\infty,0)$	0	$(0,1)$	1	$(1,+\infty)$
$f'(x)$	$-$	0	$+$	0	$+$
$f(x)$	↘	极小值	↗	非极值	↗

所以，函数在 $x=0$ 处取得极小值 $f(0)=0$.

例 13　求函数 $f(x)=x-\dfrac{3}{2}x^{\frac{2}{3}}$ 的极值.

解　函数的定义域为 $(-\infty,+\infty)$，且
$$f'(x)=1-x^{-\frac{1}{3}}=1-\frac{1}{\sqrt[3]{x}}=\frac{\sqrt[3]{x}-1}{\sqrt[3]{x}}\ (x\neq 0).$$

令 $f'(x)=0$，得驻点 $x=1,x=0$ 是不可导点.

驻点 $x=1$ 和不可导点 $x=0$ 把定义域分为三个小区间，列表 3.5.2 讨论如下：

表 3.5.2

x	$(-\infty,0)$	0	$(0,1)$	1	$(1,+\infty)$
$f'(x)$	$+$	不存在	$-$	0	$+$
$f(x)$	↗	极大值	↘	极小值	↗

所以,函数在 $x=0$ 点处取得极大值 $f(0)=0$;在 $x=1$ 处取得极小值 $f(1)=-\dfrac{1}{2}$.

若函数 $f(x)$ 在驻点处的二阶导数不为零,还可以用函数的二阶导数来判定函数在驻点处是否取得极值.

定理 3.5.5(第二充分条件)　设函数 $f(x)$ 在点 x_0 处二阶可导,且 $f'(x_0)=0$,$f''(x_0)\neq 0$,则

(1) 当 $f''(x_0)<0$ 时,$f(x_0)$ 是 $f(x)$ 的极大值;

(2) 当 $f''(x_0)>0$ 时,$f(x_0)$ 是 $f(x)$ 的极小值.

例 14　求函数 $f(x)=x^3-3x^2+7$ 的极值.

解　函数的定义域为 $(-\infty,+\infty)$,且
$$f'(x)=3x^2-6x=3x(x-2).$$

令 $f'(x)=0$,得驻点 $x_1=0$,$x_2=2$. 由于
$$f''(x)=6x-6,$$

且
$$f''(0)<0,\quad f''(2)>0,$$

所以,函数在 $x=0$ 处取得极大值 $f(0)=7$;在 $x=2$ 处取得极小值 $f(2)=3$.

注意　当第二充分条件失效时,即 $f''(x_0)=0$,可以采用其他方法来判断极值点.

3.5.4　函数的最值

在社会实践中,经常会遇到求类似"成本最低""效率最高"的问题. 这类问题可归结为求函数的最大值或最小值问题. 由 2.6.4 小节中的最值定理可知,闭区间上的连续函数一定存在最大值与最小值. 这个定理只解决了最值的存在性问题,但最值出现在哪里? 最值是多少呢? 这是接下来要讨论的内容.

不难知道,函数的最值不可能出现在单调区间的内部,也就是说,最值只可能出现在函数的极值点和端点处. 所以,函数的最大值与最小值只能在驻点、不可导点和区间端点取得,只需比较以上点的函数值即可求得最值. 因此,求最值的步骤如下:

(1) 求导数 $f'(x)$,找到 $f(x)$ 的全部驻点和不可导点;

(2) 求出函数在上述驻点、不可导点及区间端点处的函数值;

(3) 比较上述各值,其中最大的就是 $f(x)$ 在 $[a,b]$ 上的最大值,最小的就是 $f(x)$ 在 $[a,b]$ 上的最小值.

例 15　求函数 $f(x)=2x^3-3x^2$ 在区间 $[-1,4]$ 上的最大值与最小值.

解　求导得
$$f'(x)=6x^2-6x=6x(x-1).$$

令 $f'(x)=0$,得驻点 $x_1=0$,$x_2=1$.

由于
$$f(-1)=-5,\quad f(0)=0,\quad f(1)=-1,\quad f(4)=80,$$

故在区间 $[-1,4]$ 上,函数的最大值为 $f(4)=80$,最小值为 $f(-1)=-5$.

需要指出的是,在实际问题中,往往根据问题的性质就可以断定可导函数是否有最大值或最小值,而且一定在定义区间内部取得. 这时,如果函数在定义区间内部只有一个驻点,那么不

必讨论就可以断定函数在该点处取得最大值或最小值.

例 16 某部队需围一个面积为 $512\ \text{m}^2$ 的训练场,如图 3.5.6,其中一边可用已有的围墙,其他三边重砌,如何选取长和宽可使用料最省?

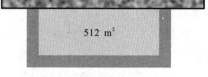

解 设训练场的宽为 x,则其长为 $\dfrac{512}{x}$,周长为 $y=2x+\dfrac{512}{x}$,于是

图 3.5.6

$$y'=2-\frac{512}{x^2}.$$

令 $y'=0$,得驻点 $x=16$.

由于函数只有一个驻点 $x=16$,且根据实际情况,用料的最小值一定存在,所以当宽为 $16\ \text{m}$ 时可使用料最省.

例 17 敌人从河的北岸 A 处以 $7\ \text{m/s}$ 的速度向正北逃窜,同时我军战士骑摩托车从河的南岸 B 处向正东追击,速度为 $14\ \text{m/s}$.已知河宽 $50\ \text{m}$,敌我起始位置水平相距 $410\ \text{m}$.问我军战士何时射击最好(相距最近射击最好)?

解 设 t 为追击时间,如图 3.5.7 所示,经过时间 t s 后,我军战士追击至 B_1 点,敌人逃窜至 A_1 点,距离 B_1A_1 为直角三角形的斜边,根据已知条件,AO 长为 $50\ \text{m}$,BO 长为 $410\ \text{m}$,所以 A_1O 长为 $50+7t$,B_1O 长就是 $410-14t$.因此,我军战士与敌人之间的距离为

$$L(t)=\sqrt{(50+7t)^2+(410-14t)^2}\quad(t\geqslant0),$$

于是

$$L'(t)=\frac{7(35t-770)}{\sqrt{(50+7t)^2+(410-14t)^2}}.$$

令 $L'(t)=0$,得驻点 $t=22$.

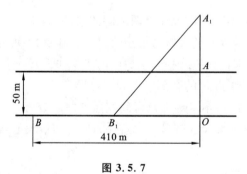

图 3.5.7

由于函数 $L(t)$ 只有一个驻点 $t=22$,且根据实际情况,$L(t)$ 的最小值一定存在,所以我军战士从 B 出发起追击 22 s 时射击最好.

例 18 设某工厂需生产容量为 V 的易拉罐瓶,要求上、下底材料的厚度是侧壁的 2 倍.为使材料最省,问该工厂如何设计易拉罐的尺寸?

解 设易拉罐的底面半径为 r,高为 h.由于上、下底材料的厚度是侧壁的 2 倍,所以易拉罐所需材料面积可以表示为

$$S=2\times2\pi r^2+2\pi rh=4\pi r^2+2\pi rh. \tag{$*$}$$

这样,材料最省的问题就转化为求函数 S 的最小值问题.

由于易拉罐体积一定,$V=\pi r^2 h$,所以 $h=\dfrac{V}{\pi r^2}$. 代入($*$)式得

$$S=4\pi r^2+\frac{2V}{r}\ (r>0),$$

求导得
$$S'=8\pi r-\frac{2V}{r^2}\ (r>0).$$

令 $S'=0$,得驻点 $r_0=\sqrt[3]{\dfrac{V}{4\pi}}$.

由于函数 S 只有一个驻点,且根据实际情况,S 的最小值一定存在,所以,r_0 就是所要求的最小值点. 此时,$h_0=\dfrac{V}{\pi r_0^2}=4r_0$. 也就是说,当直径与高为 $1:2$ 时用料最少.

若该易拉罐的容积 V 为 355 mL,利用刚才的结果计算得

$$r_0=\sqrt[3]{\frac{V}{4\pi}}=\sqrt[3]{\frac{355}{4\pi}}\text{ cm}=3.04\text{ cm},\quad h_0=4r_0=12.16\text{ cm}.$$

通过观察易知,计算结果和实际的易拉罐尺寸有微小差别.

为什么会有这样的差别呢? 易拉罐并不是严格意义上的圆柱体. 如果将易拉罐上、下两部分看成圆台,再进行计算就可以得到与实际尺寸更符合的结果. 有兴趣的读者可进一步查阅资料进行探讨.

这个问题的解决过程体现了数学建模的思想:根据研究问题的需要,在适当的假设下,建立数学模型,并求解模型,最后进行模型检验. 如果与实际不符,则需在进一步的假设下改进数学模型.

*例 19　设以初速度 v_0、发射角为 $\alpha\left(0<\alpha<\dfrac{\pi}{2}\right)$ 发射炮弹,问 α 多大时射程最大?

解　设经过时间 t,炮弹的水平位移为 x,竖直位移为 y,则炮弹出膛后运动轨迹的方程为

$$\begin{cases} x=v_0\cos\alpha\cdot t, \\ y=v_0\sin\alpha\cdot t-\dfrac{1}{2}gt^2. \end{cases}$$

令 $y=v_0\sin\alpha\cdot t-\dfrac{1}{2}gt^2=0$,得

$$t_1=0,\quad t_2=\frac{2v_0\sin\alpha}{g},$$

则 t_1 是炮弹的发射时刻,t_2 是炮弹的落地时刻. 设炮弹的射程为 s,则

$$s=v_0\cos\alpha\cdot t_2=\frac{v_0^2\sin2\alpha}{g}\ \left(0<\alpha<\frac{\pi}{2}\right),$$

于是

$$\frac{\mathrm{d}s}{\mathrm{d}\alpha}=\frac{2v_0^2\cos2\alpha}{g}.$$

令 $\dfrac{\mathrm{d}s}{\mathrm{d}\alpha}=0$,可得函数 s 在 $\left(0,\dfrac{\pi}{2}\right)$ 内的唯一驻点 $\alpha=\dfrac{\pi}{4}$,且 S 一定存在最大值. 可见,当 $\alpha=\dfrac{\pi}{4}$ 时,炮弹的射程最大.

3.5.5　曲线的凹凸性

我们已经学习了如何判断函数的单调性,由此可以得到函数曲线在具体区间是上升还是下降,但是曲线的弯曲方向是怎样的呢? 如图 3.5.8 所示,曲线弧$\overset{\frown}{ACB}$和$\overset{\frown}{ADB}$虽然都是上升的,但在上升过程中,它们的弯曲方向却不同. 这就是所谓曲线的**凹凸性**.下面我们就来研究曲线的凹凸性及其判别法.

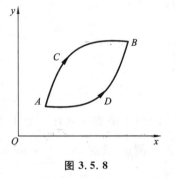

图 3.5.8

定义 3.5.2　设函数 $f(x)$ 在区间(a,b)内可导,如果曲线 $y=f(x)$ 上任一点处的切线均位于曲线下方,则称曲线在区间 (a,b) 内是**凹的**,(a,b) 称为曲线 $y=f(x)$ 的**凹区间**;如果曲线 $f(x)$ 上任一点处的切线均位于曲线上方,则称曲线在区间(a,b)内是**凸的**,(a,b) 称为曲线 $y=f(x)$ 的**凸区间**.

如图 3.5.9(a)所示,凹曲线的切线的斜率 $\tan\alpha=f'(x)$ 随着 x 的增大而增大,即 $f'(x)$ 是单调递增的;如图 3.5.9(b)所示,凸曲线的切线的斜率 $\tan\alpha=f'(x)$ 随着 x 的增大而减小,即 $f'(x)$ 是单调递减的. 由此可见,曲线 $f(x)$ 的凹凸性与导数 $f'(x)$ 的单调性有关,即与 $f''(x)$ 的符号有关. 因此,可以得出曲线的凹凸性的判定法.

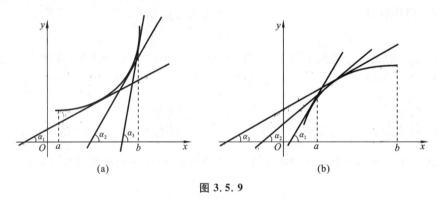

(a)　　　　　　　　(b)

图 3.5.9

定理 3.5.6　设函数 $y=f(x)$ 在区间$[a,b]$上连续,在区间(a,b)内二阶可导.

(1) 若在(a,b)内,$f''(x)>0$,则曲线 $y=f(x)$ 在区间$[a,b]$上是凹的(或凹弧);

(2) 若在(a,b)内,$f''(x)<0$,则曲线 $y=f(x)$ 在区间$[a,b]$上是凸的(或凸弧).

若把定理 3.5.6 中的区间改为无穷区间,结论仍然成立.

例 20　判定曲线 $y=\ln x$ 的凹凸性.

解　函数曲线的定义域为$(0,+\infty)$. 由于

$$y'=\frac{1}{x},\quad y''=-\frac{1}{x^2}<0,$$

所以函数曲线在其定义域内是凸的.

例 21　判定曲线 $y=x^3$ 的凹凸性.

解　函数曲线的定义域为$(-\infty,+\infty)$. 又

$$y'=3x^2,\quad y''=6x.$$

令 $y''=0$,得 $x=0$. 点 $x=0$ 把定义域分为两个小区间$(-\infty,0)$和$(0,+\infty)$.

在 $(-\infty,0)$ 内,$y''<0$,故曲线在 $(-\infty,0]$ 上是凸的;在 $(0,+\infty)$ 内,$y''>0$,故曲线在 $[0,+\infty)$ 上是凹的.

可以看到,曲线在点 $(0,0)$ 处左右附近的凹凸性改变了.点 $(0,0)$ 是曲线的凹弧与凸弧的分界点,即为曲线的拐点.于是给出下面定义.

定义 3.5.3　连续曲线 $y=f(x)$ 的凹弧与凸弧的分界点,称为**曲线的拐点**.

例 22　求曲线 $y=\sqrt[3]{x}$ 的凹凸区间及拐点.

解　函数的定义域为 $(-\infty,+\infty)$. 当 $x\neq0$ 时,

$$y'=\frac{1}{3}x^{-\frac{2}{3}},\quad y''=-\frac{2}{9}x^{-\frac{5}{3}}=-\frac{2}{9\sqrt[3]{x^5}}.$$

当 $x=0$ 时,y'' 不存在. 在 $(-\infty,0)$ 内,$y''>0$,曲线在 $(-\infty,0]$ 上是凹的;在 $(0,+\infty)$ 内,$y''<0$,曲线在 $[0,+\infty)$ 上是凸的. 所以,点 $(0,0)$ 是曲线的拐点.

例 21 中函数在拐点处 $f''(x)=0$,例 22 中函数在拐点处 $f''(x)$ 不存在. 那么,二阶导数为零的点和二阶导数不存在的点一定为拐点吗?

不一定. 比如函数 $y=x^4$ 在定义域上是凹的,该曲线上的点 $(0,0)$ 不是拐点,但 $f''(0)=0$.

一般地,判定曲线的凹凸性和拐点的步骤如下:

(1) 确定 $f(x)$ 的定义域,求出 $f''(x)$;

(2) 求出 $f''(x)$ 的零点(即方程 $f''(x)=0$ 的实根)和 $f''(x)$ 不存在的点,这些点把定义域分成若干个小区间;

(3) 判定 $f''(x)$ 在各小区间内的符号,从而判定曲线的凹凸性和拐点.

例 23　求曲线 $y=2x^3-6x^2+11x-7$ 的拐点.

解　函数曲线的定义域为 $(-\infty,+\infty)$. 又

$$y'=6x^2-12x+11,\quad y''=12x-12=12(x-1).$$

令 $y''=0$,得 $x=1$. 当 $x<1$ 时,$y''<0$;当 $x>1$ 时,$y''>0$. 所以,点 $(1,0)$ 是曲线的拐点.

例 24　求曲线 $y=3x^4-2x^3+4x-2$ 的凹凸区间及拐点.

解　函数的定义域为 $(-\infty,+\infty)$. 又

$$y'=12x^3-6x^2+4,\quad y''=36x^2-12x=12x(3x-1).$$

令 $y''=0$,得 $x_1=0,x_2=\frac{1}{3}$.

点 $x_1=0$ 及 $x_2=\frac{1}{3}$ 把函数的定义区间 $(-\infty,+\infty)$ 分成三个部分区间,列表 3.5.3 讨论如下:

表 3.5.3

x	$(-\infty,0)$	0	$\left(0,\frac{1}{3}\right)$	$\frac{1}{3}$	$\left(\frac{1}{3},+\infty\right)$
y''	$+$	0	$-$	0	$+$
y	凹	拐点 $(0,-2)$	凸	拐点 $\left(\frac{1}{3},-\frac{19}{27}\right)$	凹

因此,曲线 $y=3x^4-2x^3+4x-2$ 在区间 $(-\infty,0]$、$\left[\dfrac{1}{3},+\infty\right)$ 上是凹的,在 $\left[0,\dfrac{1}{3}\right]$ 上是凸的.当 $x=0$ 时,$y=-2$;当 $x=\dfrac{1}{3}$ 时,$y=-\dfrac{19}{27}$.因此,点 $(0,-2)$、$\left(\dfrac{1}{3},-\dfrac{19}{27}\right)$ 均是此曲线的拐点.

*3.5.6 函数图象的描绘

要比较准确地了解函数的图象,除了要掌握函数的单调性、极值、曲线的凹凸性和拐点外,还需要知道曲线无限延伸时的走向和趋势,为此下面先讨论曲线的渐近线.

定义 3.5.4 如果曲线上的动点沿着曲线无限远离原点时,动点到某定直线的距离趋于零,那么这条直线称为**曲线的渐近线**.

1. 水平渐近线

定义 3.5.5 设曲线 $y=f(x)$,若

$$\lim_{x \to -\infty} f(x)=C \quad \text{或} \quad \lim_{x \to +\infty} f(x)=C,$$

则称直线 $y=C$ 为曲线 $y=f(x)$ 的**水平渐近线**.它表示在 $x \to -\infty$ 或 $x \to +\infty$ 时,曲线 $y=f(x)$ 无限趋近于直线 $y=C$.

例 25 求曲线 $y=\dfrac{1}{x}$ 的水平渐近线.

解 因为 $\lim\limits_{x \to \infty}\dfrac{1}{x}=0$,所以 $y=0$ 为曲线 $y=\dfrac{1}{x}$ 的水平渐近线.

例 26 求曲线 $y=\arctan x$ 的水平渐近线.

解 因为

$$\lim_{x \to -\infty} \arctan x=-\dfrac{\pi}{2}, \quad \lim_{x \to +\infty} \arctan x=\dfrac{\pi}{2},$$

所以 $y=-\dfrac{\pi}{2}$ 和 $y=\dfrac{\pi}{2}$ 为曲线 $y=\arctan x$ 的两条水平渐近线,如图 3.5.10 所示.

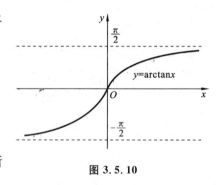

图 3.5.10

2. 铅直渐近线

定义 3.5.6 设曲线 $y=f(x)$,若

$$\lim_{x \to x_0^+} f(x)=\infty \quad \text{或} \quad \lim_{x \to x_0^-} f(x)=\infty,$$

则称直线 $x=x_0$ 为曲线 $y=f(x)$ 的**铅直渐近线**.它表示 $x \to x_0^+$ 或 $x \to x_0^-$ 时,曲线 $y=f(x)$ 无限趋近于直线 $x=x_0$.

实际上,若点 x_0 为函数 $y=f(x)$ 的无穷间断点,则直线 $x=x_0$ 为曲线 $y=f(x)$ 的铅直渐近线.

例 27 求曲线 $y=\dfrac{1}{x-5}$ 的铅直渐近线.

解 由于 $\lim\limits_{x \to 5}\dfrac{1}{x-5}=\infty$,所以 $x=5$ 为曲线 $y=\dfrac{1}{x-5}$ 的铅直渐近线.

通过前面对函数及曲线各种性态的讨论,可以较准确地画出曲线的图象.一般步骤如下:

（1）确定函数的定义域、值域、周期性与奇偶性；

（2）求出 $f'(x)$ 和 $f''(x)$，找出函数 $f(x)$ 的间断点、$f'(x)$ 和 $f''(x)$ 等于零的点与不存在的点，这些点将函数的定义域划分成几个部分区间；

（3）确定函数的增减区间、凹凸区间、极值点及拐点；

（4）确定函数曲线的渐近线及其他变化趋势；

（5）求曲线与坐标轴的交点，必要时可补充曲线上一些特殊点，根据所得的曲线上的点及分析的曲线的性态，描出曲线的图象.

例 28　描绘函数 $f(x)=x^3-3x^2+2$ 的图象.

解　函数 $f(x)$ 的定义域为 $(-\infty,+\infty)$，值域为 $(-\infty,+\infty)$.

$$f'(x)=3x^2-6x=3x(x-2),$$
$$f''(x)=6x-6=6(x-1).$$

由 $f'(x)=0$，解得 $x_1=0,x_2=2$；由 $f''(x)=0$，解得 $x_3=1$.

上述三点将定义域分为四个小区间 $(-\infty,0),(0,1),(1,2),(2,+\infty)$，列表 3.5.4 讨论如下：

表 3.5.4

x	$(-\infty,0)$	0	$(0,1)$	1	$(1,2)$	2	$(2,+\infty)$
y'	$+$	0	$-$		$-$	0	$+$
y''	$-$	$-$	$-$	0	$+$	$+$	$+$
y	凸↗	极大值 2	凸↘	拐点(1,0)	凹↘	极小值 -2	凹↗

曲线没有渐近线. 令 $f(x)=0$，解得曲线与 x 轴的交点为 $(1,0),(1+\sqrt{3},0),(1-\sqrt{3},0)$. 根据如上讨论，画出函数的图象，如图 3.5.11 所示.

例 29　描绘函数 $f(x)=\dfrac{e^x}{1+x}$ 的图象.

解　函数 $f(x)$ 的定义域为 $x\neq-1$ 的全体实数.

当 $x<-1$ 时，有 $f(x)<0$，即图象在 x 轴下方.

当 $x>-1$ 时，有 $f(x)>0$，即图象在 x 轴上方.

由于

$$f'(x)=\frac{xe^x}{(1+x)^2},\quad f''(x)=\frac{e^x(x^2+1)}{(1+x)^3},$$

令 $f'(x)=0$，得 $x=0$；又 $x=-1$ 时，$f'(x),f''(x)$ 不存在.

$x=0$ 和 $x=-1$ 将定义域分为三个小区间，列表 3.5.5 讨论如下：

表 3.5.5

x	$(-\infty,-1)$	-1	$(-1,0)$	0	$(0,+\infty)$
$f'(x)$	$-$	不存在	$-$	0	$+$
$f''(x)$	$-$	不存在	$+$	$+$	$+$

$f(x)$	凸↓	→∞	凹↘	极小值 1	凹↗

由于 $\lim\limits_{x\to -1}f(x)=\infty$，所以 $x=-1$ 为曲线的铅直渐近线. 又因为 $\lim\limits_{x\to -\infty}\dfrac{e^x}{1+x}=0$，所以 $y=0$ 为曲线的水平渐近线. 根据以上讨论，画出函数的图象，如图 3.5.12 所示.

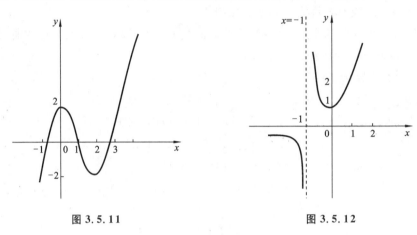

图 3.5.11　　　　　　　　　　　图 3.5.12

*3.5.7　曲率

曲线的凹凸性描述了曲线的弯曲方向，我们用曲率来描述曲线弯曲的程度. 为此，下面首先介绍弧微分.

1. 弧微分

1）有向曲线与有向线段的概念

给定曲线 $y=f(x)$，取曲线上一固定点 $M_0(x_0,y_0)$ 作为度量弧长的基点. 规定：曲线的正向为依 x 增大的方向.

对曲线上任一点 $M(x,y)$，弧段 $\overgroup{M_0M}$ 是有向弧段，它的值 s 规定如下：

（1） s 的绝对值 $|s|$ 等于该弧段的长度.

（2）当有向弧段 $\overgroup{M_0M}$ 的方向与曲线正向一致时，$s>0$，相反时 $s<0$.

有向弧段 $\overgroup{M_0M}$ 以后简称弧 s. 显然，弧 s 是 x 的函数，即 $s=s(x)$，而且是 x 的单调增加函数.

2）弧的导数与微分

设函数 $y=f(x)$ 的导函数 $f'(x)$ 在 (a,b) 上连续，如图 3.5.13 所示，又设 $x,x+\Delta x$ 为 (a,b) 内的两点，在曲线上的对应点分别为 M 与 M'，取曲线上的一固定点为 M_0. 再设对应于 x 的增量为 Δx，弧 s 的增量为 Δs，有

$$\Delta s=\overgroup{M_0M'}-\overgroup{M_0M}=\overgroup{MM'}.$$

由于

$$\left(\frac{\Delta s}{\Delta x}\right)^2=\left(\frac{\overgroup{MM'}}{\Delta x}\right)^2=\left(\frac{\overgroup{MM'}}{|MM'|}\right)^2\cdot\frac{(|MM'|)^2}{(\Delta x)^2}$$

$$=\left(\frac{\overgroup{MM'}}{|MM'|}\right)^2\cdot\frac{(\Delta x)^2+(\Delta y)^2}{(\Delta x)^2}$$

$$= \left(\frac{\widehat{MM'}}{|MM'|} \right)^2 \left[1 + \left(\frac{\Delta y}{\Delta x} \right)^2 \right],$$

故

$$\frac{\Delta s}{\Delta x} = \pm \sqrt{ \left(\frac{\widehat{MM'}}{|MM'|} \right)^2 \left[1 + \left(\frac{\Delta y}{\Delta x} \right)^2 \right] }.$$

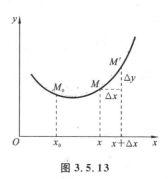

图 3.5.13

令 $\Delta x \to 0$，则 $M' \to M$，$\left(\dfrac{\widehat{MM'}}{|MM'|} \right)^2 \to 1$，$\dfrac{\Delta y}{\Delta x} \to y'$，$\dfrac{\Delta s}{\Delta x} \to \dfrac{\mathrm{d}s}{\mathrm{d}x}$，故

$$\frac{\mathrm{d}s}{\mathrm{d}x} = \pm \sqrt{1 + (y')^2}.$$

因 $s = s(x)$ 是 x 的单调函数，根号前应取正号，于是得弧的
导数公式

$$\frac{\mathrm{d}s}{\mathrm{d}x} = \sqrt{1 + (y')^2},$$

进一步地改写，可得**弧微分公式**

$$\mathrm{d}s = \sqrt{1 + \left(\frac{\mathrm{d}y}{\mathrm{d}x} \right)^2}\, \mathrm{d}x \quad 或 \quad \mathrm{d}s = \sqrt{(\mathrm{d}x)^2 + (\mathrm{d}y)^2}.$$

2. 曲率及其计算公式

1）曲率的概念

直觉与经验告诉我们：直线没有弯曲，圆周上每一处的弯曲程度是相同的，半径较小的圆
弯曲相较半径较大的圆要厉害些，抛物线在顶点附近弯曲相较其他位置厉害些．何为弯曲得厉
害些？即：用怎样的数学量来刻画曲线弯曲的程度？下面让我们先弄清曲线的弯曲与哪些因
素有关．

图 3.5.14 中，弧段 $\widehat{M_1 M_2}$ 比较平直，当动点沿这段弧从 M_1 移动到 M_2 时，切线转过的角
度 φ_1 不大，而弧段 $\widehat{M_2 M_3}$ 弯曲得比较厉害，角 φ_2 就比较大．但切线转过的角度的大小不能完
全反映曲线弯曲的程度．从图 3.5.15 中可以看出，尽管两段曲线弧 $\widehat{M_1 M_2}$ 及 $\widehat{N_1 N_2}$ 的切线转
过的角度都是 φ，然而弯曲程度并不相同，短弧段比长弧段弯曲得厉害些．由此可得，曲线弧的
弯曲程度还与弧段的长度有关．

我们引入描述曲线弯曲程度的曲率的概念．

设曲线 C 具有连续转动的切线（见图 3.5.16），在 C 上选定一点 M_0 作为度量弧的基点．

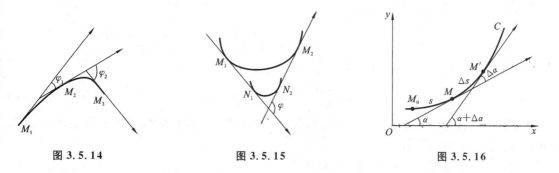

图 3.5.14　　　　　　　　图 3.5.15　　　　　　　　图 3.5.16

设曲线 C 上的点 M 对应于弧 s，切线的倾角为 α，曲线上的另一点 M' 对应于弧 $s + \Delta s$，切
线的倾角为 $\alpha + \Delta \alpha$．那么，$\widehat{MM'}$ 的长度为 $|\Delta s|$，当切点从 M 移到点 M' 时，切线转过的角度为

$|\Delta\alpha|$.

比值 $\left|\dfrac{\Delta\alpha}{\Delta s}\right|$ 表示单位弧段上的切线转角,刻画了 $\overset{\frown}{MM'}$ 的平均弯曲程度,称它为 $\overset{\frown}{MM'}$ 的**平均曲率**,记作 $\bar{\kappa}$,即

$$\bar{\kappa}=\left|\frac{\Delta\alpha}{\Delta s}\right|.$$

当 $\Delta s\to 0$ 时(即 $M'\to M$),上述平均曲率的极限就称为曲线在点 M 处的**曲率**,记作 κ,即

$$\kappa=\lim_{\Delta s\to 0}\left|\frac{\Delta\alpha}{\Delta s}\right|.$$

当 $\dfrac{\mathrm{d}\alpha}{\mathrm{d}s}=\lim\limits_{\Delta s\to 0}\dfrac{\Delta\alpha}{\Delta s}$ 存在时,有

$$\kappa=\left|\frac{\mathrm{d}\alpha}{\mathrm{d}s}\right| \tag{3.5.1}$$

由上述定义知,曲率是一个局部概念,谈到曲线的弯曲应该具体地指出是曲线在哪一点处弯曲,这样才准确.

2)曲率的计算

例 30 求半径为 r 的圆上任一点处的曲率.

解 如图 3.5.17 所示可知,

$$\angle MDM'+\angle MD'M'=\pi=\angle MD'M'+\Delta\alpha,$$

$$\angle MDM'=\Delta\alpha,\quad \angle MDM'=\frac{\overset{\frown}{MM'}}{r}=\frac{\Delta s}{r},$$

故

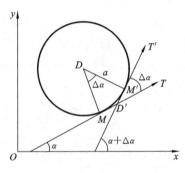

图 3.5.16

$$\frac{\Delta\alpha}{\Delta s}=\frac{\Delta s/r}{\Delta s}=\frac{1}{r},\quad 即 \quad \kappa=\lim_{\Delta s\to 0}\left|\frac{\Delta\alpha}{\Delta s}\right|=\frac{1}{r}.$$

因此,圆周上的任一点处的曲率均为 $\dfrac{1}{r}$. 这表明:圆周的弯曲程度处处一样,且半径较小的圆周弯曲得更厉害些.

由例 30 可发现,利用曲率定义来计算曲率十分不便.下面,我们来推导曲线的曲率计算公式.

设曲线的直角坐标方程为 $y=f(x)$,且 $f(x)$ 具有二阶导数.已知 $\tan\alpha=y'$(α 是曲线的切线与 x 轴正向夹角),两边对 x 求导,得

$$\sec^2\alpha\cdot\frac{\mathrm{d}\alpha}{\mathrm{d}x}=y'',\quad \frac{\mathrm{d}\alpha}{\mathrm{d}x}=\frac{y''}{1+\tan^2\alpha}=\frac{y''}{1+(y')^2},\quad \mathrm{d}\alpha=\frac{y''}{1+(y')^2}\mathrm{d}x,$$

又 $\mathrm{d}s=\sqrt{1+(y')^2}\mathrm{d}x$,据曲率计算公式(3.5.1)可知

$$\kappa=\left|\frac{\mathrm{d}\alpha}{\mathrm{d}s}\right|=\frac{|y''|}{[1+(y')^2]^{3/2}}. \tag{3.5.2}$$

若曲线为直线 $y=kx+b$,因 $y''=0$,那么 $\kappa=0$,故直线的曲率为零,亦即直线无弯曲.这与我们的常识是一致的.

例 31 求抛物线 $y=x^2$ 上任一点的曲率.

解 由于 $y'=2x,y''=2$,代入公式(3.5.2)得

$$\kappa=\frac{2}{(1+4x^2)^{3/2}}.$$

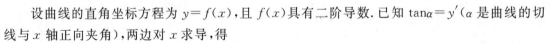

显然在抛物线的顶点处曲率最大,即弯曲的最厉害.

3.6　微分学及其应用的 MATLAB 求解

本节课件

本节介绍基于 MATLAB 的微分学及其应用的计算方法,包括导数、高阶导数、极值和最值等.在 MATLAB 中对符号函数的求导运算由 diff( )函数完成,下面给出 MATLAB 求导的相关命令和求解示例.

3.6.1　基本命令

导数的软件求解的基本命令如表 3.6.1 所示.

表 3.6.1

调 用 格 式	功 能 说 明
diff(f,x)	计算函数 $f(x)$ 关于自变量 x 的导数
diff(f)	计算函数 $f(x)$ 对默认变量的导数
diff(f,x,n)	计算函数 $f(x)$ 关于 x 的 n 阶导数
[xmin,fmin]=fminbnd(f,a,b)	计算函数 $f(x)$ 在 (a,b) 的极小值点和极小值
x=fzero(f,[a,b])	计算在区间 $[a,b]$ 上,使得 $f(x)=0$ 的点 x 的值

3.6.2　求解示例

例 1　求下列函数的导数:

(1) $y=5x^3-2^x+3\mathrm{e}^x$;

(2) $y=x^5\ln x$;

(3) $y=\dfrac{\sin x}{x}$;

(4) $y=\mathrm{e}^{-x}\cos x$;

(5) $y=\tan(x^2)$;

(6) $y=(x^2+2x)^{20}$.

解　(1)方法一:

```
>>syms x
>>y=5*x^3-2^x+3*exp(x);
>>diff(y,x)
ans=15*x^2-2^x*log(2)+3*exp(x)
```

方法二:

```
>>syms x
>>diff(5*x^3-2^x+3*exp(x),x)
ans=15*x^2-2^x*log(2)+3*exp(x)
```

(2) >>syms x

```
>>y=x^5*log(x);
>>diff(y,x)
ans=5*x^4*log(x)+x^4
```

(3) >>syms x

```
>>y=sin(x)/x;
>>diff(y,x)
ans=cos(x)/x-sin(x)/x^2
```

(4) >>syms x

```
>>y=exp(-x)*cos(x);
>>diff(y,x)
ans=-exp(-x)*cos(x)-exp(-x)*sin(x)
```

(5) >>syms x

```
>>y=tan(x^2);
>>diff(y,x)
ans=2*(1+tan(x^2)^2)*x
```

(6) >>syms x

```
>>y=(x^2+2*x)^20;
>>diff(y,x)
ans=20*(x^2+2*x)^19*(2*x+2)
```

例 2　求下列函数的二阶导数：

(1) $y=x\cos x$；

(2) $y=e^{3x-2}$；

(3) $y=\dfrac{1}{x^3+1}$；

(4) $y=\tan x+\sqrt{4^2-x^2}$.

解　(1) >>syms x

```
>>y=x*cos(x);
>>diff(y,x,2)
ans=-2*sin(x)-x*cos(x)
```

(2) >>syms x

```
>>y=exp(3*x-2);
>>diff(y,x,2)
ans=9*exp(3*x-2)
```

(3) >>syms x

```
>>y=1/(x^3+1);
>>diff(y,x,2)
ans=(18*x^4)/(x^3+1)^3-(6*x)/(x^3+1)^2
```

(4) >>syms x

```
>>y=tan(x)+(4^2-x^2)^(1/2);
>>diff(y,x,2)
```

ans=2*tan(x)*(tan(x)^2+1)-1/(16-x^2)^(1/2)-x^2/(16-x^2)^(3/2)

例 3　设 $f(x)=x^3 \mathrm{e}^{2x}$，求 $f^{(10)}(x)$.

解　>>syms x

　　>>y=x^3*exp(2*x);

　　>>diff(y,x,10)

　　ans=92160*exp(2*x)+69120*x*exp(2*x)+15360*x^2*exp(2*x)+1024*x^3*exp(2*x)

即结果为
$$f^{(10)}(x)=92160\mathrm{e}^{2x}+69120x\mathrm{e}^{2x}+15360x^2\mathrm{e}^{2x}+1024x^3\mathrm{e}^{2x}.$$

例 4　求函数 $y=\dfrac{x}{1+x^2}$ 在 $(-6,6)$ 内的极小值与极大值.

解　第一步:绘图.

输入:>>syms x

　　　>>ezplot('x/(1+x^2)',[- 6,6])

输出图象如图 3.6.1 所示.

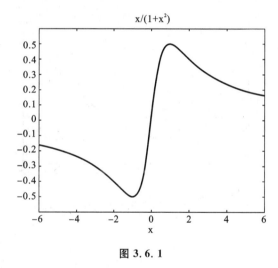

图 3.6.1

第二步:求极小值.

再输入:

```
>>[xmin,fmin]=fminbnd('x/(1+x.^2)',-6,6)
xmin=-1.0000        % x=-1 是极小值点
fmin=-0.5000        % -0.5 是极小值
```

第三步:求极大值.

命令 fminbnd 只能求函数 $f(x)$ 的极小值,若要求函数 $f(x)$ 的极大值,只需要将求 $f(x)$ 的极大值的问题转换为求 $-f(x)$ 的极小值问题.

输入:

```
>>[xmax,fmin]=fminbnd('-x/(1+x.^2)',-6,6)
xmax=1.0000          % x=1是所求函数 y的极大值点
fmin=-0.5000         % fmin=-0.5表示-
```

fmin=-0.5000 　　　% fmin=-0.5表示$-\dfrac{x}{1+x^2}$的极小值,则-fmin=0.5是$\dfrac{x}{1+x^2}$的极大值

例 5　证明不等式:当 $x>0$ 时,$e^x>1+x$.

解　第一步:绘图.

输入:

```
>>x=0:0.1:3;
>>y1=exp(x);
>>y2=1+x;
>>plot(x,y1,'-',x,y2,'--')       % y1用实线表示,y2用虚线表示
```

输出图象,如图 3.6.2 所示.

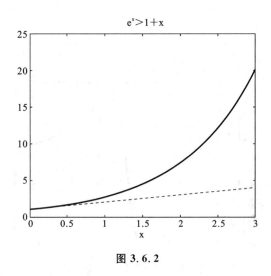

图 3.6.2

再输入:

```
>>syms x
>>f1=diff(exp(x)-x-1,x)
f1=exp(x)-1
>>c=fzero('exp(x)-1',0)
c=0
```

当 $x=0$ 时两条曲线交于一点,当 x 增加时,差距逐渐增大,这正是需要用单调性证明的不等式的典型特征.

通过计算可知 $y(0)=0$,且 $y'(x)=-1+e^x$,仅当 $x=0$ 时,$y'(x)=0$.因为当 $x>0$ 时,$-1+e^x>0$,所以当 $x>0$ 时,$y'(x)>0$.于是函数 $y(x)$ 在 $(0,+\infty)$ 上单调增加,因此当 $x>0$ 时,有 $e^x>1+x$.

数学家牛顿

伊萨克·牛顿(Isaac Newton，1643—1727)是英国著名的物理学家、数学家，百科全书式的全才，著有《自然哲学的数学原理》.

提到牛顿，很多人最先想到的是他在物理学方面的成就：一个苹果"敲开"物理学的大门，牛顿对万有引力和三大运动定律的确立和描述，奠定了物理学最重要、最基本的科学观点．除了在天文学及物理学上取得的伟大成就，牛顿在数学方面也做出了创造性的成就和贡献．莱布尼茨曾说："在从世界开始到牛顿生活时代的全部数学中，牛顿的工作超过了一半．"由此可见，牛顿为数学发展所作出的卓越贡献．

微积分是数学中的重要内容，只要你对数学有所了解，就应该明白它在数学王国中的地位和作用．微积分的应用非常广泛，在经济学、管理学、银行、金融、财会等各方面都发挥着重要作用．同时微积分也渗透和影响了其他学科的发展，例如对物理学、天文学等学科的学生来说，微积分是必学知识之一．为什么要提到微积分呢？ 因为牛顿就是微积分的奠基人之一．17 世纪下半叶，牛顿和德国数学家莱布尼茨在前人工作基础上，分别在自己的领域里研究和独立完成了微积分的创立工作，他们把两个貌似毫不相关的问题联系在一起，一个是切线问题（微分学的中心问题），一个是求积问题（积分学的中心问题）．牛顿为了解决运动问题，创立了这种与物理概念直接联系的数学理论，称之为"流数术"，而微积分的创立是牛顿这一生当中最伟大的数学成就．牛顿用微积分语言成功地阐述物理规律，大大提高了数学在自然科学中的价值，他不但证明了伽利略利用数学描述物理规律的思想是成功的，也让后世科学家意识到数学的重要性，让数学成为描述规律的工具．反过来，数学和物理的成功结合又促进了数学家对物理学以及自然规律重要性的认识．牛顿超越了前人，他站在巨人的肩膀上，站在了更高的维度，为近代科学发展提供了最有效的工具，开辟了数学发展的新纪元．

牛顿对数学的贡献不只是在微积分，还涉及解析几何、综合几何、数值分析、概率论和初等数论等众多领域．他的一项被广泛认可的成就是广义二项式定理，牛顿利用它发现了其他无穷级数，并用来计算面积、积分、解方程等．牛顿还发现了牛顿恒等式、牛顿法，分类了立方面曲线，为有限差理论作出重大贡献，并首次使用分式指数和坐标几何学得到丢番图方程的解．

牛顿登上科学的巅峰，并开辟了以后科学发展的道路，他成功的因数是多方面的，但主要的因素有三条：首先，时代的呼唤是牛顿成功的第一个因素．牛顿的青少年时期，当时的数学和自然科学已积累了大量丰富的资料和成果，这些是培育牛顿科学意识的沃土良壤，牛顿是集群英之大成的能手．其次，牛顿惊人的毅力、超凡的献身精神、实事求是的科学态度以及谦虚的美德等优秀品质，是他成功的决定性因素．牛顿不仅刻苦，更具有敏锐的悟性、深邃的思考、创造性的才能以及"一切不能臆造"、反复进行实验的务实精神．他曾说："我的成功当归于精心的思考","没有大胆的猜想就做不出伟大的发现".牛顿有名师指引和提携,是他成功的第三个因素.在大学期间,由于学业出类拔萃,牛顿博得了导师巴罗的厚爱.由于他成就突出,39 岁的巴罗欣然把数学讲座的职位让给年仅 27 岁的牛顿.巴罗识才育人的高尚品质在科学界传为佳话.

牛顿一生成绩斐然,但他自己却很谦虚,"如果我比别人看得更远,那是因为我站在巨人的肩膀上".临终时,他留下这样一段遗言:"我不知道,世人会怎样看我.不过,我自己觉得,我只是一个在海边玩耍的孩子,一会儿捡起块比较光滑的卵石,一会儿找到个美丽的贝壳,而在我面前,真理的大海还完全没有发现."

习 题 3

习题答案

1. 下列各题中假定 $f'(x_0)$ 存在,按照导数的定义观察下列极限,指出 A 表示什么?

(1) $\lim\limits_{\Delta x \to 0} \dfrac{f(x_0 - \Delta x) - f(x_0)}{\Delta x} = A$;

(2) $\lim\limits_{x \to 0} \dfrac{f(x)}{x} = A$ (其中 $f(0) = 0$ 且 $f'(0)$ 存在);

(3) $\lim\limits_{h \to 0} \dfrac{f(x_0 + h) - f(x_0 - h)}{h} = A$.

2. 已知函数 $f(x) = \sqrt{2x - 1}$,根据导数的定义计算 $f'(5)$.

3. 讨论函数 $y = \begin{cases} x^2 \sin \dfrac{1}{x}, & x \neq 0 \\ 0, & x = 0 \end{cases}$ 在 $x = 0$ 处的连续性和可导性.

4. 求曲线 $y = x^3$ 在点 $(1,1)$ 处的切线方程.

5. 求下列函数的导数:

(1) $y = 2x^3 - x^2 + e^2$;

(2) $y = 3x^2 \sin x$;

(3) $y = e^x + \tan x$;

(4) $y = 2^x \arcsin x$;

(5) $y = \dfrac{\ln x}{x}$;

(6) $y = \dfrac{1 + \sin t}{1 + \cos t}$.

6. 求下列函数的导数:

(1) $y = \sqrt{1 - 2x^2}$;

(2) $y = e^{\sin x}$;

(3) $y = (2x + 1)^3$;

(4) $y = \cos(4 - 3x)$;

(5) $y = \arctan \dfrac{1}{x}$;

(6) $y = e^{\sin \sqrt{x}}$;

(7) $y = \ln \cos e^x$;

(8) $y = \sin^3 \left(3x + \dfrac{\pi}{4} \right)$.

7. 设 $f(x)$ 可导,求下列函数的导数 $\dfrac{dy}{dx}$:

(1) $y = f(e^x)$;

(2) $y = [f(x^2)]^n$;

(3) $y = f(\sin^3 x)$.

8. 求下列函数的二阶导数:

(1) $y=x^3+x^2+\sin\dfrac{\pi}{7}$;　　　　　　(2) $y=\arctan x$;

(3) $y=\ln(1-x^2)$;　　　　　　(4) $y=\sin(1+2x)$;

(5) $y=x\ln x$;　　　　　　(6) $s=\mathrm{e}^{-t}\sin t$.

9. 设 $f(x)$ 的 n 阶导数存在，求 $[f(ax+b)]^{(n)}$.

10. 求下列隐函数的导数 $\dfrac{\mathrm{d}y}{\mathrm{d}x}$:

(1) $x^2-y^2=16$;　　　　　　(2) $x^2+xy+y^2=a^2$;

(3) $y\mathrm{e}^x+\ln y=1$;　　　　　　(4) $Ax^2+Bxy+Cy^2+Dx+Ey+F=0$;

(5) $x+xy-y^2=0$;　　　　　　(6) $y=\mathrm{e}^{x+y}$;

(7) $x\mathrm{e}^y+y=0$;　　　　　　(8) $x^2+y^2+\cos(x+y)=0$;

(9) $x^2+y+\ln(xy)=0$;　　　　　　(10) $\ln\sqrt{x^2+y^2}-\arctan\dfrac{y}{x}=2$.

11. 用对数求导法求下列函数的导数：

(1) $y=\left(\dfrac{x}{1+x}\right)^x$;　　　　　　(2) $y=\dfrac{\sqrt{x+2}(3-x)^4}{(x+1)^5}$.

12. 求曲线 $x^2+\dfrac{y^2}{4}=1$ 在点 $\left(\dfrac{1}{2},\sqrt{3}\right)$ 处的切线方程.

13. 求下列参数方程所确定的函数的导数 $\dfrac{\mathrm{d}y}{\mathrm{d}x}$:

(1) $\begin{cases}x=t+t^2,\\y=2t^2-1;\end{cases}$　　　　　　(2) $\begin{cases}x=at^2,\\y=bt^4;\end{cases}$

(3) $\begin{cases}x=t\arctan t,\\y=\ln(1+t^2);\end{cases}$　　　　　　(4) $\begin{cases}x=\sin^3 t,\\y=\cos^3 t;\end{cases}$

(5) $\begin{cases}x=\sqrt{1-t},\\y=\sqrt{t}.\end{cases}$

14. 求曲线 $\begin{cases}x=t^2\\y=2t-1\end{cases}$ 在点 $t=2$ 处的切线方程及法线方程.

15. 已知 $y=x^3-x$，计算在点 $x=2$ 处当 Δx 分别等于 0.1 和 0.01 时的 Δy 和 $\mathrm{d}y$.

16. 将适当的函数填入下列括号内，使等式成立：

(1) $\mathrm{d}(\quad)=x^2\mathrm{d}x$;　　　　　　(2) $\mathrm{d}(\quad)=a^x\mathrm{d}x$;

(3) $\mathrm{d}(\quad)=\dfrac{1}{\sqrt{x}}\mathrm{d}x$;　　　　　　(4) $\mathrm{d}(\quad)=\sin(\omega x)\mathrm{d}x$;

(5) $\mathrm{d}(\quad)=\mathrm{e}^{-2x}\mathrm{d}x$;　　　　　　(6) $\mathrm{d}(\quad)=\dfrac{1}{\sqrt{1-x^2}}\mathrm{d}x$.

17. 求下列函数的微分：

(1) $y=2x^4-3x^2+2$;　　　　　　(2) $y=x\sin 3x$;

(3) $y=\ln^2(1-x)$;　　　　　　(4) $s=A\sin(\omega t+\varphi)$ $(A,\omega,\varphi$ 是常数$)$.

18. 计算下列各式的近似值：

(1) $\cos 29°$;　　　　(2) $\tan 136°$;　　　　(3) $\sqrt[3]{998}$.

19. 如题图 3.1 所示的电缆 $\overset{\frown}{AOB}$ 的长为 s，跨度为 $2l$，电缆最低点 O 与杆顶连线 AB 的距离为 f，则电缆长可按下面公式计算：

$$s=2l\left(1+\frac{2f^2}{3l^2}\right),$$

当 f 变化了 Δf 时，电缆长的变化约为多少？

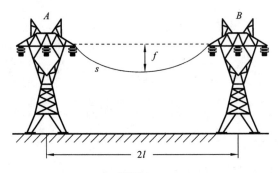

题图 3.1

20. 函数 $f(x)=x^2-x-2,x\in[-1,2]$ 是否满足罗尔定理的条件？若满足，求出定理中的 ξ.

21. 函数 $f(x)=e^x$ 在 $[0,1]$ 上是否满足拉格朗日定理的条件，若满足，求出定理中的 ξ.

22. 函数 $g(x)=\ln x$ 在区间 $[1,e^2]$ 上是否满足拉格朗日中值定理的条件？若满足，求出定理中的 ξ.

23. 设 $0<b<a$，证明：$\dfrac{a-b}{a}<\ln a-\ln b<\dfrac{a-b}{b}$.

24. 利用洛必达法则求下列极限：

(1) $\lim\limits_{x\to 0}\dfrac{1-\cos x}{x^2}$;

(2) $\lim\limits_{x\to 0}\dfrac{x-\tan x}{x-\sin x}$;

(3) $\lim\limits_{x\to+\infty}\dfrac{x^n}{e^x}$（$n$ 为自然数）;

(4) $\lim\limits_{x\to\infty}\dfrac{\pi/2-\arctan x}{1/x}$;

(5) $\lim\limits_{x\to 1}\left(\dfrac{1}{1-x}-\dfrac{1}{\ln x}\right)$;

(6) $\lim\limits_{x\to 1}\dfrac{x^3-3x+2}{x^3-x^2-x+1}$;

(7) $\lim\limits_{x\to 0}\dfrac{e^x-e^{-x}}{\sin x}$;

(8) $\lim\limits_{x\to 0}\left(\dfrac{1}{x}-\dfrac{1}{e^x-1}\right)$;

(9) $\lim\limits_{x\to+\infty}\left(\dfrac{2}{\pi}\arctan x\right)^x$;

(10) $\lim\limits_{x\to 0^+}x^2\ln x$.

25. 确定函数 $f(x)=x^3-6x^2+9x-3$ 的单调区间.

26. 确定函数 $y=x-e^x$ 的单调区间.

27. 确定函数 $y=2x^2-\ln x$ 的单调区间.

28. 试证当 $x\neq 1$ 时，$e^x>ex$.

29. 证明方程 $x^3+x-1=0$ 有且仅有一个正实根.

30. 求函数 $y=2x^3-6x^2-18x+7$ 的极值.

31. 求函数 $y=x-\ln(1+x)$ 的极值.

32. 求函数 $y=x+\dfrac{1}{x}$ 的极值.

33. 求函数 $y = x^3 e^{-x}$ 的极值.

34. 求函数 $f(x) = \sin x + \cos x$ 在 $[0, 2\pi]$ 上的极值.

35. 求 $f(x) = x^3 + 3x$ 在闭区间 $[-3, 3]$ 上最值.

36. 求函数 $y = x^4 - 3x^2 + 1$ 在区间 $[-2, 2]$ 上的最值.

37. 求函数 $y = \sqrt[3]{x^2} + 2$ 在区间 $[-1, 2]$ 上的最值.

38. 甲舰位于乙舰东 75 海里,以每小时 12 海里的速度向西行驶,而乙舰则以每小时 6 海里的速度向北行驶,问经过多长时间两舰相距最近?

39. 某车间靠墙壁要盖一间面积为 64 m² 的长方形小屋,而现有存砖只够砌成 24 m 长的墙壁,问这些存砖是否足够围成小屋?

40. 用边长为 48 cm 的正方形铁皮做一个无盖的铁盒时,在铁皮的四角各截去一个面积相等的小正方形,然后把四边折起就能焊成铁盒.问在四角截去多大的小正方形,才能使所做的铁盒容积最大?

41. 铁路线上 AB 段的距离为 100 km,工厂 C 距 A 处为 20 km,AC 垂直于 AB. 为了运输需要,要在 AB 线上选定一点 D 向工厂修筑一条公路.已知铁路每千米货运的运费与公路上每千米的货运的运费之比为 $3 : 5$.为了使货物从供应站 B 运到工厂 C 的运费最省,问 D 应选在何处?

42. 有甲乙两人,甲位于乙的正东 50 km 处,甲骑自行车以每小时 10 km 的速度向西行走,而乙步行以每小时 5 km 的速度向正北走去,问经过多少时间,甲乙两人相距最近? 最近距离是多少?

43. 设 $a > 1$, $f(t) = a^t - at$ 在 $(-\infty, +\infty)$ 内的驻点为 $t(a)$. 问 a 为何值时,$t(a)$ 最小? 并求出最小值.

44. 判定下列曲线的凹凸性:

(1) $y = 4x - x^2$;　　　　　　　　　(2) $y = 2x^2 + e^x$;

(3) $y = x + \arcsin x, x \in (-1, 1)$;　　　(4) $y = x \arctan x$.

45. 求下列曲线的凹凸区间和拐点:

(1) $y = (x+1)^4 + e^x$;　　　　　　　(2) $y = x^3 - 3x^2 - 9x + 9$;

(3) $y = \ln(x^2 + 1)$;　　　　　　　　(4) $y = e^{-x^2}$.

46. 已知曲线 $y = x^3 + ax^2 - 9x + 4$ 在 $x = 1$ 处有拐点,试确定系数 a,并求该曲线的凹凸区间和拐点.

47. a, b 为何值时,点 $(1, 3)$ 为曲线 $y = ax^3 + bx^2$ 的拐点?

48. 试确定曲线 $y = ax^3 + bx^2 + cx + d$ 中的 a, b, c, d,使得 $x = -2$ 处有水平切线,点 $(1, -10)$ 为拐点,且点 $(-2, 44)$ 在曲线上.

49. 求下列曲线的水平渐近线与铅直渐近线:

(1) $y = \dfrac{1}{1 - x^2}$;　　　　　　　　(2) $y = 1 + \dfrac{36}{(x+3)^2}$;

(3) $y = e^{-(x-1)^2}$;　　　　　　　　(4) $y = x^2 + \dfrac{1}{x}$.

50. 描绘下列函数的图象:

(1) $y = x - \ln(x+1)$;　　　　　　　(2) $y = x e^{-x^2}$;

（3）$y=6x^5-5x^3$；

（4）$y=\dfrac{x}{1+x^2}$.

51. 计算抛物线 $y=ax^2+bx+c$ 上的曲率,哪一点的曲率最大?

52. 利用 MATLAB 软件求下列函数的导数:

（1）$y=5x^2+7\sqrt{x}$；

（2）$y=\sqrt{x}\ln x$；

（3）$y=\dfrac{\cos x}{x}$；

（4）$y=\mathrm{e}^{-x}\tan x$；

（5）$y=\sin(x^3)$；

（6）$y=(2x^3+\sqrt{x})^9$.

53. 利用 MATLAB 求下列函数的二阶导数:

（1）$y=x\cos(4-5x)$；

（2）$y=\mathrm{e}^{-3x^5}$；

（3）$y=\dfrac{3}{x^2+\sin x}$；

（4）$y=\arccos\dfrac{1}{x}+\sqrt{1+x^2}$.

54. 设 $f(x)=\mathrm{e}^{5x}\sin x$,利用 MATLAB 求 $f^{(7)}(x)$.

55. 利用 MATLAB 求函数 $y=x-\dfrac{3}{2}x^{\frac{2}{3}}$ 的在$(-1,2)$内的极小值与极大值.

56. 利用 MATLAB 证明不等式:当 $x>0$ 时,$x>\ln(1+x)$.

第4章 积分学及其应用

微分学研究了函数的导数(或微分)及其应用,而积分学研究不定积分与定积分两个重要内容.本章从实际问题出发,介绍不定积分、定积分的基本概念与基本运算,并用积分知识解决一些实际问题.

4.1 不定积分的概念

本节课件

已知做变速直线运动物体的路程函数为 $s(t)$,那么将路程函数对时间 t 求导,即得瞬时速度函数

$$v(t) = s'(t).$$

实际上,在有些情况下需要研究与之相反的问题,即已知速度求路程.该问题本质上就是求导运算的逆运算问题,即在已知某函数的导数的条件下,求解被求导的那个函数.那么,作为结果出现的函数如何命名呢? 为此引入原函数的概念.

4.1.1 原函数的概念

定义 4.1.1 如果在区间 I 上,可导函数 $F(x)$ 的导数为 $f(x)$,即对任意 $x \in I$,都有
$$F'(x) = f(x) \quad \text{或} \quad \mathrm{d}F(x) = f(x)\mathrm{d}x,$$
那么函数 $F(x)$ 就称为 $f(x)$ 在区间 I 上的一个**原函数**.

例如,上述做变速直线运动物体的路程函数 $s(t)$ 就是瞬时速度 $v(t)$ 的一个原函数;在区间 $(-\infty, +\infty)$ 内,$(\sin x)' = \cos x$,所以 $\sin x$ 就是 $\cos x$ 在区间 $(-\infty, +\infty)$ 内的一个原函数.

要找一个函数的原函数,首先要考虑原函数的存在性,那么什么样的函数才有原函数呢? 对于此问题有如下结论:

定理 4.1.1(原函数存在定理) 如果函数 $f(x)$ 在区间 I 上连续,则 $f(x)$ 在区间 I 上一定存在原函数.简言之,连续函数一定存在原函数.

关于原函数,需要说明两点:

(1) 如果在区间 I 上,$F(x)$ 是 $f(x)$ 的一个原函数,则对任意常数 C,显然也有
$$[F(x) + C]' = f(x),$$
即对任意常数 C,$F(x) + C$ 也是 $f(x)$ 的原函数.

这说明,如果 $f(x)$ 的原函数存在,那么 $f(x)$ 就有无限多个原函数.

(2) 如果在区间 I 上,$F(x)$ 是 $f(x)$ 的一个原函数,则 $f(x)$ 的其他原函数与 $F(x)$ 相差一个任意常数.

事实上,设 $\Phi(x)$ 是 $f(x)$ 的另一个原函数,则对任意 $x \in I$,有

$$\Phi'(x) = f(x),$$

于是

$$[\Phi(x) - F(x)]' = \Phi'(x) - F'(x) = f(x) - f(x) = 0.$$

由拉格朗日中值定理的推论知,在一个区间上导数恒为零的函数必为常数,所以

$$\Phi(x) - F(x) = C_0 \quad (C_0 \text{ 为某个常数}).$$

这表明 $\Phi(x)$ 与 $F(x)$ 只差一个常数.因此,当 C 为任意常数时,表达式 $F(x) + C$ 就可表示 $f(x)$ 的全体原函数.

由此,引入一个新的概念——不定积分.

4.1.2　不定积分的概念

定义 4.1.2　若 $F(x)$ 是 $f(x)$ 的一个原函数,则 $f(x)$ 的全体原函数 $F(x) + C$ 称为 $f(x)$ 的**不定积分**,记作 $\int f(x)\mathrm{d}x$,即

$$\int f(x)\mathrm{d}x = F(x) + C,$$

其中,$\int$ 称为**积分符号**,$f(x)$ 称为**被积函数**,$f(x)\mathrm{d}x$ 称为**被积表达式**,x 称为**积分变量**,任意常数 C 称为**积分常数**.

由定义可知,求函数 $f(x)$ 的不定积分,只需找到 $f(x)$ 的一个原函数 $F(x)$,再加上任意常数 C 就可以了.

例 1　求下列不定积分:

(1) $\int 3x^2 \mathrm{d}x$;　　(2) $\int \cos x \mathrm{d}x$.

解　(1) 因为 $(x^3)' = 3x^2$,即 x^3 是 $3x^2$ 的一个原函数,所以

$$\int 3x^2 \mathrm{d}x = x^3 + C.$$

(2) 因为 $(\sin x)' = \cos x$,即 $\sin x$ 是 $\cos x$ 的一个原函数,所以

$$\int \cos x \mathrm{d}x = \sin x + C.$$

从定义来看,不定积分 $\int f(x)\mathrm{d}x$ 表示的是函数 $f(x)$ 的所有原函数.但是,在一些实际问题中往往要求一个具有特定条件的原函数,这时就要利用该条件来确定积分常数 C.

例 2　已知曲线通过点 $P(1,2)$,且该曲线上任意一点的切线的斜率等于该点横坐标的 2 倍,求此曲线的方程.

解　设所求曲线的方程为 $y = f(x)$,由题设知,该曲线上任意一点 $M(x,y)$ 处的切线的斜率 k 为 $2x$,即 $f'(x) = 2x$,所以

$$y = f(x) = \int 2x\mathrm{d}x = x^2 + C.$$

又曲线过点 $P(1,2)$,所以 $2 = 1 + C$,即 $C = 1$,故所求的曲线方程为

$$y = x^2 + 1.$$

此例表明,不定积分 $\int 2x\mathrm{d}x$ 表示的是形状相同的无数条抛物线的集合.而曲线 $y = x^2 + 1$ 是

抛物线集合中过点 $P(1,2)$ 的那条曲线,如图 4.1.1 所示.

一般地,把原函数 $F(x)$ 的图形称为函数 $f(x)$ 的积分曲线.因此,不定积分 $\int f(x)\mathrm{d}x = F(x)+C$ 在几何上表示的是积分曲线族.因为

$$[F(x)+C]' = F'(x) = f(x),$$

所以积分曲线族 $y = F(x)+C$ 中的每一条曲线在横坐标为 x_0 的点处的切线有着相同的斜率 $f(x_0)$,也就是说这一族曲线在点 x_0 处的切线是相互平行的.

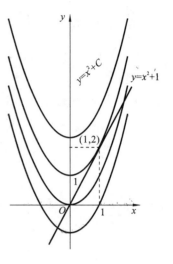

图 4.1.1

4.1.3 不定积分的性质

根据不定积分的定义和导数的求导法则,不难得到不定积分有如下性质.

性质 4.1.1 不定积分与导数(微分)互为逆运算,即

(1) $\left(\int f(x)\mathrm{d}x\right)' = f(x)$ 或 $\mathrm{d}\left(\int f(x)\mathrm{d}x\right) = f(x)\mathrm{d}x$;

(2) $\int F'(x)\mathrm{d}x = F(x)+C$ 或 $\int \mathrm{d}F(x) = F(x)+C.$

这就是说,若先积分后微分,则积分号与微分号互相抵消.反之,若先微分后积分,则抵消后相差一个常数.

利用以上性质可以验证积分结果是否正确:只要对积分结果求导,看是否等于被积函数,如果等于,则积分结果正确;如果不等于,则积分结果不正确.

例 3 检验下列积分的正确性:

(1) $\int x\mathrm{d}x = \dfrac{1}{2}x^2 + C$;

(2) $\int \sin 2x\mathrm{d}x = \cos 2x + C.$

解 (1) 由于 $\left(\dfrac{1}{2}x^2\right)' = \dfrac{1}{2}\cdot 2x = x$,所以 $\int x\mathrm{d}x = \dfrac{1}{2}x^2 + C$ 是正确的.

(2) 由于 $(\cos 2x)' = -2\sin 2x \neq \sin 2x$,所以 $\int \sin 2x\mathrm{d}x \neq \cos 2x + C.$

性质 4.1.2 设函数 $f(x)$ 及 $g(x)$ 的原函数存在,则

$$\int [f(x)\pm g(x)]\mathrm{d}x = \int f(x)\mathrm{d}x \pm \int g(x)\mathrm{d}x,$$

即两个函数的代数和的不定积分等于这两个函数的不定积分的代数和.

此性质可推广到有限个函数的代数和的情况.

性质 4.1.3 设函数 $f(x)$ 的原函数存在,k 为非零常数,则

$$\int kf(x)\mathrm{d}x = k\int f(x)\mathrm{d}x,$$

即被积函数中非零的常数因子 k 可以提到积分号前.

4.1.4 基本积分表

从上节知道,不定积分是求导运算的逆运算,那么很自然地可以从导数公式直接得到相应的积分公式.

例如,根据幂函数的导数公式

$$\left(\frac{1}{\alpha+1}x^{\alpha+1}\right)' = \frac{1}{\alpha+1}(x^{\alpha+1})' = x^{\alpha} \quad (\alpha \neq -1),$$

有

$$\int x^{\alpha}\mathrm{d}x = \frac{1}{\alpha+1}x^{\alpha+1} + C \ (\alpha \neq -1).$$

又如,当 $x>0$ 时,$(\ln|x|)' = (\ln x)' = \frac{1}{x}$;当 $x<0$ 时,$(\ln|x|)' = [\ln(-x)]' = \frac{1}{x}$,故

$$\int \frac{1}{x}\mathrm{d}x = \ln|x| + C.$$

类似地,可以得到其他的不定积分公式.现把一些基本积分公式列成一个表,这个表通常叫做**基本积分表**.

(1) $\int k\mathrm{d}x = kx + C$（$k$ 为常数）；

(2) $\int x^{\alpha}\mathrm{d}x = \frac{1}{\alpha+1}x^{\alpha+1} + C \ (\alpha \neq -1)$；

(3) $\int \frac{1}{x}\mathrm{d}x = \ln|x| + C$；

(4) $\int \frac{1}{1+x^2}\mathrm{d}x = \arctan x + C = -\operatorname{arccot} x + C$；

(5) $\int \frac{1}{\sqrt{1-x^2}}\mathrm{d}x = \arcsin x + C = -\arccos x + C$；

(6) $\int \sin x \mathrm{d}x = -\cos x + C$；

(7) $\int \cos x \mathrm{d}x = \sin x + C$；

(8) $\int \frac{1}{\cos^2 x}\mathrm{d}x = \int \sec^2 x \mathrm{d}x = \tan x + C$；

(9) $\int \frac{1}{\sin^2 x}\mathrm{d}x = \int \csc^2 x \mathrm{d}x = -\cot x + C$；

(10) $\int \sec x \cdot \tan x \mathrm{d}x = \sec x + C$；

(11) $\int \csc x \cdot \cot x \mathrm{d}x = -\csc x + C$；

(12) $\int \mathrm{e}^x \mathrm{d}x = \mathrm{e}^x + C$；

(13) $\int a^x \mathrm{d}x = \frac{a^x}{\ln a} + C.$

这些公式可通过对等式右端的函数求导后等于左端的被积函数来直接验证.基本积分公式是求不定积分的基础,必须熟记.利用基本积分公式和不定积分的性质,可以求出一些较简单的不定积分.

例 4　求下列不定积分:

(1) $\int x^2\sqrt{x}\,\mathrm{d}x$;　　　　(2) $\int \dfrac{1}{x\sqrt[3]{x}}\mathrm{d}x$;　　　　(3) $\int \sqrt{x\sqrt{x}}\,\mathrm{d}x$.

解　(1) $\int x^2\sqrt{x}\,\mathrm{d}x=\int x^{\frac{5}{2}}\mathrm{d}x=\dfrac{1}{\frac{5}{2}+1}x^{\frac{5}{2}+1}+C=\dfrac{2}{7}x^3\sqrt{x}+C$;

(2) $\int \dfrac{1}{x\sqrt[3]{x}}\mathrm{d}x=\int x^{-\frac{4}{3}}\mathrm{d}x=\dfrac{1}{-\frac{4}{3}+1}x^{-\frac{4}{3}+1}+C=-3x^{-\frac{1}{3}}+C=-\dfrac{3}{\sqrt[3]{x}}+C$;

(3) $\int \sqrt{x\sqrt{x}}\,\mathrm{d}x=\int x^{\frac{3}{4}}\mathrm{d}x=\dfrac{1}{\frac{3}{4}+1}x^{\frac{3}{4}+1}+C=\dfrac{4}{7}x^{\frac{7}{4}}+C$.

注意　有时被积函数实际上是分式或根式表示的幂函数,遇到此情况应先化为 x^a 的形式,然后再用幂函数的积分公式求不定积分.

例 5　求不定积分 $\int \left(\dfrac{7}{x^2}-3\cos x+\dfrac{1}{x}\right)\mathrm{d}x$.

解　不能直接运用积分公式求解,可以考虑用不定积分的性质将其展开,再逐项运用积分公式.

$$\int \left(\dfrac{7}{x^2}-3\cos x+\dfrac{1}{x}\right)\mathrm{d}x=7\int x^{-2}\mathrm{d}x-3\int\cos x\,\mathrm{d}x+\int\dfrac{1}{x}\mathrm{d}x$$
$$=-\dfrac{7}{x}-3\sin x+\ln|x|+C.$$

注意　逐项积分后,每个不定积分都含有一个任意常数,结果仅需写出一个任意常数即可.

例 6　求不定积分 $\int \dfrac{(x+\sqrt{x})(1-\sqrt{x})}{\sqrt[3]{x}}\mathrm{d}x$.

解　基本积分表中没有这种类型的积分,可以先把被积函数变形,化为表中所列类型(化为幂函数 x^a)代数和的形式,再逐项求积分.

$$\int \dfrac{(x+\sqrt{x})(1-\sqrt{x})}{\sqrt[3]{x}}\mathrm{d}x=\int \dfrac{\sqrt{x}-x\sqrt{x}}{\sqrt[3]{x}}\mathrm{d}x=\int x^{\frac{1}{6}}\mathrm{d}x-\int x^{\frac{7}{6}}\mathrm{d}x$$
$$=\dfrac{6}{7}x^{\frac{7}{6}}-\dfrac{6}{13}x^{\frac{13}{6}}+C.$$

例 7　求不定积分 $\int \dfrac{x^2}{1+x^2}\mathrm{d}x$.

解　被积函数是有理假分式函数,先分解为有理真分式,再利用性质逐项积分.

$$\int \dfrac{x^2}{1+x^2}\mathrm{d}x=\int \dfrac{x^2+1-1}{1+x^2}\mathrm{d}x=\int \left(1-\dfrac{1}{1+x^2}\right)\mathrm{d}x$$
$$=\int \mathrm{d}x-\int \dfrac{1}{1+x^2}\mathrm{d}x=x-\arctan x+C.$$

例 8　求不定积分 $\displaystyle\int\dfrac{1}{x^2(1+x^2)}\mathrm{d}x$.

解　被积函数是有理函数,通过"裂项"将它拆成分母较简单、易于积分的分式之和,再利用性质逐项积分.

$$\int\frac{1}{x^2(1+x^2)}\mathrm{d}x=\int\left(\frac{1}{x^2}-\frac{1}{1+x^2}\right)\mathrm{d}x=\int\frac{1}{x^2}\mathrm{d}x-\int\frac{1}{1+x^2}\mathrm{d}x$$

$$=-\frac{1}{x}-\arctan x+C.$$

例 9　求不定积分 $\displaystyle\int\tan^2x\,\mathrm{d}x$.

解　基本积分表中没有这种类型的积分,可以先利用三角恒等式变形,然后再求积分.

$$\int\tan^2x\,\mathrm{d}x=\int(\sec^2x-1)\mathrm{d}x=\int\sec^2x\,\mathrm{d}x-\int\mathrm{d}x$$

$$=\tan x-x+C.$$

例 10　求不定积分 $\displaystyle\int\dfrac{1}{\sin^2x\cos^2x}\mathrm{d}x$.

解　基本积分表中没有这种类型的积分,可以先利用三角恒等式变形,然后再求积分.

$$\int\frac{1}{\sin^2x\cos^2x}\mathrm{d}x=\int\frac{\sin^2x+\cos^2x}{\sin^2x\cos^2x}\mathrm{d}x=\int\frac{1}{\cos^2x}\mathrm{d}x+\int\frac{1}{\sin^2x}\mathrm{d}x$$

$$=\tan x-\cot x+C.$$

从以上几个例子可以看出,求不定积分时,经常把被积函数通过恒等变形转化为基本积分公式中的被积函数的代数和的形式,再利用基本积分公式和不定积分的性质求解,这种积分方法称为**直接积分法**.与求导相比,求不定积分有较大的灵活性.这就需要熟记基本积分公式,通过练习,总结经验,掌握技巧.

4.2　不定积分的计算

本节课件

通过上一节的学习,我们知道不定积分的计算归结为求原函数,而利用基本积分公式和不定积分的性质,所能计算的不定积分是有限的.因此,有必要进一步来研究不定积分的计算方法.本节介绍不定积分的换元积分法及分部积分法,其中,换元积分法简称换元法.换元法通常分成两类,下面先讲第一类换元法.

4.2.1　不定积分的第一类换元法

引例　计算不定积分:

(1) $\displaystyle\int(2x+1)^2\mathrm{d}x$;　　　(2) $\displaystyle\int(2x+1)^{99}\mathrm{d}x$.

分析　对于 $\displaystyle\int(2x+1)^2\mathrm{d}x$,利用二项式定理展开很容易计算.而对于 $\displaystyle\int(2x+1)^{99}\mathrm{d}x$,如果继续使用二项式定理固然可以求出结果,但非常麻烦,那么有没有其他的求解方法?

由于被积函数 $(2x+1)^{99}$ 是一个复合函数,中间函数为 $2x+1$.为了应用幂函数的积分公

式,尝试令 $2x+1=u$,两边求微分得

$$\mathrm{d}u = \mathrm{d}(2x+1) = 2\mathrm{d}x,$$

被积函数化为 $(2x+1)^{99} = u^{99}$,因此

$$\int(2x+1)^{99}\mathrm{d}x = \frac{1}{2}\int(2x+1)^{99}2\mathrm{d}x = \frac{1}{2}\int u^{99}\mathrm{d}u = \frac{1}{200}u^{100}+C$$

$$\qquad\qquad\qquad\uparrow\qquad\qquad\uparrow$$
$$\qquad\qquad\qquad u^{99}\qquad\quad \mathrm{d}u$$

$$\xeq{回代\ u=2x+1} \frac{1}{200}(2x+1)^{100}+C.$$

经过变换将原来的不定积分 $\int(2x+1)^{99}\mathrm{d}x$ 化为一个新形式的不定积分 $\int u^{99}\mathrm{d}u$,从而求得结果. 但这样求得的结果是否就是原不定积分的积分结果呢?我们可以利用不定积分与导数的互逆性质来检验.

因为

$$\left[\frac{1}{200}(2x+1)^{100}+C\right]' = (2x+1)^{99},$$

而被积函数正是 $(2x+1)^{99}$,所以上述方法得到的结果是正确的.

上述方法具有一般性,其特点是引入新变量 $u=\varphi(x)$,从而把原积分化为以 u 为积分变量的简单积分,再套用基本积分公式求解. 一般地,我们归纳为下述定理.

定理 4.2.1(第一类换元法)　设 $\int f(u)\mathrm{d}u = F(u)+C$,又 $u=\varphi(x)$ 有连续导数,则

$$\int f[\varphi(x)]\varphi'(x)\mathrm{d}x = \int f[\varphi(x)]\mathrm{d}\varphi(x) = F[\varphi(x)]+C. \qquad (4.2.1)$$

证明　由假设知 $F'(u)=f(u)$,应用复合函数的求导法则,得

$$\frac{\mathrm{d}}{\mathrm{d}x}F[\varphi(x)] = F'(u)\varphi'(x) = f(u)\varphi'(x) = f[\varphi(x)]\varphi'(x),$$

故式(4.2.1)成立.

由定理 4.2.1 可知,虽然 $\int f[\varphi(x)]\varphi'(x)\mathrm{d}x$ 是一个整体的记号,但从形式上看,被积表达式中的 $\mathrm{d}x$ 也可当作变量 x 的微分来对待,从而微分等式 $\varphi'(x)\mathrm{d}x = \mathrm{d}\varphi(x)$ 可以方便地应用到被积表达式中来,因此不定积分的第一类换元法又称为**凑微分法**.

如何应用公式(4.2.1)来求不定积分?假设要求 $\int g(x)\mathrm{d}x$,如果函数 $g(x)$ 可以化为 $g(x) = f[\varphi(x)]\varphi'(x)$ 的形式,那么按如下步骤计算:

$$\int g(x)\mathrm{d}x = \int f[\varphi(x)]\varphi'(x)\mathrm{d}x \qquad\text{"拆分"}$$

$$= \int f[\varphi(x)]\mathrm{d}\varphi(x) \qquad\text{"凑微分"}$$

$$\xeq{\varphi(x)=u} \int f(u)\mathrm{d}u \qquad\text{"换元"}$$

$$= F(u)+C \qquad\text{"求原"}$$

$$\xeq{u=\varphi(x)} F[\varphi(x)]+C. \qquad\text{"回代"}$$

例 1 求不定积分 $\displaystyle\int \frac{1}{5+3x}\mathrm{d}x$.

解 被积函数为

$$\frac{1}{5+3x} = \frac{1}{\varphi(x)}, \quad \varphi(x) = 5+3x,$$

这里缺少 $\varphi'(x) = 3$ 这个因子, 但由于 $\varphi'(x) = 3$ 是常数, 故可以把"1"变为"$\frac{1}{3}\times 3$", 从而凑出该因子:

$$\frac{1}{5+3x} = \frac{1}{3} \cdot \frac{1}{5+3x} \cdot (5+3x)'.$$

令 $u = 5+3x$, 便有

$$\int \frac{1}{5+3x}\mathrm{d}x = \int \frac{1}{3} \cdot \frac{1}{5+3x} \cdot (5+3x)'\mathrm{d}x = \frac{1}{3}\int \frac{1}{5+3x}\mathrm{d}(5+3x)$$

$$= \frac{1}{3}\int \frac{1}{u}\mathrm{d}u = \frac{1}{3}\ln|u| + C = \frac{1}{3}\ln|5+3x| + C.$$

例 2 求下列不定积分:

(1) $\displaystyle\int 2x\mathrm{e}^{x^2}\mathrm{d}x$; (2) $\displaystyle\int x^2\sqrt{1-x^3}\mathrm{d}x$.

解 (1) 被积函数中的一个因子为 $\mathrm{e}^{x^2} = \mathrm{e}^u$, 令 $u = x^2$, 剩下的因子 $2x$ 恰好是中间变量 $u = x^2$ 的导数, 于是有

$$\int 2x\mathrm{e}^{x^2}\mathrm{d}x = \int \mathrm{e}^{x^2}(x^2)'\mathrm{d}x = \int \mathrm{e}^{x^2}\mathrm{d}(x^2) = \int \mathrm{e}^u\mathrm{d}u = \mathrm{e}^u + C = \mathrm{e}^{x^2} + C.$$

(2) 设 $u = 1-x^3$, 则 $\mathrm{d}u = -3x^2\mathrm{d}x$, 即 $x^2\mathrm{d}x = -\frac{1}{3}\mathrm{d}u$, 因此

$$\int x^2\sqrt{1-x^3}\mathrm{d}x = \int u^{\frac{1}{2}}\left(-\frac{1}{3}\right)\mathrm{d}u = -\frac{1}{3} \cdot \frac{u^{\frac{3}{2}}}{3/2} + C$$

$$= -\frac{2}{9}u^{\frac{3}{2}} + C = -\frac{2}{9}(1-x^3)^{\frac{3}{2}} + C.$$

换元的目的是简化计算, 当运用熟练后, 设变量 $\varphi(x) = u$ 及回代过程可以省略不写, 直接积分, 求得结果即可.

例 3 求下列不定积分:

(1) $\displaystyle\int \frac{1}{4+x^2}\mathrm{d}x$; (2) $\displaystyle\int \frac{1}{\sqrt{9-x^2}}\mathrm{d}x$; (3) $\displaystyle\int \frac{1}{x^2-4}\mathrm{d}x$.

解 (1) $\displaystyle\int \frac{\mathrm{d}x}{4+x^2} = \int \frac{1}{4} \cdot \frac{\mathrm{d}x}{1+\left(\frac{x}{2}\right)^2} = \frac{1}{2}\int \frac{\mathrm{d}\left(\frac{x}{2}\right)}{1+\left(\frac{x}{2}\right)^2} = \frac{1}{2}\arctan\frac{x}{2} + C.$

(2) $\displaystyle\int \frac{\mathrm{d}x}{\sqrt{9-x^2}} = \int \frac{1}{3} \cdot \frac{\mathrm{d}x}{\sqrt{1-\left(\frac{x}{3}\right)^2}} = \int \frac{\mathrm{d}\left(\frac{x}{3}\right)}{\sqrt{1-\left(\frac{x}{3}\right)^2}} = \arcsin\frac{x}{3} + C.$

(3) $\displaystyle\int \frac{\mathrm{d}x}{x^2-4} = \frac{1}{4}\int \left(\frac{1}{x-2} - \frac{1}{x+2}\right)\mathrm{d}x = \frac{1}{4}\left[\int \frac{1}{x-2}\mathrm{d}(x-2) - \int \frac{1}{x+2}\mathrm{d}(x+2)\right]$

$$= \frac{1}{4} \left[\ln |x-2| - \ln |x+2| \right] + C = \frac{1}{4} \ln \left| \frac{x-2}{x+2} \right| + C.$$

例 4　求下列不定积分：

(1) $\displaystyle\int \frac{1}{x \ln x} \mathrm{d}x$；　　　(2) $\displaystyle\int \frac{\mathrm{e}^x}{1+\mathrm{e}^x} \mathrm{d}x$；　　　(3) $\displaystyle\int \frac{\arctan x}{1+x^2} \mathrm{d}x$.

解　(1) $\displaystyle\int \frac{1}{x \ln x} \mathrm{d}x = \int \frac{1}{\ln x} (\ln x)' \mathrm{d}x = \int \frac{1}{\ln x} \mathrm{d}(\ln x) = \ln |\ln x| + C.$

(2) $\displaystyle\int \frac{\mathrm{e}^x}{1+\mathrm{e}^x} \mathrm{d}x = \int \frac{(1+\mathrm{e}^x)'}{1+\mathrm{e}^x} \mathrm{d}x = \int \frac{1}{1+\mathrm{e}^x} \mathrm{d}(1+\mathrm{e}^x) = \ln(1+\mathrm{e}^x) + C.$

(3) $\displaystyle\int \frac{\arctan x}{1+x^2} \mathrm{d}x = \int \arctan x (\arctan x)' \mathrm{d}x = \int \arctan x \mathrm{d}(\arctan x) = \frac{1}{2} \arctan^2 x + C.$

例 5　求下列不定积分：

(1) $\displaystyle\int \sin^2 x \cos x \mathrm{d}x$；　(2) $\displaystyle\int \sin^2 x \mathrm{d}x$；　(3) $\displaystyle\int \tan x \mathrm{d}x$；　(4) $\displaystyle\int \sec x \mathrm{d}x$.

解　(1) $\displaystyle\int \sin^2 x \cos x \mathrm{d}x = \int \sin^2 x (\sin x)' \mathrm{d}x = \int \sin^2 x \mathrm{d}(\sin x) = \frac{1}{3} \sin^3 x + C.$

(2) $\displaystyle\int \sin^2 x \mathrm{d}x = \int \frac{1-\cos 2x}{2} \mathrm{d}x = \frac{1}{2} \left(\int \mathrm{d}x - \int \cos 2x \mathrm{d}x \right)$

$$= \frac{1}{2} \int \mathrm{d}x - \frac{1}{4} \int \cos 2x \mathrm{d}(2x) = \frac{x}{2} - \frac{\sin 2x}{4} + C.$$

(3) $\displaystyle\int \tan x \mathrm{d}x = \int \frac{\sin x}{\cos x} \mathrm{d}x = -\int \frac{1}{\cos x} \mathrm{d}(\cos x) = -\ln |\cos x| + C.$

类似地，可得 $\displaystyle\int \cot x \mathrm{d}x = \ln |\sin x| + C.$

(4) $\displaystyle\int \sec x \mathrm{d}x = \int \frac{\cos x}{\cos^2 x} \mathrm{d}x = \int \frac{\mathrm{d}(\sin x)}{1-\sin^2 x} = \frac{1}{2} \int \left(\frac{1}{1+\sin x} + \frac{1}{1-\sin x} \right) \mathrm{d}(\sin x)$

$$= \frac{1}{2} \left[\int \frac{\mathrm{d}(1+\sin x)}{1+\sin x} - \int \frac{\mathrm{d}(1-\sin x)}{1-\sin x} \right] = \frac{1}{2} \ln \left| \frac{1+\sin x}{1-\sin x} \right| + C$$

$$= \ln \sqrt{\frac{1+\sin x}{1-\sin x}} + C.$$

由三角恒等式得 $\sqrt{\dfrac{1+\sin x}{1-\sin x}} = |\sec x + \tan x|$，又可将结果写成

$$\int \sec x \mathrm{d}x = \ln |\sec x + \tan x| + C.$$

同理，可得 $\displaystyle\int \csc x \mathrm{d}x = \ln |\csc x - \cot x| + C.$

要掌握第一类换元法，首先要熟悉微分运算和基本积分公式，以便在凑微分后直接得出结果. 同时，凑微分法也不是完全没有规律，如果熟记一些常见的微分式，再经过一定的解题训练，就可以掌握解题技巧. 常见的微分公式有：

(1) $\mathrm{d}x = \dfrac{1}{a} \mathrm{d}(ax+b)$；　　　　　　　(2) $x \mathrm{d}x = \dfrac{1}{2} \mathrm{d}(x^2)$；

(3) $\dfrac{\mathrm{d}x}{\sqrt{x}} = 2\mathrm{d}(\sqrt{x})$；　　　　　　　　(4) $\mathrm{e}^x \mathrm{d}x = \mathrm{d}(\mathrm{e}^x)$；

(5) $\dfrac{\mathrm{d}x}{x} = \mathrm{d}(\ln|x|)$;　　　　　　(6) $\sin x \mathrm{d}x = -\mathrm{d}(\cos x)$;

(7) $\cos x \mathrm{d}x = \mathrm{d}(\sin x)$;　　　　　　(8) $\sec^2 x \mathrm{d}x = \mathrm{d}(\tan x)$;

(9) $\csc^2 x \mathrm{d}x = -\mathrm{d}(\cot x)$;　　　　(10) $\dfrac{\mathrm{d}x}{\sqrt{1-x^2}} = \mathrm{d}(\arcsin x)$;

(11) $\dfrac{\mathrm{d}x}{1+x^2} = \mathrm{d}(\arctan x)$.

4.2.2　不定积分的第二类换元法

引例　求不定积分 $\displaystyle\int \dfrac{1}{1+\sqrt{x}}\mathrm{d}x$.

分析　显然无法用直接积分法或第一类换元法求出原函数,因此必须寻求其他方法.计算这个积分的困难在于被积函数中含有根式 $\sqrt{x}$,若将 $\sqrt{x}$ 看成整体变量 t 进行变量替换,或许可以找到突破.令 $\sqrt{x} = t$,则 $x = t^2 (t \geqslant 0)$, $\mathrm{d}x = 2t\mathrm{d}t$,把它们代入所求积分中,得

$$\int \frac{1}{1+\sqrt{x}}\mathrm{d}x = \int \frac{2t}{1+t}\mathrm{d}t = 2\int \frac{(1+t)-1}{1+t}\mathrm{d}t$$

$$= 2\left[\int \mathrm{d}t - \int \frac{1}{1+t}\mathrm{d}t\right]$$

$$= 2[t - \ln(1+t)] + C.$$

再将 $t = \sqrt{x}$ 代回,即可得原来的积分

$$\int \frac{1}{1+\sqrt{x}}\mathrm{d}x = 2[\sqrt{x} - \ln(1+\sqrt{x})] + C.$$

显然,这里的换元法与前面的第一类换元法的基本思想恰好是相反的.第一类换元法是用新变量 u 替换 $\varphi(x)$,这里是用一个新变量 t 的函数 $\varphi(t)$ 替换 x ,我们把这种换元的方法称为**第二类换元法**.

定理 4.2.2(第二类换元法)　设 $x = \varphi(t)$ 是单调的可导函数,且 $\varphi'(t) \neq 0$,若

$$\int f[\varphi(t)]\varphi'(t)\mathrm{d}t = F(t) + C,$$

则

$$\int f(x)\mathrm{d}x = F[\varphi^{-1}(x)] + C, \tag{4.2.2}$$

其中, $t = \varphi^{-1}(x)$ 是 $x = \varphi(t)$ 的反函数.

证明　假设 $F'(t) = f[\varphi(t)]\varphi'(t)$,且函数 $x = \varphi(t)$ 具有连续可导的反函数 $t = \varphi^{-1}(x)$.利用复合函数和反函数的求导法则,得到

$$\frac{\mathrm{d}}{\mathrm{d}x}F[\varphi^{-1}(x)] = F'(t)[\varphi^{-1}(x)]' = f[\varphi(t)]\varphi'(t)\frac{1}{\varphi'(t)} = f[\varphi(t)] = f(x),$$

故式(4.2.2)成立.

我们可以将第二类换元法表述为:令 $x = \varphi(t)$,则 $t = \varphi^{-1}(x)$,于是

$$\int f(x)\mathrm{d}x = \int f[\varphi(t)]\mathrm{d}\varphi(t) = \int f[\varphi(t)]\varphi'(t)\mathrm{d}t = F(t) + C = F[\varphi^{-1}(x)] + C.$$

第二类换元法的作用在于:当不定积分 $\int f(x)\mathrm{d}x$ 不易求得时,我们作代换 $x = \varphi(t)$,将 $\int f(x)\mathrm{d}x$ 化为 $\int f[\varphi(t)]\varphi'(t)\mathrm{d}t$,若后者易于积分,且

$$\int f[\varphi(t)]\varphi'(t)dt = F(t) + C,$$

再将 $t = \varphi^{-1}(x)$ 代回去,就可求得

$$\int f(x)\mathrm{d}x = F[\varphi^{-1}(x)] + C.$$

由此可见,使用第二类换元法的关键是恰当地选择变换函数 $x = \varphi(t)$,下面通过一些例子来说明.

例 6 求不定积分 $\int \dfrac{\sqrt{x-1}}{x}\mathrm{d}x$.

解 为消去根式,可令 $\sqrt{x-1} = t$,即作代换 $x = t^2 + 1 (t \geqslant 0)$,则 $\mathrm{d}x = 2t\mathrm{d}t$. 于是

$$\int \frac{\sqrt{x-1}}{x}\mathrm{d}x = \int \frac{2t^2}{t^2+1}\mathrm{d}t = 2\int \frac{t^2+1-1}{t^2+1}\mathrm{d}t$$

$$= 2\int \left(1 - \frac{1}{t^2+1}\right)\mathrm{d}t = 2(t - \arctan t) + C$$

$$= 2(\sqrt{x-1} - \arctan\sqrt{x-1}) + C.$$

由上例可以看出,当被积函数中含有 $\sqrt[n]{ax+b}$ 时,可令 $\sqrt[n]{ax+b} = t$,消除根号,从而求得积分. 通常称以上代换为**根式代换**.

例 7 求不定积分 $\int \sqrt{a^2 - x^2}\,\mathrm{d}x\ (a > 0)$.

解 为了去掉被积函数的根号,令 $x = a\sin t\ \left(-\dfrac{\pi}{2} < t < \dfrac{\pi}{2}\right)$,则

$$\mathrm{d}x = a\cos t\mathrm{d}t, \quad \sqrt{a^2 - x^2} = \sqrt{a^2 - a^2\sin^2 t} = a\cos t,$$

于是

$$\int \sqrt{a^2 - x^2}\,\mathrm{d}x = \int a\cos t \cdot a\cos t\mathrm{d}t = a^2\int \cos^2 t\mathrm{d}t$$

$$= \frac{a^2}{2}\int (1 + \cos 2t)\mathrm{d}t = \frac{a^2}{2}t + \frac{a^2}{4}\sin 2t + C.$$

又因为当 $-\dfrac{\pi}{2} < t < \dfrac{\pi}{2}$ 时,函数 $x = a\sin t$ 存在单值反函数 $t = \arcsin\dfrac{x}{a}$. 另外,为将 $\sin 2t = 2\sin t\cos t$ 换回关于 x 的表达式,根据 $x = a\sin t$ 可作辅助直角三角形(见图 4.2.1),得

$$\cos t = \frac{\sqrt{a^2 - x^2}}{a},$$

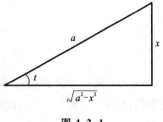

图 4. 2. 1

因此

$$\int \sqrt{a^2 - x^2}\,\mathrm{d}x = \frac{a^2}{2}\arcsin\frac{x}{a} + \frac{x}{2}\sqrt{a^2 - x^2} + C.$$

例 8　求不定积分 $\displaystyle\int \frac{1}{\sqrt{x^2+a^2}}\mathrm{d}x$ $(a>0)$.

解　令 $x=a\tan t\left(-\dfrac{\pi}{2}<t<\dfrac{\pi}{2}\right)$，则

$$\mathrm{d}x=a\sec^2 t\mathrm{d}t,\quad \sqrt{x^2+a^2}=a\sec t,$$

于是

$$\int \frac{1}{\sqrt{x^2+a^2}}\mathrm{d}x=\int\frac{a\sec^2 t}{a\sec t}\mathrm{d}t=\int\sec t\mathrm{d}t$$

$$=\ln|\sec t+\tan t|+C_1.$$

根据 $x=a\tan t\left(-\dfrac{\pi}{2}<t<\dfrac{\pi}{2}\right)$ 作辅助直角三角形（见

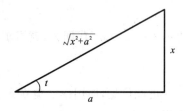

图 4. 2. 2

图 4.2.2），得 $\sec t=\dfrac{\sqrt{x^2+a^2}}{a}$，因此

$$\int\frac{1}{\sqrt{x^2+a^2}}\mathrm{d}x=\ln\left|\frac{x}{a}+\frac{\sqrt{x^2+a^2}}{a}\right|+C_1$$

$$=\ln\left|x+\sqrt{x^2+a^2}\right|+C\quad(C=C_1-\ln a).$$

例 9　求不定积分 $\displaystyle\int\frac{1}{\sqrt{x^2-a^2}}\mathrm{d}x$ $(a>0)$.

解　令 $x=a\sec t\left(0<t<\dfrac{\pi}{2}\right)$，则

$$\mathrm{d}x=a\sec t\tan t\mathrm{d}t,\quad\sqrt{x^2-a^2}=a\tan t,$$

于是

$$\int\frac{1}{\sqrt{x^2-a^2}}\mathrm{d}x=\int\frac{a\sec t\tan t}{a\tan t}\mathrm{d}t=\int\sec t\mathrm{d}t=\ln|\sec t+\tan t|+C_1.$$

根据 $x=a\sec t\left(0<t<\dfrac{\pi}{2}\right)$ 作辅助直角三角形（见

图 4.2.3），得

$$\tan t=\frac{\sqrt{x^2-a^2}}{a},$$

因此

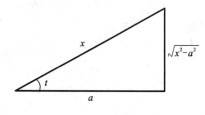

图 4. 2. 3

$$\int\frac{1}{\sqrt{x^2-a^2}}\mathrm{d}x=\ln\left|\frac{x}{a}+\frac{\sqrt{x^2-a^2}}{a}\right|+C_1$$

$$=\ln\left|x+\sqrt{x^2-a^2}\right|+C\quad(C=C_1-\ln a).$$

以上三例所用的代换称为**三角代换**，对于含有根式 $\sqrt{a^2-x^2}$、$\sqrt{x^2\pm a^2}$ 的被积函数，常用三角代换以去掉根式. 三角代换有时也可以用于某些被积函数不含根式的积分.

例 10　求不定积分 $\displaystyle\int\frac{\mathrm{d}x}{(x^2+a^2)^2}$ $(a>0)$.

解　令 $x=a\tan t\left(-\dfrac{\pi}{2}<t<\dfrac{\pi}{2}\right)$，则

$$\mathrm{d}x=a\sec^2 t\mathrm{d}t,\quad(x^2+a^2)^2=(a^2\tan^2 t+a^2)^2=a^4\sec^4 t,$$

于是

$$\int \frac{\mathrm{d}x}{(x^2+a^2)^2} = \int \frac{a\sec^2 t}{a^4 \sec^4 t}\mathrm{d}t = \frac{1}{a^3}\int \cos^2 t\mathrm{d}t = \frac{1}{2a^3}\left(t+\frac{1}{2}\sin 2t\right)+C.$$

由 $x=a\tan t\ \left(-\dfrac{\pi}{2}<t<\dfrac{\pi}{2}\right)$，得 $t=\arctan\dfrac{x}{a}$. 又根据辅助三角形（见图 4.2.2），得

$$\frac{1}{2}\sin 2t = \sin t\cos t = \frac{x}{\sqrt{x^2+a^2}}\cdot\frac{a}{\sqrt{x^2+a^2}} = \frac{ax}{x^2+a^2},$$

因此

$$\int \frac{\mathrm{d}x}{(x^2+a^2)^2} = \frac{1}{2a^3}\left(\arctan\frac{x}{a}+\frac{ax}{x^2+a^2}\right)+C.$$

例 11　求不定积分 $\displaystyle\int \frac{\mathrm{d}x}{x^2\sqrt{1+x^2}}\ (x>0)$.

解　令 $x=\dfrac{1}{t}$，则 $\mathrm{d}x=-\dfrac{1}{t^2}\mathrm{d}t$，于是

$$\int \frac{\mathrm{d}x}{x^2\sqrt{1+x^2}} = \int \frac{-t}{\sqrt{1+t^2}}\mathrm{d}t = -\frac{1}{2}\int \frac{\mathrm{d}(1+t^2)}{\sqrt{1+t^2}}$$

$$= -\sqrt{1+t^2}+C = -\sqrt{1+\frac{1}{x^2}}+C$$

$$= -\frac{\sqrt{1+x^2}}{x}+C.$$

上述代换 $x=\dfrac{1}{t}$ 称为**倒代换**.

由本节的例题，可增加以下几个常用基本积分公式：

(1) $\displaystyle\int \frac{\mathrm{d}x}{a^2+x^2} = \frac{1}{a}\arctan\frac{x}{a}+C$;　　(2) $\displaystyle\int \frac{\mathrm{d}x}{x^2-a^2} = \frac{1}{2a}\ln\left|\frac{x-a}{x+a}\right|+C$;

(3) $\displaystyle\int \frac{\mathrm{d}x}{\sqrt{a^2-x^2}} = \arcsin\frac{x}{a}+C$;　　(4) $\displaystyle\int \frac{\mathrm{d}x}{\sqrt{x^2\pm a^2}} = \ln\left|x+\sqrt{x^2\pm a^2}\right|+C$;

(5) $\displaystyle\int \tan x\mathrm{d}x = -\ln|\cos x|+C$;　　(6) $\displaystyle\int \cot x\mathrm{d}x = \ln|\sin x|+C$;

(7) $\displaystyle\int \sec x\mathrm{d}x = \ln|\sec x+\tan x|+C$;　　(8) $\displaystyle\int \csc x\mathrm{d}x = \ln|\csc x-\cot x|+C$.

4.2.3　不定积分的分部积分法

前面介绍的换元积分法虽然可以解决许多不定积分问题，但有些积分，如 $\displaystyle\int x\sin x\mathrm{d}x$ 和 $\displaystyle\int x^2\mathrm{e}^x\mathrm{d}x$ 用换元积分法也无能为力. 为此，我们利用两函数乘积的微分法则导出另一种基本积分方法 —— 分部积分法.

设 $u(x)$、$v(x)$ 是两个可微函数，由乘积的微分法则，有

$$\mathrm{d}(uv) = u\mathrm{d}v+v\mathrm{d}u,$$

即

$$u\mathrm{d}v = \mathrm{d}(uv)-v\mathrm{d}u.$$

两边求不定积分，得 $\displaystyle\int u\mathrm{d}v = \int \mathrm{d}(uv)-\int v\mathrm{d}u$，即

$$\int u \mathrm{d}v = uv - \int v \mathrm{d}u. \tag{4.2.3}$$

上式称为**分部积分公式**,利用上式求不定积分的方法称为**分部积分法**.分部积分法的作用在于:如果 $\int v\mathrm{d}u$ 较 $\int u\mathrm{d}v$ 易于积分,那么分部积分法可以化难为易,即把求 $\int u\mathrm{d}v$ 的积分转化为易求的积分 $\int v\mathrm{d}u$.

对于被积函数是 $x^k\ln bx$,$x^k\sin bx$,$x^k\cos bx$,$x^k\mathrm{e}^{bx}$,$x^k\arcsin bx$,$x^k\arctan bx$(k 为自然数)等类型的不定积分,都可以使用分部积分法.

例 12　求不定积分 $\int x\cos x\mathrm{d}x$.

解　这个积分用换元积分法不易求得结果.现在试用分部积分法来求解,但是如何把被积表达式转化为 $\int u\mathrm{d}v$ 的形式,即怎样选取 u 和 $\mathrm{d}v$ 呢?如果设 $u=x$,$\mathrm{d}v=\cos\mathrm{d}x$,那么 $\mathrm{d}u=\mathrm{d}x$,$v=\sin x$,代入分部积分公式(4.2.3),得

$$\int x\cos x\mathrm{d}x = \int x\mathrm{d}(\sin x) = x\sin x - \int \sin x\mathrm{d}x,$$

而 $\int v\mathrm{d}u = \int \sin x\mathrm{d}x$ 容易积出,所以

$$\int x\cos x\mathrm{d}x = x\sin x + \cos x + C.$$

注意　求这个积分时,如果设 $u=\cos x$,$\mathrm{d}v=x\mathrm{d}x$,则有 $\mathrm{d}u=-\sin x\mathrm{d}x$,$v=\dfrac{x^2}{2}$,代入公式可得 $\int x\cos x\mathrm{d}x = \dfrac{x^2}{2}\cos x + \int \dfrac{x^2}{2}\sin x\mathrm{d}x$,新的积分反而比原积分更难求.这说明:如果 u 和 $\mathrm{d}x$ 选取不当,就求不出结果,所以应用分部积分法的关键是恰当选取 u 和 $\mathrm{d}v$,一般考虑下面两点:

(1) v 要容易求得;

(2) $\int v\mathrm{d}u$ 要比 $\int u\mathrm{d}v$ 容易积出.

例 13　求不定积分 $\int x\mathrm{e}^x\mathrm{d}x$.

解　设 $u=x$,$\mathrm{d}v=\mathrm{e}^x\mathrm{d}x$,那么 $\mathrm{d}u=\mathrm{d}x$,$v=\mathrm{e}^x$.于是

$$\int x\mathrm{e}^x\mathrm{d}x = \int x\,\mathrm{d}(\mathrm{e}^x) = x\mathrm{e}^x - \int \mathrm{e}^x\mathrm{d}x = x\mathrm{e}^x - \mathrm{e}^x + C.$$

例 14　求不定积分 $\int x^2\mathrm{e}^x\mathrm{d}x$.

解　设 $u=x^2$,$\mathrm{d}v=\mathrm{e}^x\mathrm{d}x=\mathrm{d}(\mathrm{e}^x)$,那么

$$\int x^2\mathrm{e}^x\mathrm{d}x = \int x^2\mathrm{d}(\mathrm{e}^x) = x^2\mathrm{e}^x - \int \mathrm{e}^x\mathrm{d}(x^2) = x^2\mathrm{e}^x - 2\int x\mathrm{e}^x\mathrm{d}x.$$

这里 $\int x\mathrm{e}^x\mathrm{d}x$ 比 $\int x^2\mathrm{e}^x\mathrm{d}x$ 容易积出,因为前者的被积函数中 x 的幂次比后者降低了一次.由例 13 可知,对 $\int x\mathrm{e}^x\mathrm{d}x$ 再使用一次分部积分就可以了.于是

$$\int x^2\mathrm{e}^x\mathrm{d}x = x^2\mathrm{e}^x - 2\int x\mathrm{e}^x\mathrm{d}x = x^2\mathrm{e}^x - 2\int x\mathrm{d}(\mathrm{e}^x)$$

$$= x^2 e^x - 2\left[xe^x - \int e^x dx \right]$$

$$= x^2 e^x - 2(xe^x - e^x) + C$$

$$= e^x(x^2 - 2x + 2) + C.$$

小结   对于被积函数是两类基本初等函数乘积类型的不定积分,可以考虑使用分部积分法. 选择 u 和 dv 的一般法则是:按照"反三角函数、对数函数、幂函数、指数函数、三角函数"(简称"反对幂指三")的顺序,将顺序排在前的作为 u,顺序排在后的凑成 dv.

在分部积分法运用比较熟练后,可以不必写出如何选取 u 和 dv,直接套用公式即可.

例 15   求不定积分 $\int \ln x dx$.

解 $\displaystyle \int \ln x dx = x\ln x - \int x d(\ln x) = x\ln x - \int x \cdot \frac{1}{x} dx$

$$= x\ln x - \int dx = x\ln x - x + C.$$

例 16   求不定积分 $\int x\arctan x dx$.

解 $\displaystyle \int x\arctan x dx = \frac{1}{2} \int \arctan x d(x^2) = \frac{x^2}{2}\arctan x - \frac{1}{2} \int x^2 d(\arctan x)$

$$= \frac{x^2}{2}\arctan x - \frac{1}{2} \int \frac{x^2}{1+x^2} dx$$

$$= \frac{x^2}{2}\arctan x - \frac{1}{2} \int \left(1 - \frac{1}{1+x^2}\right) dx$$

$$= \frac{x^2}{2}\arctan x - \frac{1}{2}(x - \arctan x) + C$$

$$= \frac{1}{2}(x^2 + 1)\arctan x - \frac{1}{2}x + C.$$

例 17   求不定积分 $\int e^x \sin x dx$.

解 $\displaystyle \int e^x \sin x dx = -\int e^x d(\cos x) = -e^x \cos x + \int \cos x d(e^x)$

$$= -e^x \cos x + \int e^x \cos x dx,$$

对 $\int e^x \cos x dx$ 再用一次分部积分法,得

$$\int e^x \cos x dx = \int e^x d(\sin x) = e^x \sin x - \int \sin x d(e^x) = e^x \sin x - \int e^x \sin x dx,$$

于是

$$\int e^x \sin x dx = -e^x \cos x + e^x \sin x - \int e^x \sin x dx.$$

在等式右边又出现了一个与左边相同的不定积分,将它移至左边,等式两边再同除以 2,便得

$$\int e^x \sin x dx = \frac{1}{2} e^x (\sin x - \cos x) + C.$$

因上式右边已不包含积分项,所以必须加上任意常数 C.

在积分过程中有时要兼用换元法和分部积分法,如下例.

例 18 求不定积分 $\int e^{\sqrt{x}} dx$.

解 令 $\sqrt{x} = t$,则 $x = t^2$,$dx = 2t dt$,于是

$$\int e^{\sqrt{x}} dx = 2\int t e^t dt = 2\int t \, d(e^t) = 2\left(te^t - \int e^t dt\right)$$

$$= 2e^t(t-1) + C = 2e^{\sqrt{x}}(\sqrt{x} - 1) + C.$$

本节课件

4.3 定积分的概念

从本节开始,讨论积分学的另一个基本问题 —— 定积分. 我们首先从几何和物理中的问题出发引出定积分的概念,然后通过分析定积分与被积函数的原函数之间的关系,建立牛顿 - 莱布尼茨公式,解决定积分的计算问题,最后利用微元法探讨定积分在几何和物理方面的简单应用.

4.3.1 引例

定积分的雏形可以追溯到古希腊人阿基米德的穷竭法,源于计算由曲线所围成的图形的面积. 17 世纪下半叶,牛顿和莱布尼茨各自独立创立了微积分. 下面从两个实例引出定积分的概念.

引例 1 曲边梯形的面积.

设 $y = f(x)$ 在区间 $[a,b]$ 上非负、连续. 由直线 $x = a$、$x = b$、x 轴及曲线 $y = f(x)$ 所围成的图形(见图 4.3.1)称为**曲边梯形**,其中曲线弧称为**曲边**. 下面求曲边梯形的面积 A.

如果 $f(x) \equiv c$,此时图形为矩形,则图形的面积为

$$A = (b-a)c.$$

现在讨论的问题中,曲边梯形在底边上各点处对应的高 $f(x)$ 在区间 $[a,b]$ 上是变动的,故它的面积不能直接按矩形面积公式来计算. 然而,由于曲边梯形的高 $f(x)$ 在区间 $[a,b]$ 上是连续变化的,在很小一段区间上它的变化很小,近似于不变. 因此,如果把 $[a,b]$

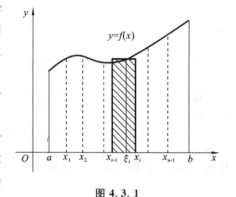

图 4.3.1

划分为许多小区间,在每个小区间上用其中某一点处的高来近似代替同一个小区间上的窄曲边梯形的变高. 那么,每个窄曲边梯形就可以近似看成一个窄矩形,以所有这些窄矩形面积之和作为曲边梯形面积的近似值. 易见,分割越细,误差越小,把 $[a,b]$ 无限细分下去,即每个小区间的长度都趋于零,误差就无限趋于零. 这时所有窄矩形面积之和的极限就是曲边梯形的面积.

具体可分为以下四步:

（1）分割：在区间$[a,b]$中任意插入$n-1$个分点

$$a = x_0 < x_1 < x_2 < \cdots < x_{n-1} < x_n = b,$$

把底边分成n个小区间，每个小区间的长度记为

$$\Delta x_i = x_i - x_{i-1} (i = 1, 2, \cdots, n),$$

过各分点作x轴的垂线，把曲边梯形分成n个窄曲边梯形（见图 4.3.1）.

（2）近似：在第i个小区间$[x_{i-1}, x_i]$上任取一点ξ_i，用以Δx_i为底，$f(\xi_i)$为高的窄矩形面积近似代替第i个窄曲边梯形的面积ΔA_i，即

$$\Delta A_i \approx f(\xi_i)\Delta x_i (i = 1, 2, \cdots, n).$$

这一步是"**以直代曲**"的数学思想的集中体现，也是解决本题的关键所在.

（3）求和：把n个窄矩形面积相加，就得到整个曲边梯形面积A的近似值，即

$$A \approx \sum_{i=1}^{n} f(\xi_i)\Delta x_i.$$

（4）取极限：记$\lambda = \max_{1 \leqslant i \leqslant n}\{\Delta x_i\}$，当$\lambda \to 0$时，每个小区间的长度都趋于 0. 此时，和式$\sum_{i=1}^{n} f(\xi_i)\Delta x_i$的极限就是曲边梯形面积$A$，即

$$A = \lim_{\lambda \to 0}\sum_{i=1}^{n} f(\xi_i)\Delta x_i.$$

这种解决方法体现了"化整为零、求近似，积零为整、取极限"的思想.

引例 2　变速直线运动的路程.

设某物体做变速直线运动，已知速度$v = (t)$是连续函数，$t \in [T_1, T_2]$，且$v(t) \geqslant 0$，求这段时间内所走过的路程s.

我们知道，对于匀速直线运动，即$v(t) \equiv v$，则路程

$$s = v(T_2 - T_1).$$

现在讨论的问题中，速度不是常量而是随时间变化的量，因此，所求路程s不能直接按匀速直线运动的路程公式来计算. 然而，物体运动的速度函数$v = v(t)$是连续变化的，在很短一段时间内，速度的变化很小，近似于匀速. 因此，如果把时间进行分割，在小段时间内，以匀速运动代替变速运动，那么就可算出部分路程的近似值；再求和，得到整个路程的近似值；最后，通过对时间间隔无限细分，便得所有部分路程的近似值之和的极限就是所求变速直线运动的路程的精确值.

具体计算步骤如下：

（1）分割：在$[T_1, T_2]$中任意插入$n-1$个分点，$T_1 = t_0 < t_1 < \cdots < t_{n-1} < t_n = T_2$，把$[T_1, T_2]$分成$n$个小时间段，每个小时间段的长度记为

$$\Delta t_i = t_i - t_{i-1} (i = 1, 2, \cdots, n).$$

（2）近似：在第i个小时间段$[t_{i-1}, t_i]$上任取时刻ξ_i，以速度$v(\xi_i)$近似代替该小时间段上各时刻的速度，得到部分路程Δs_i的近似值，即

$$\Delta s_i \approx v(\xi_i)\Delta t_i (i = 1, 2, \cdots, n).$$

这一步是"**以均匀代替非均匀**"的数学思想的集中体现，是解决本题的关键所在.

（3）求和：把n个小时间段上路程的近似值相加，就得到总路程s的近似值，即

$$s \approx \sum_{i=1}^{n} v(\xi_i) \Delta t_i.$$

(4) 取极限:记 $\lambda = \max_{1 \leqslant i \leqslant n} \{\Delta t_i\}$,当 $\lambda \to 0$ 时,和式的极限就是变速直线运动的路程 s,即

$$s = \lim_{\lambda \to 0} \sum_{i=1}^{n} v(\xi_i) \Delta t_i.$$

从上面两个例子可以看到:所要计算的量,即曲边梯形的面积 A 及变速直线运动的路程 s 的实际意义虽然不同,前者是几何量,后者是物理量,但是解决这两个问题的方法与步骤是相同的,并且它们都归结为具有相同结构的一种特定和式的极限.抛开这些问题的具体意义,抓住它们在数量关系上共同的本质加以概括,就可以抽象出定积分的定义.

4.3.2 定积分的定义

定义 4.3.1 设函数 $f(x)$ 在区间 $[a,b]$ 上有界,在 $[a,b]$ 中任意插入 $n-1$ 个分点
$$a = x_0 < x_1 < \cdots < x_{n-1} < x_n = b,$$
把区间 $[a,b]$ 分成 n 个小区间
$$[x_0, x_1], [x_1, x_2], \cdots, [x_{n-1}, x_n],$$
各个小区间的长度依次为
$$\Delta x_1 = x_1 - x_0, \ \Delta x_2 = x_2 - x_1, \ \cdots, \ \Delta x_n = x_n - x_{n-1}.$$
在每个小区间 $[x_{i-1}, x_i]$ 上任取一点 $\xi_i (x_{i-1} \leqslant \xi_i \leqslant x_i)$,作函数值 $f(\xi_i)$ 与小区间长度 Δx_i 的乘积 $f(\xi_i) \Delta x_i (i = 1, 2, \cdots, n)$,并求和

$$\sum_{i=1}^{n} f(\xi_i) \Delta x_i. \tag{4.3.1}$$

记 $\lambda = \max\{\Delta x_1, \Delta x_2, \cdots, \Delta x_n\}$,如果无论对 $[a,b]$ 怎样划分,也无论在小区间 $[x_{i-1}, x_i]$ 上点 ξ_i 怎样选取,极限 $\lim\limits_{\lambda \to 0} \sum\limits_{i=1}^{n} f(\xi_i) \Delta x_i$ 总存在,那么称这个极限值为函数 $f(x)$ 在区间 $[a,b]$ 上的**定积分**,记作 $\int_a^b f(x) \mathrm{d}x$,即

$$\int_a^b f(x) \mathrm{d}x = \lim_{\lambda \to 0} \sum_{i=1}^{n} f(\xi_i) \Delta x_i,$$

其中 $f(x)$ 叫做被积函数,$f(x)\mathrm{d}x$ 叫做被积表达式,x 叫做积分变量,$\int$ 称为积分号,a 叫做积分下限,b 叫做积分上限,$[a,b]$ 叫做积分区间.如果 $f(x)$ 在 $[a,b]$ 上的定积分存在,那么就说 $f(x)$ 在 $[a,b]$ 上可积.

由定积分的定义,前面两个引例可分别表示如下:

由曲线 $y = f(x)(f(x) \geqslant 0)$、直线 $x = a$ 与 $x = b$ 及 x 轴所围成的曲边梯形的面积 A 等于函数 $f(x)$ 在区间 $[a,b]$ 上的定积分,即

$$A = \int_a^b f(x) \mathrm{d}x.$$

以速度 $v(t)$ 做变速直线运动的物体,从时刻 $t = T_1$ 到时刻 $t = T_2$,该物体经过的路程 s 为函数 $v(t)$ 在区间 $[T_1, T_2]$ 上的定积分,即

$$s = \int_{T_1}^{T_2} v(t) \mathrm{d}t.$$

注意　（1）定积分 $\int_a^b f(x)\mathrm{d}x$ 本质上是一个极限值,仅与被积函数 $f(x)$ 及积分区间 $[a,b]$ 有关.如果既不改变被积函数 $f(x)$,也不改变积分区间 $[a,b]$,而只把积分变量 x 改写成其他字母,例如 t 或 u,那么定积分的值不变,即

$$\int_a^b f(x)\mathrm{d}x = \int_a^b f(t)\mathrm{d}t = \int_a^b f(u)\mathrm{d}u,$$

这就是说,定积分的值只与被积函数及积分区间有关,而与积分变量用什么字母表示无关.

（2）定积分是和式的极限,不论区间 $[a,b]$ 如何分法,点 ξ_i 如何取法,当 $\lambda \to 0$ 时,和式都趋于同一个常数.若对区间 $[a,b]$ 不同的分法,点 ξ_i 不同的取法而导致趋于不同的常数,则函数 $f(x)$ 在 $[a,b]$ 上的定积分不存在,也称 $f(x)$ 在 $[a,b]$ 上不可积.

对于定积分,有这样一个重要问题:函数 $f(x)$ 在 $[a,b]$ 上满足怎样的条件才可积呢?这个问题我们不作深入讨论,而只给出以下结论:

定理 4.3.1(必要条件)　如果函数 $f(x)$ 在区间 $[a,b]$ 上可积,则 $f(x)$ 在区间 $[a,b]$ 上有界.

定理 4.3.2(充分条件)　设函数 $f(x)$ 在区间 $[a,b]$ 上连续,则 $f(x)$ 在 $[a,b]$ 上可积.

定理 4.3.3(充分条件)　设函数 $f(x)$ 在区间 $[a,b]$ 上有界,且 $f(x)$ 在区间 $[a,b]$ 上单调或只有有限个第一类间断点,则 $f(x)$ 在 $[a,b]$ 上可积.

结论:初等函数在其定义区间上都是可积的.

4.3.3　定积分的几何意义

由计算曲边梯形的面积可看到:在 $[a,b]$ 上 $f(x) \geqslant 0$ 时,定积分 $\int_a^b f(x)\mathrm{d}x$ 在几何上表示由曲线 $y = f(x)$,两条直线 $x = a$、$x = b$ 与 x 轴所围成的曲边梯形的面积,即

$$\int_a^b f(x)\mathrm{d}x = A \quad (见图 4.3.2(a)).$$

在 $[a,b]$ 上 $f(x) \leqslant 0$ 时,由曲线 $y = f(x)$,两条直线 $x = a$、$x = b$ 与 x 轴所围成的曲边梯形位于 x 轴的下方,$\int_a^b f(x)\mathrm{d}x$ 表示曲边梯形面积的负值,即

$$\int_a^b f(x)\mathrm{d}x = -A \quad (见图 4.3.2(b)).$$

在 $[a,b]$ 上 $f(x)$ 既取得正值又取得负值时,函数 $f(x)$ 的图形某些部分在 x 轴的上方,而其他部分在 x 轴的下方,此时定积分 $\int_a^b f(x)\mathrm{d}x$ 表示 x 轴上方的图形面积减去 x 轴下方的图形

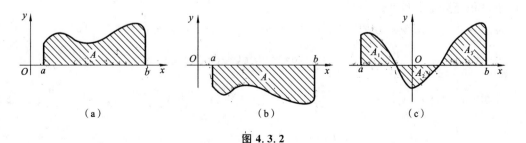

（a）　　　　　（b）　　　　　（c）

图 4.3.2

面积所得之差,即

$$\int_a^b f(x)\mathrm{d}x = A_1 - A_2 + A_3 \quad (\text{见图 } 4.3.2(c)).$$

例 1　利用定积分的几何意义,求下列定积分的值:

(1) $\int_0^1 x\mathrm{d}x$; 　　　　(2) $\int_{-a}^a \sqrt{a^2-x^2}\mathrm{d}x \ (a>0)$.

解　(1) 因为定积分 $\int_0^1 x\mathrm{d}x$ 是由 x 轴、直线 $x=1$ 及 $y=x$ 所围成的 $\triangle OAB$ 的面积,如图 4.3.3(a) 所示,所以

$$\int_0^1 x\mathrm{d}x = \frac{1}{2} \times 1 \times 1 = \frac{1}{2}.$$

(2) 因为定积分 $\int_{-a}^a \sqrt{a^2-x^2}\mathrm{d}x$ 表示曲线 $y=\sqrt{a^2-x^2}$,直线 $x=a$、$x=-a$ 及 x 轴所围成图形的面积,也就是圆心在原点、半径为 a 的圆在 x 轴上方的半圆面积(见图 4.3.3(b)),所以

$$\int_{-a}^a \sqrt{a^2-x^2}\mathrm{d}x = \frac{\pi a^2}{2}.$$

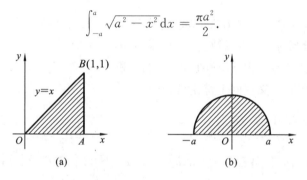

(a)　　　　　　　　(b)

图 4.3.3

4.3.4　定积分的性质

为了以后计算及应用方便起见,对定积分作以下两点补充规定:

(1) 当 $a=b$ 时,$\int_a^b f(x)\mathrm{d}x = 0$;

(2) 当 $a>b$ 时,$\int_a^b f(x)\mathrm{d}x = -\int_b^a f(x)\mathrm{d}x$.

下面讨论定积分的性质,它们对定积分的计算和应用是非常重要的.假定下列各性质中所列出的定积分都是存在的,如不特别指明,积分上下限的大小均不加限制;做几何说明时,又假设所给被积函数是非负的.

性质 4.3.1　两个函数的和(差)的定积分等于它们的定积分的和(差),即

$$\int_a^b [f(x) \pm g(x)]\mathrm{d}x = \int_a^b f(x)\mathrm{d}x \pm \int_a^b g(x)\mathrm{d}x.$$

证明　$\displaystyle\int_a^b [f(x) \pm g(x)] = \lim_{\lambda \to 0} \sum_{i=1}^n [f(\xi_i) \pm g(\xi_i)]\Delta x_i = \lim_{\lambda \to 0} \sum_{i=1}^n f(\xi_i)\Delta x_i \pm \lim_{\lambda \to 0} \sum_{i=1}^n g(\xi_i)\Delta x_i$

$$= \int_a^b f(x)\mathrm{d}x \pm \int_a^b g(x)\mathrm{d}x.$$

此性质对于有限个函数代数和的情形也是成立的.

性质 4.3.2　被积函数中的常数因子可以提到积分号外,即

$$\int_a^b kf(x)\mathrm{d}x = k\int_a^b f(x)\mathrm{d}x \ (k \text{ 是常数}).$$

性质 4.3.3　设在区间 $[a,b]$ 上 $f(x) = 1$,则

$$\int_a^b 1\mathrm{d}x = \int_a^b \mathrm{d}x = b-a.$$

该性质表示对常数 1 的定积分等于区间长度 $b-a$,对应的几何意义是底边长为 $b-a$、高为 1 的矩形的面积.

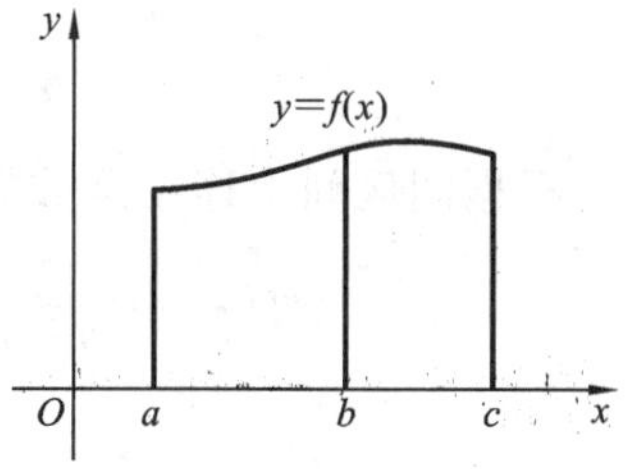

性质 4.3.4(积分区间的可加性)　设 $a < c < b$,则

$$\int_a^b f(x)\mathrm{d}x = \int_a^c f(x)\mathrm{d}x + \int_c^b f(x)\mathrm{d}x.$$

注意　不论 a,b,c 的相对位置如何,上述性质仍成立. 例如,当 $a < b < c$ 时,如图 4.3.4 所示,由于

$$\int_a^c f(x)\mathrm{d}x = \int_a^b f(x)\mathrm{d}x + \int_b^c f(x)\mathrm{d}x,$$

于是有

$$\int_a^b f(x)\mathrm{d}x = \int_a^c f(x)\mathrm{d}x - \int_b^c f(x)\mathrm{d}x = \int_a^c f(x)\mathrm{d}x + \int_c^b f(x)\mathrm{d}x.$$

图 4.3.4

性质 4.3.5(保号性)　在区间 $[a,b]$ 上,若 $f(x) \geqslant 0$,则

$$\int_a^b f(x)\mathrm{d}x \geqslant 0 \ (a < b).$$

推论 4.3.1　在区间 $[a,b]$ 上,若 $f(x) \leqslant g(x)$(见图 4.3.5),则

$$\int_a^b f(x)\mathrm{d}x \leqslant \int_a^b g(x)\mathrm{d}x \ (a < b).$$

推论 4.3.2　$\left| \int_a^b f(x)\mathrm{d}x \right| \leqslant \int_a^b |f(x)|\mathrm{d}x \ (a < b).$

性质 4.3.6(估值定理)　设 M 与 m 分别是 $f(x)$ 在区间 $[a,b]$ 上的最大值与最小值,则

$$m(b-a) \leqslant \int_a^b f(x)\mathrm{d}x \leqslant M(b-a) \ (a < b).$$

这个性质说明,由被积函数在积分区间上的最大值和最小值,可以估计积分的大致范围,几何解释如图 4.3.6 所示.

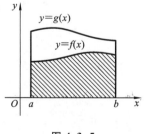

图 4.3.5

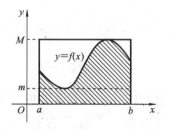

图 4.3.6

性质 4.3.7(定积分中值定理)　如果 $f(x)$ 在区间 $[a,b]$ 上连续,则在区间 $[a,b]$ 上至少存在一点 ξ,使得

$$\int_a^b f(x)\mathrm{d}x = f(\xi)(b-a) \quad (a \leqslant \xi \leqslant b).$$

这个公式叫做**积分中值公式**.

证明 因为函数 $f(x)$ 在区间 $[a,b]$ 上连续,所以 $f(x)$ 在区间 $[a,b]$ 上有最大值 M 和最小值 m,由性质 4.3.6 得

$$m \leqslant \frac{1}{b-a}\int_a^b f(x)\mathrm{d}x \leqslant M.$$

根据闭区间上连续函数的介质定理知:在 $[a,b]$ 上至少存在一点 ξ,使得

$$f(\xi) = \frac{1}{b-a}\int_a^b f(x)\mathrm{d}x,$$

所以

$$\int_a^b f(x)\mathrm{d}x = f(\xi)(b-a) \quad (a \leqslant \xi \leqslant b).$$

积分中值定理的几何解释:设函数 $f(x)$ 在区间 $[a,b]$ 上连续,则在 $[a,b]$ 上至少存在一点 ξ,使得曲边梯形的面积等于同一底边、高为 $f(\xi)$ 的矩形面积,如图 4.3.7 所示. $f(\xi)$ 表示连续曲线 $f(x)$ 在 $[a,b]$ 上的平均值,这是有限个数的算术平均值概念的推广.

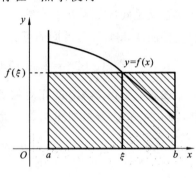

图 4.3.7

例 2 比较下列各对积分值的大小:

(1) $\displaystyle\int_0^1 \sqrt{x}\,\mathrm{d}x$ 和 $\displaystyle\int_0^1 x^2\mathrm{d}x$; (2) $\displaystyle\int_e^{2e} \ln x\,\mathrm{d}x$ 和 $\displaystyle\int_e^{2e} \ln^2 x\,\mathrm{d}x$.

解 (1) 当 $x \in [0,1]$ 时,$\sqrt{x} \geqslant x^2$. 由推论 4.3.1 知

$$\int_0^1 \sqrt{x}\,\mathrm{d}x \geqslant \int_0^1 x^2\mathrm{d}x.$$

(2) 当 $x \in [e,2e]$ 时,$\ln x \geqslant 1$,所以 $\ln x \leqslant \ln^2 x$. 由推论 4.3.1 知

$$\int_e^{2e} \ln x\,\mathrm{d}x \leqslant \int_e^{2e} \ln^2 x\,\mathrm{d}x.$$

例 3 估计定积分 $\displaystyle\int_0^2 e^{x^2-x}\mathrm{d}x$ 的值.

解 先求被积函数 $f(x) = e^{x^2-x}$ 在 $[0,2]$ 上的最值. 令

$$f'(x) = (2x-1)e^{x^2-x} = 0,$$

得驻点 $x = \dfrac{1}{2}$. 比较在驻点和区间端点处的函数值:

$$f\left(\frac{1}{2}\right) = e^{-\frac{1}{4}}, \quad f(0) = 1, \quad f(2) = e^2,$$

得 $f(x)$ 在区间 $[0,2]$ 上的最大值和最小值分别为

$$M = f(2) = e^2, \quad m = f\left(\frac{1}{2}\right) = e^{-\frac{1}{4}}.$$

由性质 4.3.6 知

$$2e^{-\frac{1}{4}} \leqslant \int_0^2 e^{x^2-x}\mathrm{d}x \leqslant 2e^2.$$

4.4 牛顿 - 莱布尼茨公式

按照定积分的定义,用求和式极限的方法来计算定积分是相当困难的,因此如何方便、简单地计算定积分是一个很重要的问题.本节通过分析速度与路程之间的关系,探讨定积分与原函数的关系,建立牛顿 - 莱布尼茨公式,从而导出计算定积分的一种简便有效方法.

引例 设飞机起飞时的滑行过程是变速直线运动,速度为 $v(t)$ 且 $v(t) \geqslant 0$,位置函数为 $s(t)$,试求飞机在时间间隔 $[T_1, T_2]$ 内经过的路程.

飞机在时间间隔 $[T_1, T_2]$ 内经过的路程可表示为速度函数 $v(t)$ 在 $[T_1, T_2]$ 上的定积分

$$\int_{T_1}^{T_2} v(t)\mathrm{d}t.$$

另一方面,这段路程又可以通过位置函数 $s(t)$ 在时间间隔 $[T_1, T_2]$ 上的增量

$$s(T_2) - s(T_1)$$

来表示.由此可见,位置函数 $s(t)$ 与速度函数 $v(t)$ 之间有如下关系:

$$\int_{T_1}^{T_2} v(t)\mathrm{d}t = s(T_2) - s(T_1). \tag{4.4.1}$$

因为 $s'(t) = v(t)$,即位置函数 $s(t)$ 是速度函数 $v(t)$ 的原函数,所以关系式(4.4.1)表明,速度函数 $v(t)$ 在区间 $[T_1, T_2]$ 上的定积分等于 $v(t)$ 的原函数 $s(t)$ 在区间 $[T_1, T_2]$ 上的增量 $s(T_2) - s(T_1)$.

上述从变速直线运动的路程这个特殊问题中得出来的关系,在一定条件下具有普遍性.事实上,如果函数 $f(x)$ 在区间 $[a,b]$ 上连续,那么 $f(x)$ 在区间 $[a,b]$ 上的定积分就等于 $f(x)$ 的原函数(设为 $F(x)$)在区间 $[a,b]$ 上的增量 $F(b) - F(a)$.

下面来讨论函数 $f(x)$ 的原函数的存在性问题.

4.4.1 积分上限的函数

设函数 $f(x)$ 在区间 $[a,b]$ 上连续,并且设 x 为 $[a,b]$ 上的一点.下面来考察 $f(x)$ 在部分区间 $[a,x]$ 上的定积分

$$\int_a^x f(x)\mathrm{d}x.$$

首先,由于 $f(x)$ 在 $[a,x]$ 上连续,因此这个定积分存在.这里,x 既表示定积分的上限,又表示积分变量.因为定积分与积分变量的记法无关,所以为了明确起见,可以把积分变量改用其他符号,例如用 t 表示,则上面的定积分可以写成

$$\int_a^x f(t)\mathrm{d}t.$$

当上限 x 在 $[a,b]$ 上变动时,对于每一个 x 值,定积分 $\int_a^x f(t)\mathrm{d}t$ 都有唯一的值与之对应.因此,它在区间 $[a,b]$ 上定义了一个函数,记作 $\Phi(x)$,即

$$\Phi(x) = \int_a^x f(t)\mathrm{d}t \ (a \leqslant x \leqslant b),$$

通常称为积分上限的函数.

定理 4.4.1　如果函数 $f(x)$ 在区间 $[a,b]$ 上连续,则积分上限的函数

$$\Phi(x) = \int_a^x f(t)\mathrm{d}t$$

在 $[a,b]$ 上可导,且

$$\Phi'(x) = \frac{\mathrm{d}}{\mathrm{d}x}\int_a^x f(t)\mathrm{d}t = f(x) \ (a \leqslant x \leqslant b),$$

证明　若 $x \in (a,b)$,设 x 获得增量 Δx,其绝对值足够地小,使得 $x + \Delta x \in (a,b)$,则 $\Phi(x)$(见图 4.4.1,图中 $\Delta x > 0$)在 $x + \Delta x$ 处的函数值为

$$\Phi(x + \Delta x) = \int_a^{x+\Delta x} f(t)\mathrm{d}t.$$

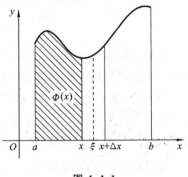

图 4.4.1

由此得函数的增量

$$\Delta\Phi = \Phi(x + \Delta x) - \Phi(x) = \int_a^{x+\Delta x} f(t)\mathrm{d}t - \int_a^x f(t)\mathrm{d}t$$

$$= \int_a^x f(t)\mathrm{d}t + \int_x^{x+\Delta x} f(t)\mathrm{d}t - \int_a^x f(t)\mathrm{d}t$$

$$= \int_x^{x+\Delta x} f(t)\mathrm{d}t.$$

由积分中值定理知,在 x 与 $x + \Delta x$ 之间存在 ξ,使得

$$\Delta\Phi(x) = f(\xi)\Delta x.$$

把上式两端各除以 Δx,得函数增量与自变量增量的比值

$$\frac{\Delta\Phi(x)}{\Delta x} = \frac{f(\xi)\Delta x}{\Delta x} = f(\xi).$$

由于 $f(x)$ 在 $[a,b]$ 上连续,而 $\Delta x \to 0$ 时,$\xi \to x$,因此

$$\Phi'(x) = \lim_{\Delta x \to 0} f(\xi) = f(x).$$

若 $x = a$,取 $\Delta x > 0$,则同理可证 $\Phi'_+(a) = f(a)$;

若 $x = b$,取 $\Delta x < 0$,则同理可证 $\Phi'_-(b) = f(b)$.

由此定理得出一个重要结论:对连续函数 $f(x)$ 的变上限 x 的定积分求导,其结果还原为 $f(x)$ 本身.联想到原函数的定义,就可以从定理 4.4.1 推知 $\Phi(x)$ 是连续函数 $f(x)$ 的一个原函数.因此,我们引出如下的原函数的存在定理.

定理 4.4.2　如果 $f(x)$ 在区间 $[a,b]$ 上连续,那么函数

$$\Phi(x) = \int_a^x f(t)\mathrm{d}t$$

就是 $f(x)$ 在 $[a,b]$ 上的一个原函数.

这个定理不仅肯定了连续函数一定存在原函数,而且初步地揭示了积分学中的定积分与原函数之间的联系.

例 1　求 $\Phi(x) = \int_0^x \sin t^2 \mathrm{d}t$ 在 $x = \sqrt{\dfrac{\pi}{6}}$ 处的导数.

解　根据定理 4.4.1 知 $\Phi'(x) = \sin x^2$,所以

$$\Phi'\left(\sqrt{\frac{\pi}{6}}\right) = \sin\frac{\pi}{6} = \frac{1}{2}.$$

例 2　设 $\Phi(x) = \int_x^5 2t\cos t\,dt$,求 $\Phi(x)$ 的导数.

解　因为 $\Phi(x) = -\int_5^x 2t\cos t\,dt$,所以

$$\Phi'(x) = \left(-\int_5^x 2t\cos t\,dt\right)' = -2x\cos x.$$

这里 $\Phi(x) = \int_x^a f(t)\,dt$ 称为**积分下限的函数**. 有关积分下限的函数都可转化为积分上限的函数来研究,其导数为

$$\frac{d}{dx}\int_x^a f(t)\,dt = -f(x).$$

根据变限积分函数的导数公式,利用复合函数的求导法则,可进一步得到以下变限积分函数的导数公式:

$$\frac{d}{dx}\int_a^{b(x)} f(t)\,dt = f[b(x)] \cdot b'(x),$$

$$\frac{d}{dx}\int_{a(x)}^b f(t)\,dt = -f[a(x)] \cdot a'(x),$$

$$\frac{d}{dx}\int_{a(x)}^{b(x)} f(t)\,dt = f[b(x)] \cdot b'(x) - f[a(x)] \cdot a'(x),$$

这里,$a(x)$ 和 $b(x)$ 是可导函数.

例 3　求下列极限:

(1) $\lim\limits_{x\to 0} \dfrac{\int_0^x \ln(1+t)\,dt}{x^2}$;　　(2) $\lim\limits_{x\to 0} \dfrac{\int_{\cos x}^1 e^{-t^2}\,dt}{x^2}$;　　(3) $\lim\limits_{x\to 0^+} \dfrac{\int_0^{x^2} t^{\frac{3}{2}}\,dt}{\int_0^x t(t-\sin t)\,dt}$.

解　(1) 这是一个"$\dfrac{0}{0}$"型未定式,利用洛必达法则,有

$$\lim_{x\to 0} \frac{\int_0^x \ln(1+t)\,dt}{x^2} = \lim_{x\to 0} \frac{\ln(1+x)}{2x} = \lim_{x\to 0} \frac{x}{2x} = \frac{1}{2}.$$

(2) 这是一个"$\dfrac{0}{0}$"型未定式,利用洛必达法则,有

$$\lim_{x\to 0} \frac{\int_{\cos x}^1 e^{-t^2}\,dt}{x^2} = \lim_{x\to 0} \frac{-e^{-\cos^2 x} \cdot (-\sin x)}{2x} = \frac{1}{2}\lim_{x\to 0} \frac{\sin x}{x} \cdot e^{-\cos^2 x} = \frac{1}{2e}.$$

(3) 这是一个"$\dfrac{0}{0}$"型未定式,利用洛必达法则,有

$$\lim_{x\to 0^+} \frac{\int_0^{x^2} t^{\frac{3}{2}}\,dt}{\int_0^x t(t-\sin t)\,dt} = \lim_{x\to 0^+} \frac{x^3 \cdot 2x}{x(x-\sin x)} = \lim_{x\to 0^+} \frac{2x^3}{x-\sin x}$$

$$= \lim_{x\to 0^+} \frac{6x^2}{1-\cos x} = \lim_{x\to 0^+} \frac{6x^2}{x^2/2} = 12.$$

4.4.2   牛顿 - 莱布尼茨公式

前面分析了变速直线运动中的速度函数 $v(t)$ 在时间间隔 $[T_1,T_2]$ 上的定积分等于 $v(t)$ 的原函数 $s(t)$ 在 $[T_1,T_2]$ 上的增量,该结论在一定条件下具有普遍性.

定理 4.4.3(牛顿 - 莱布尼茨公式)   如果函数 $F(x)$ 是连续函数 $f(x)$ 在区间 $[a,b]$ 上的一个原函数,那么

$$\int_a^b f(x)\mathrm{d}x = F(b) - F(a) = \left[F(x) \right]_a^b.$$

证明   已知函数 $F(x)$ 是连续函数 $f(x)$ 的一个原函数,由定理 4.4.2 可知,积分上限的函数 $\Phi(x) = \int_a^x f(t)\mathrm{d}t$ 也是 $f(x)$ 的一个原函数. 于是这两个原函数之间相差一个常数,记作

$$\int_a^x f(t)\mathrm{d}t = F(x) + C.$$

在上式中,令 $x = a$,得 $\int_a^a f(t)\mathrm{d}t = F(a) + C = 0$,即 $C = -F(a)$,于是

$$\int_a^x f(t)\mathrm{d}t = F(x) - F(a).$$

在上式中,令 $x = b$ 得

$$\int_a^b f(t)\mathrm{d}t = F(b) - F(a).$$

因为定积分与积分变量的记号无关,即得所要证明的公式:

$$\int_a^b f(x)\mathrm{d}x = F(b) - F(a) = \left[F(x) \right]_a^b.$$

这便是著名的牛顿 - 莱布尼茨公式.它进一步揭示了定积分与被积函数的原函数或不定积分之间的联系. 它表明:连续函数在区间 $[a,b]$ 上的定积分等于它的任一个原函数在区间 $[a,b]$ 上的增量.这就为定积分提供了一个有效而简便的计算方法.

下面举几个应用该公式来计算定积分的简单例子.

例 4   计算下列定积分:

(1) $\int_0^1 x^2 \mathrm{d}x$;   (2) $\int_0^{\frac{\pi}{3}} \sin x \mathrm{d}x$;   (3) $\int_{-2}^{-1} \frac{1}{x}\mathrm{d}x$.

解   (1) 由于 $\frac{x^3}{3}$ 是 x^2 的一个原函数,利用牛顿 - 莱布尼茨公式,有

$$\int_0^1 x^2 \mathrm{d}x = \left[\frac{x^3}{3} \right]_0^1 = \frac{1^3}{3} - \frac{0^3}{3} = \frac{1}{3}.$$

(2) 由于 $-\cos x$ 是 $\sin x$ 的一个原函数,利用牛顿 - 莱布尼茨公式,有

$$\int_0^{\frac{\pi}{3}} \sin x \mathrm{d}x = \left[-\cos x \right]_0^{\frac{\pi}{3}} = -\cos\frac{\pi}{3} - (-\cos 0) = \frac{1}{2}.$$

(3) 由于 $\ln|x|$ 是 $\frac{1}{x}$ 的在区间 $[-2,-1]$ 上的一个原函数,利用牛顿 - 莱布尼茨公式,有

$$\int_{-2}^{-1} \frac{1}{x}\mathrm{d}x = \left[\ln|x| \right]_{-2}^{-1} = \ln|-1| - \ln|-2| = -\ln 2.$$

例 5   计算定积分 $\int_0^1 \frac{3x^4 + 3x^2 - 1}{1 + x^2}\mathrm{d}x$.

解　利用定积分的线性性质可得

$$\int_0^1 \frac{3x^4 + 3x^2 - 1}{1 + x^2}\mathrm{d}x = \int_0^1 \left(3x^2 - \frac{1}{1+x^2}\right)\mathrm{d}x = \int_0^1 3x^2\mathrm{d}x - \int_0^1 \frac{1}{1+x^2}\mathrm{d}x$$

$$= \left[x^3\right]_0^1 - \left[\arctan x\right]_0^1 = 1 - \frac{\pi}{4}.$$

例 6　计算定积分 $\int_{-3}^4 |x|\,\mathrm{d}x$.

解　由于绝对值函数是分段函数,利用定积分对积分区间的可加性,有

$$\int_{-3}^4 |x|\,\mathrm{d}x = \int_{-3}^0 (-x)\mathrm{d}x + \int_0^4 x\mathrm{d}x = \left[-\frac{x^2}{2}\right]_{-3}^0 + \left[\frac{x^2}{2}\right]_0^4 = \frac{25}{2}.$$

例 7　设 $f(x) = \begin{cases} x+1, & x \geqslant 0, \\ 1, & x < 0, \end{cases}$ 求 $\int_{-1}^2 f(x)\mathrm{d}x$.

解　由于被积函数是分段函数,利用定积分对积分区间的可加性,有

$$\int_{-1}^2 f(x)\mathrm{d}x = \int_{-1}^0 f(x)\mathrm{d}x + \int_0^2 f(x)\mathrm{d}x = \int_{-1}^0 \mathrm{d}x + \int_0^2 (x+1)\mathrm{d}x$$

$$= \left[x\right]_{-1}^0 + \left[\frac{x^2}{2} + x\right]_0^2 = 5.$$

注意　由以上两例可以看出,当被积函数含绝对值符号或是分段函数时,应当用定积分对积分区间的可加性把积分区间分成若干个子区间,分别在各子区间上对相应的函数表达式求定积分,从而求得原定积分.

例 8　已知 $\int_0^x f(t)\mathrm{d}t = \frac{x^4}{2}$,求 $\int_0^9 \frac{1}{\sqrt{x}}f(\sqrt{x})\mathrm{d}x$.

解　由于 $\int_0^x f(t)\mathrm{d}t = \frac{x^4}{2}$,两边同时对 x 求导数,有

$$f(x) = 2x^3,$$

当 $x > 0$ 时,$f(\sqrt{x}) = 2\sqrt{x^3}$,所以

$$\int_0^9 \frac{1}{\sqrt{x}}f(\sqrt{x})\mathrm{d}x = \int_0^9 \frac{1}{\sqrt{x}} \cdot 2\sqrt{x^3}\,\mathrm{d}x = \int_0^9 2x\mathrm{d}x = \left[x^2\right]_0^9 = 81.$$

例 9　某型号的舰载机在航空母舰的跑道上加速时,发动机产生的最大加速度为 5 m/s²,所需的起飞速度为 50 m/s,跑道长 100 m.

(1)判断飞机能否靠自身发动机从舰上起飞?

(2)为了使飞机在开始滑行时就有一定的初速度,航空母舰装有弹射装置,要使该型号舰载机顺利起飞,弹射系统至少使它具有多大的初速度?

解　(1)首先要计算滑行过程所需的时间,设飞机开始滑行时刻为 $t = 0$,则初速度 $v(0) = 0$,加速度 $a = 5$ m/s². 于是,t 时刻舰载机的滑行速度为

$$v(t) = 5t.$$

当舰载机起飞时,$v(t) = 50$ m/s,得 $t = 10$ s. 于是,舰载机在这段时间的滑行距离为

$$s = \int_0^{10} 5t\mathrm{d}t = 250 \ (\mathrm{m}).$$

可见,舰载机靠自身发动机达到起飞速度所滑行的距离大于跑道长度,故它不能靠自身发动机从舰上起飞.

（2）设弹射系统给飞机的初速度为 v_0，则舰载机的滑行速度为

$$v(t) = v_0 + 5t.$$

当舰载机起飞时，$v(t) = 50 \text{ m/s}$，得 $t = 10 - \dfrac{v_0}{5}$. 于是，舰载机在这段时间的滑行距离为

$$s = \int_0^{10-\frac{v_0}{5}} (v_0 + 5t)\,\mathrm{d}t = 250 - \frac{v_0^2}{10}.$$

飞机能顺利起飞的条件为滑行距离小于跑道长度，即

$$s = 250 - \frac{v_0^2}{10} < 100,$$

解得初速度 $v_0 > 38.73 \text{ m/s}$.

4.5 定积分的计算

本节课件

牛顿 - 莱布尼茨公式建立了定积分与不定积分之间的联系，因而应用不定积分就可以较简便地解决定积分的计算问题. 与不定积分的换元法和分部积分法相对应，定积分也有类似的换元法和分部积分法. 下面讨论定积分的这两种计算方法.

4.5.1 定积分的换元法

先看一个例子.

例 1 求定积分 $\displaystyle\int_0^4 \frac{\mathrm{d}x}{1+\sqrt{x}}$.

解 方法一 先求不定积分 $\displaystyle\int \frac{\mathrm{d}x}{1+\sqrt{x}}$. 设 $\sqrt{x} = t\ (t \geq 0)$，则

$$x = t^2, \quad \mathrm{d}x = 2t\,\mathrm{d}t,$$

于是

$$\int \frac{\mathrm{d}x}{1+\sqrt{x}} = \int \frac{2t}{1+t}\mathrm{d}t = 2\int \left(1 - \frac{1}{1+t}\right)\mathrm{d}t$$

$$= 2(t - \ln|1+t|) + C$$

$$\xrightarrow{\text{回代}\ t=\sqrt{x}} 2[\sqrt{x} - \ln(1+\sqrt{x})] + C.$$

再根据牛顿 - 莱布尼茨公式，有

$$\int_0^4 \frac{\mathrm{d}x}{1+\sqrt{x}} = 2\left[\sqrt{x} - \ln(1+\sqrt{x})\right]_0^4 = 4 - 2\ln 3.$$

上述方法在求不定积分时变量必须还原，但是在计算定积分时，这一步实际上可以省去，只需要在换元的同时，将原来变量 x 的上下限按照代换式相应地换成 t 的上下限即可. 本题可用下面的方法来解.

方法二 设 $\sqrt{x} = t$，则 $x = t^2\ (t \geq 0)$，$\mathrm{d}x = 2t\,\mathrm{d}t$.

当 $x = 0$ 时，$t = 0$；当 $x = 4$ 时，$t = 2$. 于是

$$\int_0^4 \frac{\mathrm{d}x}{1+\sqrt{x}} = \int_0^2 \frac{2t}{1+t}\mathrm{d}t = 2\int_0^2 \Big(1-\frac{1}{1+t}\Big)\mathrm{d}t$$

$$= 2\Big[t-\ln|1+t|\Big]_0^2$$

$$= 4-2\ln3.$$

显然,方法二比方法一更方便.方法二用的是定积分的换元法.

一般地,定积分的换元法可叙述如下.

定理 4.5.1 设函数 $f(x)$ 在区间 $[a,b]$ 上连续,而 $x=\varphi(t)$ 满足下列条件:

(1) $x=\varphi(t)$ 在区间 $[\alpha,\beta]$ 上具有连续导数;

(2) $\varphi(\alpha)=a,\varphi(\beta)=b$,且当 t 在区间 $[\alpha,\beta]$ 上变化时,$x=\varphi(t)$ 的值在区间 $[a,b]$ 上变化,则有

$$\int_a^b f(x)\mathrm{d}x = \int_\alpha^\beta f[\varphi(t)]\cdot\varphi'(t)\mathrm{d}t.$$

注意 运用定积分的换元法时,**换元必换限,(原)上限对(新)上限,(原)下限对(新)下限.**

例 2 求定积分 $\int_0^{\ln2}\sqrt{\mathrm{e}^x-1}\mathrm{d}x$.

解 设 $\sqrt{\mathrm{e}^x-1}=t$,则

$$x=\ln(t^2+1),\quad \mathrm{d}x=\frac{2t}{t^2+1}\mathrm{d}t.$$

当 $x=0$ 时,$t=0$;当 $x=\ln2$ 时,$t=1$. 于是

$$\int_0^{\ln2}\sqrt{\mathrm{e}^x-1}\mathrm{d}x = \int_0^1 t\cdot\frac{2t}{t^2+1}\mathrm{d}t = 2\int_0^1\Big(1-\frac{1}{t^2+1}\Big)\mathrm{d}t$$

$$= 2\Big[t-\arctan t\Big]_0^1 = 2-\frac{\pi}{2}.$$

例 3 求定积分 $\int_0^2\sqrt{4-x^2}\mathrm{d}x$.

解 设 $x=2\sin t$,则 $\mathrm{d}x=2\cos t\mathrm{d}t$.

当 $x=0$ 时,$t=0$;当 $x=2$ 时,$t=\frac{\pi}{2}$. 于是

$$\int_0^2\sqrt{4-x^2}\mathrm{d}x = \int_0^{\frac{\pi}{2}}2\cos t\cdot2\cos t\mathrm{d}t = 4\int_0^{\frac{\pi}{2}}\cos^2 t\mathrm{d}t$$

$$= 2\int_0^{\frac{\pi}{2}}(1+\cos2t)\mathrm{d}t = 2\Big[t+\frac{1}{2}\sin2t\Big]_0^{\frac{\pi}{2}} = \pi.$$

例 4 求定积分 $\int_1^2(2x+1)^2\mathrm{d}x$.

解 $\int_1^2(2x+1)^2\mathrm{d}x = \frac{1}{2}\int_1^2(2x+1)^2\mathrm{d}(2x+1) = \frac{1}{6}\Big[(2x+1)^3\Big]_1^2 = \frac{49}{3}$.

在本例中,虽然也使用换元法,但因为没有引进新的积分变量,故上、下限不变.

例 5 求定积分 $\int_0^{\frac{\pi}{2}}\cos^5 x\sin x\mathrm{d}x$.

解 $\int_0^{\frac{\pi}{2}}\cos^5 x\sin x\mathrm{d}x = -\int_0^{\frac{\pi}{2}}\cos^5 x\mathrm{d}(\cos x) = -\Big[\frac{1}{6}\cos^6 x\Big]_0^{\frac{\pi}{2}} = \frac{1}{6}$.

例 6 设 $f(x)$ 在对称区间 $[-a,a]$ 上连续,试证明:

$$\int_{-a}^{a} f(x)\mathrm{d}x = \begin{cases} 2\displaystyle\int_{0}^{a} f(x)\mathrm{d}x, & \text{当 } f(x) \text{ 为偶函数时,} \\ 0, & \text{当 } f(x) \text{ 为奇函数时.} \end{cases}$$

证明
$$\int_{-a}^{a} f(x)\mathrm{d}x = \int_{-a}^{0} f(x)\mathrm{d}x + \int_{0}^{a} f(x)\mathrm{d}x,$$

对积分 $\int_{-a}^{0} f(x)\mathrm{d}x$ 作变换 $x = -t$,于是

$$\int_{-a}^{0} f(x)\mathrm{d}x = -\int_{a}^{0} f(-t)\mathrm{d}t = \int_{0}^{a} f(-t)\mathrm{d}t = \int_{0}^{a} f(-x)\mathrm{d}x,$$

所以

$$\int_{-a}^{a} f(x)\mathrm{d}x = \int_{0}^{a} [f(x)+f(-x)]\mathrm{d}x.$$

若 $f(x)$ 是偶函数,即 $f(-x)=f(x)$,则

$$\int_{-a}^{a} f(x)\mathrm{d}x = 2\int_{0}^{a} f(x)\mathrm{d}x;$$

若 $f(x)$ 是奇函数,即 $f(-x)=-f(x)$,则

$$\int_{-a}^{a} f(x)\mathrm{d}x = 0.$$

该题几何意义很明显,如图 4.5.1 所示.

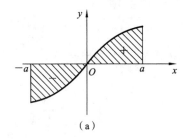

图 4.5.1

利用这一结果,可简化一些偶函数、奇函数在对称区间上的定积分计算.

例 7 求定积分 $\int_{-1}^{1} x^3\cos x\mathrm{d}x$.

解 因为 $f(x)=x^3\cos x$ 在 $[-1,1]$ 上是奇函数,所以

$$\int_{-1}^{1} x^3\cos x\mathrm{d}x = 0.$$

例 8 求定积分 $I = \int_{-2}^{2} (x-2)\sqrt{4-x^2}\mathrm{d}x$.

解 $I = \int_{-2}^{2} (x-2)\sqrt{4-x^2}\mathrm{d}x = \int_{-2}^{2} x\sqrt{4-x^2}\mathrm{d}x - 2\int_{-2}^{2} \sqrt{4-x^2}\mathrm{d}x.$

由于 $x\sqrt{4-x^2}$ 是奇函数,故 $\int_{-2}^{2} x\sqrt{4-x^2}\mathrm{d}x=0$. 由于 $\sqrt{4-x^2}$ 是偶函数,依据定积分的几何定义知 $\int_{-2}^{2}\sqrt{4-x^2}=2\pi$,于是有

$$I = 0 - 2\int_{-2}^{2}\sqrt{4-x^2}\mathrm{d}x = -4\pi.$$

4.5.2 定积分的分部积分法

定理 4.5.2 设函数 $u(x),v(x)$(以下简记为 u,v)在区间$[a,b]$上有连续的导数,则

$$\int_a^b u\,\mathrm{d}v = \left[uv \right]_a^b - \int_a^b v\,\mathrm{d}u. \tag{4.5.1}$$

式(4.5.1)称为定积分的**分部积分公式**,使用分部积分公式求定积分的方法称为定积分的**分部积分法**. 公式表明:先积出来的部分先代入上、下限,其作用与不定积分的分部积分法相同,当$\int_a^b u\,\mathrm{d}v$ 不易积分,而$\int_a^b v\,\mathrm{d}u$ 较易积分时,分部积分法达到化难为易的转化.

例 9 求定积分$\int_0^\pi x\sin x\,\mathrm{d}x.$

解 $\int_0^\pi x\sin x\,\mathrm{d}x = -\int_0^\pi x\,\mathrm{d}\cos x = -\left(\left[x\cos x \right]_0^\pi - \int_0^\pi \cos x\,\mathrm{d}x \right)$

$$= \pi + \int_0^\pi \cos x\,\mathrm{d}x = \pi + \sin x \Big|_0^\pi = \pi.$$

例 10 求定积分$\int_1^e \ln x\,\mathrm{d}x.$

解 $\int_1^e \ln x\,\mathrm{d}x = \left[x\ln x \right]_1^e - \int_1^e x \cdot \dfrac{1}{x}\mathrm{d}x = \mathrm{e} - \left[x \right]_1^e = 1.$

例 11 求定积分$\int_{\frac{1}{e}}^e |\ln x|\,\mathrm{d}x.$

解 $\int_{\frac{1}{e}}^e |\ln x|\,\mathrm{d}x = \int_{\frac{1}{e}}^1 |\ln x|\,\mathrm{d}x + \int_1^e |\ln x|\,\mathrm{d}x = -\int_{\frac{1}{e}}^1 \ln x\,\mathrm{d}x + \int_1^e \ln x\,\mathrm{d}x,$

分别用分部积分法求右端两个积分,得

$$-\int_{\frac{1}{e}}^1 \ln x\,\mathrm{d}x = -\left[x\ln x \right]_{\frac{1}{e}}^1 + \int_{\frac{1}{e}}^1 x \cdot \dfrac{1}{x}\mathrm{d}x = \dfrac{1}{e}\ln\dfrac{1}{e} + \left[x \right]_{\frac{1}{e}}^1 = 1 - \dfrac{2}{e},$$

$$\int_1^e \ln x\,\mathrm{d}x = \left[x\ln x \right]_1^e - \left[x \right]_1^e = \mathrm{e} - (\mathrm{e}-1) = 1,$$

于是

$$\int_{\frac{1}{e}}^e |\ln x|\,\mathrm{d}x = 1 - \dfrac{2}{e} + 1 = 2 - \dfrac{2}{e}.$$

例 12 求定积分$\int_0^1 \mathrm{e}^{\sqrt{x}}\,\mathrm{d}x.$

解 先用换元法. 令$\sqrt{x} = t$,则 $x = t^2(t \geqslant 0)$,$\mathrm{d}x = 2t\mathrm{d}t.$
当 $x = 0$ 时,$t = 0$;当 $x = 1$ 时,$t = 1.$ 于是

$$\int_0^1 \mathrm{e}^{\sqrt{x}}\,\mathrm{d}x = \int_0^1 \mathrm{e}^t \cdot 2t\mathrm{d}t = 2\int_0^1 t\mathrm{e}^t\,\mathrm{d}t.$$

再用分部积分法计算上式右端的定积分,有

$$\int_0^1 t\mathrm{e}^t\,\mathrm{d}t = \int_0^1 t\mathrm{d}\mathrm{e}^t = \left[t\mathrm{e}^t \right]_0^1 - \int_0^1 \mathrm{e}^t\,\mathrm{d}t = \mathrm{e} - \left[\mathrm{e}^t \right]_0^1 = 1.$$

于是

$$\int_0^1 \mathrm{e}^{\sqrt{x}}\,\mathrm{d}x = 2.$$

本节课件

4.6 定积分的应用

定积分是一个数学概念,同时也是一种实用性很强的数学方法,在科学技术问题中有着广泛的应用.本节首先介绍定积分的微元法,再用微元法讨论定积分在几何和物理方面的一些应用问题.

4.6.1 定积分的微元法

微元法是一种把所求量表示成定积分的分析方法.为了说明这种方法,首先回顾一下在定积分定义中讨论过的求曲边梯形面积的问题.

设 $f(x)$ 在区间 $[a,b]$ 上连续且 $f(x) \geqslant 0$,求以曲线 $y = f(x)$ 为曲边、底为 $[a,b]$ 的曲边梯形的面积 A.把这个面积 A 表示为定积分

$$A = \int_a^b f(x)\mathrm{d}x$$

的步骤如下.

(1)分割:在区间 $[a,b]$ 中任意插入 $n-1$ 个分点,把区间 $[a,b]$ 分成 n 个小区间,长度为 $\Delta x_i(i = 1,2,\cdots,n)$,经过每一个分点作平行于 y 轴的直线段,把曲边梯形分成 n 个窄曲边梯形,第 i 个窄曲边梯形的面积设为 ΔA_i,于是有

$$A = \sum_{i=1}^n \Delta A_i.$$

(2)近似:在第 i 个小区间 $[x_{i-1},x_i]$ 上任取一点 $\xi_i(x_{i-1} \leqslant \xi_i \leqslant x_i)$,用以 Δx_i 为底,$f(\xi_i)$ 为高的小矩形面积近似代替第 i 个窄曲边梯形面积 ΔA_i 的值,即

$$\Delta A_i \approx f(\xi_i)\Delta x_i \quad (x_{i-1} \leqslant \xi_i \leqslant x_i).$$

(3)求和:把 n 个小矩形面积相加,得到 A 的近似值,即

$$A \approx \sum_{i=1}^n f(\xi_i)\Delta x_i.$$

(4)取极限:记 $\lambda = \max\{\Delta x_1,\Delta x_2,\cdots,\Delta x_n\}$,得

$$A = \lim_{\lambda \to 0} \sum_{i=1}^n f(\xi_i)\Delta x_i = \int_a^b f(x)\mathrm{d}x.$$

观察上述四个步骤,我们发现最关键的是第(2)步,因为这一步确定了最后的被积表达式的形式(把 ξ_i 换成 x,Δx_i 换成 $\mathrm{d}x$).第(3)步和第(4)步可以合并成一步,在区间 $[a,b]$ 上无限累加,即在区间 $[a,b]$ 上积分,而第(1)步则指出了定积分计算的前提,所求量具有可加性.

因此,解决问题的四步可以简化为两步:

(1)在区间 $[a,b]$ 上任取一小区间 $[x,x+\mathrm{d}x]$,用 ΔA 表示该小区间上的窄曲边梯形的面积.以点 x 处的函数值 $f(x)$ 为高、$\mathrm{d}x$ 为底的小矩形的面积 $f(x)\mathrm{d}x$ 作为 ΔA 的近似值(见图 4.6.1 中阴

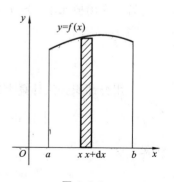

图 4.6.1

影部分),即

$$\Delta A \approx f(x)\mathrm{d}x,$$

其中,$f(x)\mathrm{d}x$ 叫做**面积微元**,记为 $\mathrm{d}A = f(x)\mathrm{d}x$.

(2) 以面积微元为被积表达式,在区间 $[a,b]$ 上积分,得

$$A = \int_a^b f(x)\mathrm{d}x.$$

将此方法一般化,当实际问题中的所求量 U 在区间上具有可加性时,可利用定积分的方法,按如下步骤解决问题:

(1) 依问题的具体情况,选取一个适当的积分变量,并确定其变化范围,即积分区间.例如,选 x 为积分变量,并确定它的积分区间为 $[a,b]$,再在区间 $[a,b]$ 上任取一微小区间 $[x,x+\mathrm{d}x]$,把点 x 处的函数值 $f(x)$ 与区间长 $\mathrm{d}x$ 的乘积 $f(x)\mathrm{d}x$ 作为部分量 ΔU 的近似值,称为 U 的**微元**,记为 $\mathrm{d}U = f(x)\mathrm{d}x$;

(2) 以所求量 U 的微元 $f(x)\mathrm{d}x$ 为被积表达式,在区间 $[a,b]$ 上积分,得

$$U = \int_a^b f(x)\mathrm{d}x.$$

这种把所求量表示成定积分的方法称为**微元法**.

关于微元法要说明两点:

(1) 使用微元法的前提,一是所求量 U 与区间 $[a,b]$ 有关;二是所求量 U 在区间 $[a,b]$ 上具有可加性,也就是说,如果把区间 $[a,b]$ 分成许多部分区间,则 U 相应地分成许多部分量,而 U 等于所有部分量之和.

(2) 具体怎么求微元?一般在微小区间 $[x,x+\mathrm{d}x]$ 上,按照"**以均匀代替非均匀**"的思路,写出小区间上所求量的近似值,即 $\mathrm{d}U = f(x)\mathrm{d}x$.

下面将运用微元法讨论定积分在几何、物理中的一些应用问题.

4.6.2　利用定积分求平面图形的面积

1. 上下型

求由上、下两条连续曲线 $y = f(x)$,$y = g(x)(f(x) \geqslant g(x))$ 和直线 $x = a$,$x = b(a < b)$ 所围成的图形的面积(见图 4.6.2).

选 x 为积分变量,在区间 $[a,b]$ 上任取一微小区间 $[x,x+\mathrm{d}x]$,在此区间上的窄条面积近似地看作高为 $f(x) - g(x)$、底为 $\mathrm{d}x$ 的矩形面积,得面积微元

$$\mathrm{d}A = [f(x) - g(x)]\mathrm{d}x,$$

所求图形的面积为

$$A = \int_a^b [f(x) - g(x)]\mathrm{d}x.$$

2. 左右型

求由左、右两条连续曲线 $x = \psi(y)$,$x = \varphi(y)(\varphi(y) \geqslant \psi(y))$ 和直线 $y = c$,$y = d(c < d)$ 围成图形的面积(见图 4.6.3).

选 y 为积分变量,在区间 $[c,d]$ 上任取一微小区间 $[y,y+\mathrm{d}y]$,在此区间上的窄条面积近似地看作高为 $\mathrm{d}y$、底为 $\varphi(y) - \psi(y)$ 的小矩形面积,得面积微元

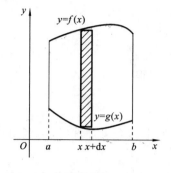

图 4.6.2

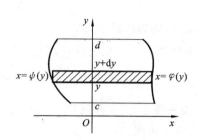

图 4.6.3

$$dA = [\varphi(y) - \psi(y)]dy,$$

所求图形的面积为

$$A = \int_c^d [\varphi(y) - \psi(y)]dy.$$

例 1　求由曲线 $y = \dfrac{1}{x}$ 与直线 $y = x, x = 2$ 所围成的图形的面积.

解　解方程组

$$\begin{cases} y = \dfrac{1}{x}, \\ y = x, \end{cases}$$

得两曲线交点 $(1,1)$,如图 4.6.4 所示.

此图为上下型,选 x 为积分变量,$x \in [1,2]$. 在区间$[1,2]$上任取一微小区间$[x, x + dx]$,则对应的小矩形条的底为 dx,高为 $x - \dfrac{1}{x}$,于是面积微元为

$$dA = \left(x - \dfrac{1}{x}\right)dx,$$

所求面积为

$$A = \int_1^2 \left(x - \dfrac{1}{x}\right)dx = \left[\dfrac{1}{2}x^2 - \ln x\right]_1^2 = \dfrac{3}{2} - \ln 2.$$

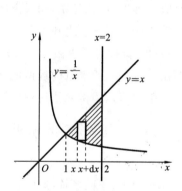

图 4.6.4

例 2　求由抛物线 $y^2 = x, y = x^2$ 所围成的图形的面积.

解　解方程组

$$\begin{cases} y^2 = x, \\ y = x^2, \end{cases}$$

得两曲线交点 $(0,0)$ 和 $(1,1)$,如图 4.6.5 所示.

此图为上下型,选 x 为积分变量,$x \in [0,1]$. 在区间$[0,1]$上任取一微小区间$[x, x + dx]$,则对应的小矩形条的底为 dx,高为 $\sqrt{x} - x^2$,于是面积微元为

$$dA = (\sqrt{x} - x^2)dx,$$

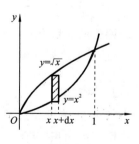

图 4.6.5

所求面积为

$$A = \int_0^1 (\sqrt{x} - x^2)\mathrm{d}x = \left[\frac{2}{3}x^{\frac{3}{2}} - \frac{1}{3}x^3\right]_0^1 = \frac{1}{3}.$$

例 3　求由抛物线 $y^2 = 2x$ 与直线 $y = x - 4$ 所围成的图形的面积.

解　**方法一**　解方程组

$$\begin{cases} y^2 = 2x, \\ y = x - 4, \end{cases}$$

得交点 $(2,-2)$ 和 $(8,4)$,如图 4.6.6 所示.

此图若看成上下型,则选 x 为积分变量,$x \in [0,8]$. 所求面积 A 可看作 A_1 与 A_2 两部分之和,其中 A_1 是在区间 $[0,2]$ 上由曲线 $y = \sqrt{2x}$,$y = -\sqrt{2x}$ 及 $x = 2$ 围成的图形的面积,对应的面积微元为

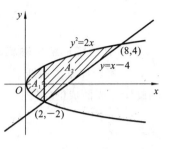

图 4.6.6

$$\mathrm{d}A_1 = [\sqrt{2x} - (-\sqrt{2x})]\mathrm{d}x;$$

A_2 是在区间 $[2,8]$ 上由曲线 $y = \sqrt{2x}$,$y = x-4$ 及 $x = 2$ 围成图形的面积,对应的面积微元为

$$\mathrm{d}A_2 = [\sqrt{2x} - (x-4)]\mathrm{d}x,$$

则所求面积为

$$A = A_1 + A_2 = \int_0^2 [\sqrt{2x} - (-\sqrt{2x})]\mathrm{d}x + \int_2^8 [\sqrt{2x} - (x-4)]\mathrm{d}x$$

$$= 4\left[\frac{\sqrt{2}}{3}x^{\frac{3}{2}}\right]_0^2 + \left[\frac{2}{3}\sqrt{2}x^{\frac{3}{2}} - \frac{1}{2}x^2 + 4x\right]_2^8$$

$$= \frac{16}{3} + \frac{38}{3} = 18.$$

方法二　求出交点 $(2,-2)$ 和 $(8,4)$,如图 4.6.7 所示.

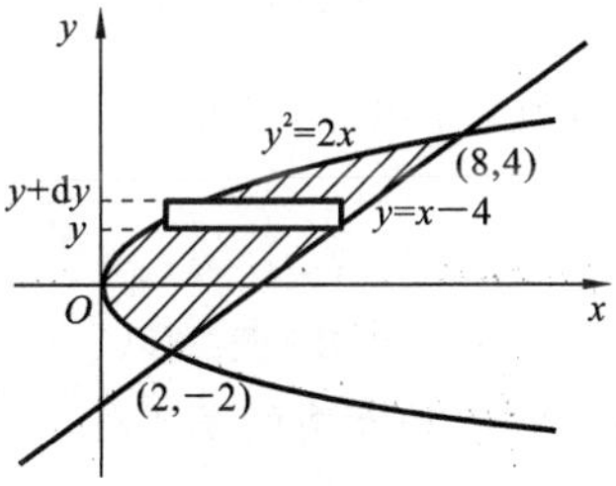

此图若看成左右型,则选 y 为积分变量,$y \in [-2,4]$. 所求面积 A 由直线方程 $x = y+4$ 与抛物线方程 $x = \frac{1}{2}y^2$ 围成. 在区间 $[-2,4]$ 上任取一微小区间 $[y,y+\mathrm{d}y]$,则对应的小矩形条的高为 $\mathrm{d}y$,底为 $(y+4) - \frac{1}{2}y^2$,于是面积微元为

$$\mathrm{d}A = \left[(y+4) - \frac{1}{2}y^2\right]\mathrm{d}y,$$

图 4.6.7

所求面积为

$$A = \int_{-2}^4 \left[(y+4) - \frac{1}{2}y^2\right]\mathrm{d}y = \left[\frac{1}{2}y^2 + 4y - \frac{1}{6}y^3\right]_{-2}^4 = 18.$$

由例 3 可以看出,方法二比方法一简单. 因此,求平面图形的面积时要注意观察图形的结构,适当选取积分变量,可以简化计算.

4.6.3　利用定积分求旋转体的体积

1. 求曲边梯形绕 x 轴旋转一周而成的旋转体的体积

设一旋转体是由曲线 $y = f(x)$ 与直线 $x = a$,$x = b(a < b)$ 及 x 轴所围成的曲边梯形绕 x 轴旋转一周而成的(见图 4.6.8),现在我们利用定积分计算它的体积.

选 x 为积分变量，$x \in [a,b]$. 在区间 $[a,b]$ 上任意取一微小区间 $[x, x+dx]$，对应于该小区间的立体小薄片可近似地看作底面半径为 $f(x)$、高为 dx 的小圆柱体，从而体积微元为

$$dV = \pi f^2(x)dx,$$

于是旋转体的体积为

$$V = \int_a^b \pi f^2(x)dx.$$

2. 求曲边梯形绕 y 轴旋转一周而成的旋转体的体积

设一旋转体是由曲线 $x = \varphi(y)$ 与直线 $y = c, y = d (c < d)$ 及 y 轴所围成的曲边梯形绕 y 轴旋转一周而成的(见图 4.6.9)，现在我们利用定积分计算它的体积.

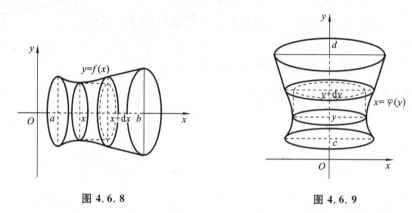

图 4.6.8　　　　　图 4.6.9

选 y 为积分变量，$y \in [c,d]$. 在区间 $[c,d]$ 上任取一微小区间 $[y, y+dy]$，对应于该小区间的立体小薄片可近似地看作底面半径为 $\varphi(y)$、高为 dy 的小圆柱体，从而体积微元为

$$dV = \pi \varphi^2(y)dy,$$

于是旋转体的体积为

$$V = \int_c^d \pi \varphi^2(y)dy.$$

例 4　求由过点 $O(0,0)$ 及点 $P(h,r)$ 的直线、直线 $x = h$ 及 x 轴围成的一个直角三角形绕 x 轴旋转而成的圆锥体的体积(见图 4.6.10).

解　过点 O、P 的直线方程为 $y = \dfrac{r}{h}x$.

选 x 为积分变量，$x \in [0,h]$. 在区间 $[0,h]$ 上任取一微小区间 $[x, x+dx]$，对应于该小区间的立体小薄片可近似地看作以 $\dfrac{r}{h}x$ 为底面半径、dx 为高的小圆柱体，从而体积微元为

$$dV = \pi \left[\frac{r}{h}x \right]^2 dx,$$

于是旋转体的体积为

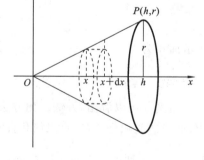

图 4.6.10

$$V = \int_0^h \pi \left[\frac{r}{h}x \right]^2 dx = \frac{\pi r^2}{h^2} \int_0^h x^2 dx = \frac{\pi r^2}{h^2} \left[\frac{1}{3}x^3 \right]_0^h = \frac{\pi r^2 h}{3}.$$

例5　求椭圆 $\dfrac{x^2}{a^2}+\dfrac{y^2}{b^2}=1$ 分别绕 x 轴与 y 轴旋转一周而成的旋转椭球体的体积.

解　若椭圆绕 x 轴旋转,旋转椭球体可看作由上半椭圆 $y=\dfrac{b}{a}\sqrt{a^2-x^2}$ 及 x 轴围成的图形绕 x 轴旋转一周而成(见图 4.6.11),则旋转椭球体的体积为

$$V_x=\int_{-a}^{a}\pi\left[\frac{b}{a}\sqrt{a^2-x^2}\right]^2\mathrm{d}x$$

$$=2\pi\cdot\frac{b^2}{a^2}\int_{0}^{a}(a^2-x^2)\mathrm{d}x$$

$$=\frac{4}{3}\pi ab^2.$$

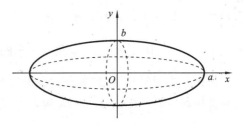

图 4.6.11

若椭圆绕 y 轴旋转,旋转椭球体可看作由右半椭圆 $x=\dfrac{a}{b}\sqrt{b^2-y^2}$ 及 y 轴围成的图形绕 y 轴旋转一周而成,则旋转椭球体的体积为

$$V_y=\int_{-b}^{b}\pi\left[\frac{a}{b}\sqrt{b^2-y^2}\right]^2\mathrm{d}y=2\pi\cdot\frac{a^2}{b^2}\int_{0}^{b}(b^2-y^2)\mathrm{d}y=\frac{4}{3}\pi a^2 b.$$

当 $a=b$ 时,便得到半径为 a 的球体体积 $V=\dfrac{4}{3}\pi a^3$.

4.6.4　利用定积分求变力沿直线所做的功

从中学物理知道,物体受恒力 F 作用沿力的方向位移 s,则力 F 所做的功 $W=F\cdot s$.但在实际问题中,物体所受的力经常是变化的,这就需要讨论如何来求变力做功的问题.

设物体在变力 $F(x)$ 作用下沿 x 轴由 $x=a$ 移动到 $x=b(a\leqslant b)$(见图 4.6.12),求变力 $F(x)$ 所做的功.

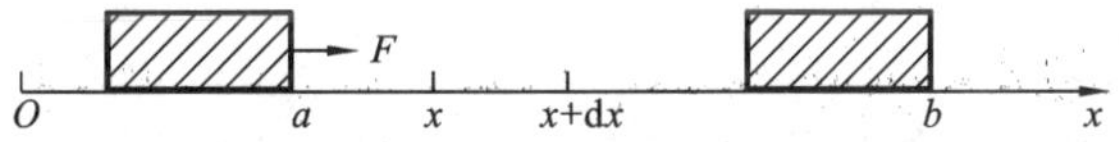

图 4.6.12

下面用定积分的微元法计算力在该段过程中所做的功.

(1) 取 x 为积分变量,$x\in[a,b]$.在区间 $[a,b]$ 上任取一微小区间 $[x,x+\mathrm{d}x]$,由于变力在该小区间上的变化很小,可用点 x 处的力 $F(x)$ 近似代替小区间上每点处的力,从而功的微元为

$$\mathrm{d}W=F(x)\mathrm{d}x.$$

(2) 以 $F(x)\mathrm{d}x$ 为被积表达式,在区间 $[a,b]$ 上作定积分,便得所做的功为

$$W=\int_{a}^{b}F(x)\mathrm{d}x.$$

例6　根据胡克定律,拉伸弹簧所用的力与伸长量成正比.已知某弹簧被拉长 0.02 m,需用力 9.8 N,求把弹簧拉长 0.1 m 时所做的功.

解　设弹簧的伸长量是 x 时,所用的力为 $f(x)$,则根据题意知

$$f(x)=kx\ (k\ 为比例常数).$$

当 $x = 0.02$ 时，$f(0.02) = 0.02k = 9.8$，于是比例系数 $k = 490$，即

$$f(x) = 490x.$$

所做的功为

$$W = \int_0^{0.1} 490x\mathrm{d}x = 490\left[\frac{x^2}{2}\right]_0^{0.1} = 2.45(\mathrm{J}),$$

即把弹簧拉长 0.1 m 时所做的功为 2.45 J.

4.6.5　利用定积分求液体的侧压力

由中学物理学知道：如果有一面积为 S 的薄板水平地放置在距离液体表面 h 深处的地方，此时薄板每点处的压强 $p = \rho g h$ 为定值，那么薄板一侧所受的压力为

$$F = \rho g h S,$$

其中 ρ 为液体密度，g 为重力加速度.

如果薄板垂直放在密度为 ρ 的液体中，那么薄板一侧不同深度处的压强是不同的，因而不能用上式计算薄板一侧所受的压力．下面用定积分的微元法计算液体对薄板的侧压力.

一般取液面为 y 轴，向下的方向为 x 轴，假设薄板的形状为曲边梯形，曲边方程为 $y = f(x)$（见图 4.6.13）.

取深度 x 为积分变量，$x \in [a,b]$．在区间 $[a,b]$ 上任取一微小区间 $[x, x+\mathrm{d}x]$．在此微小范围内，薄板近似看成是矩形，面积近似为 $f(x)\mathrm{d}x$，由于压强变化很小，用深度为 x 处的压强 $p = \rho g x$ 近似代替，于是这个区间的薄板的一侧所受的液体压力微元为

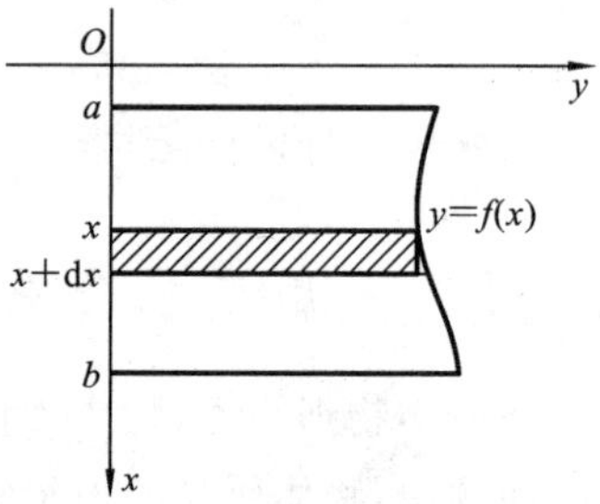

$$\mathrm{d}F = \rho g x f(x)\mathrm{d}x,$$

因此，薄板一侧所受液体的压力为

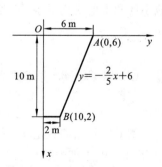

图 4.6.13

$$F = \int_a^b \rho g x f(x)\mathrm{d}x.$$

例 7　一水库的水闸为直角梯形，上底为 6 m，下底为 2 m，高为 10 m，求当水面与上底相齐时水闸所受的压力.

解　建立直角坐标系，如图 4.6.14 所示．直线 AB 的方程为

$$y = -\frac{2}{5}x + 6.$$

取 x 为积分变量，$x \in [0,10]$．在区间 $[0,10]$ 上任取一微小区间 $[x, x+\mathrm{d}x]$，相应于这个区间的水闸所受的压力微元为

$$\mathrm{d}F = \rho g x\left(-\frac{2}{5}x + 6\right)\mathrm{d}x,$$

因此，水闸所受液体的压力为

$$
\begin{aligned}
F &= \int_0^{10} \rho g x\left(-\frac{2}{5}x + 6\right)\mathrm{d}x \\
&= \rho g\left[-\frac{2}{15}x^3 + 3x^2\right]_0^{10} \\
&= \frac{500}{3}\rho g.
\end{aligned}
$$

图 4.6.14

4.7　积分学及其应用的 MATLAB 求解

手工计算不定积分和定积分问题通常需要灵活、熟练地掌握和运用各种不同的积分方法,有时难度较大,而利用 MATLAB 软件进行积分的求解则比较简单,本节介绍基于 MATLAB 软件的积分问题客观求解方法.

4.7.1　基本命令

MATLAB 利用 int() 函数计算积分,既可计算不定积分,也可以计算定积分,调用格式及功能如表 4.7.1 所示.

表 4.7.1

调用格式	功 能 说 明
int(f,x)	计算不定积分,得到函数 f 的一个原函数,积分变量为 x
int(f)	计算不定积分,得到函数 f 的一个原函数,积分变量为默认自变量
int(f,x,a,b)	计算函数 f 在区间[a,b]上的定积分,积分变量为 x
int(f,a,b)	计算函数 f 在区间[a,b]上的定积分,积分变量为默认自变量

说明:(1) int(f,x) 计算不定积分时,得到的结果是 $f(x)$ 的一个原函数 $F(x)$,MATLAB 不自动添加积分常数 C,实际的不定积分应该是 $F(x)+C$,其中 C 为任意常数.

(2) int(f,a,b) 中的 a 和 b 可以是具体的数值,也可以是符号表达式,还可以是 inf(无穷大). 当 a 或 b 为 inf 时,该函数返回被积函数的广义积分值;当 a 或 b 为符号表达式时,该函数返回一个符号函数.

(3) int() 函数有时无法求得某些定积分,则要用数值积分法计算.

4.7.2　求解示例

例 1　求下列不定积分:

(1) $\int (e^x - 3\sin x + 2\sqrt{x})\mathrm{d}x$;　　　　(2) $\int e^{3x-4}\mathrm{d}x$;

(3) $\int \sqrt{x}(x^2 - 1)\mathrm{d}x$;　　　　(4) $\int e^{2x}\cos 3x\mathrm{d}x$;

(5) $\int \ln 7x\mathrm{d}x$;　　　　(6) $\int \dfrac{\arctan x}{1+x^2}\mathrm{d}x$.

解　(1) 方法一:

```
>>syms x
>>y=exp(x)-3*sin(x)+2*sqrt(x);
>>int(y,x)
```

```
ans=exp(x)+3*cos(x)+4/3*x^(3/2)
```

方法二：

```
>>syms x
>>int(exp(x)-3*sin(x)+2*sqrt(x),x)
ans=exp(x)+3*cos(x)+4/3*x^(3/2)
```

即结果为

$$\int (e^x - 3\sin x + 2\sqrt{x})\mathrm{d}x = e^x + 3\cos x + \frac{4}{3}x^{\frac{3}{2}} + C.$$

（2）
```
>>syms x
>>y=exp(3*x-4);
>>int(y,x)
ans=(exp(3*x)*exp(-4))/3
```

即结果为

$$\int e^{3x-4}\mathrm{d}x = \frac{1}{3}e^{3x-4} + C.$$

（3）
```
>>syms x
>>y=sqrt(x)*(x^2-1);
>>int(y,x)
ans=2/7*x^(7/2)-2/3*x^(3/2)
```

即结果为

$$\int \sqrt{x}(x^2-1)\mathrm{d}x = \frac{2}{7}x^{\frac{7}{2}} - \frac{2}{3}x^{\frac{3}{2}} + C.$$

（4）
```
>>syms x
>>y=exp(2*x)*cos(3*x);
>>int(y,x)
ans=2/13*exp(2*x)*cos(3*x)+3/13*exp(2*x)*sin(3*x)
```

即结果为

$$\int e^{2x}\cos 3x\mathrm{d}x = \frac{2}{13}e^{2x}\cos 3x + \frac{2}{13}e^{2x}\sin 3x + C.$$

（5）
```
>>syms x
>>y=log(7*x);
>>int(y,x)
ans=log(7*x)*x-x
```

即结果为

$$\int \ln 7x\mathrm{d}x = x\ln 7x - x + C.$$

（6）`>>syms x`

```
>>y=atan(x)/(1+x^2);
>>int(y,x)
ans=atan(x)^2/2
```

即结果为

$$\int \frac{\arctan x}{1+x^2}\mathrm{d}x = \frac{1}{2}\arctan^2 x + C.$$

例 2　求下列定积分：

(1) $\displaystyle\int_0^1 \sqrt{1-x^2}\,\mathrm{d}x$；

(2) $\displaystyle\int_1^3 |x-2|\,\mathrm{d}x$；

(3) $\displaystyle\int_1^2 \left(x^2+\frac{1}{x^4}\right)\mathrm{d}x$；

(4) $\displaystyle\int_0^{3\pi/4} \sqrt{1+\cos 2x}\,\mathrm{d}x$；

(5) $\displaystyle\int_0^{\sqrt{2}a} \frac{x}{\sqrt{3a^2-x^2}}\,\mathrm{d}x$；

(6) $\displaystyle\int_0^2 \ln(x+\sqrt{x^2+1})\,\mathrm{d}x$.

解　(1) 方法一：

```
>>syms x
>>y=sqrt(1-x^2);
>>int(y,x,0,1)
ans=1/4*pi
```

方法二：

```
>>syms x
>>int(sqrt(1-x^2),0,1)
ans=pi/4
```

(2)
```
>>syms x
>>y=abs(x-2);
>>int(y,x,1,3)
ans=1
```

(3)
```
>>syms x
>>y=x^2+1/x^4;
>>int(y,x,1,2)
ans=21/8
```

(4)
```
>>syms x
>>y=sqrt(1+cos(2*x));
>>int(y,x,0,3*pi/4)
ans=-1+2*2^(1/2)
```

(5)
```
>>syms x a
>>y=x/(sqrt(3*a^2-x^2));
>>int(y,x,0,a*sqrt(2))
```

```
ans=-(a^2)^(1/2)+3^(1/2)*(a^2)^(1/2)
```

(6) >>syms x

```
>>y=log(x+sqrt(x^2+1));
>>int(y,x,0,2)
ans=2*log(2+5^(1/2))-5^(1/2)+1
```

例 3　求由曲线 $y=x^2$ 和 $y=x^3-6x$ 所围成的图形的面积.

解　第一步:绘图.

输入:

```
>>x=-4:0.1:4;              % 定义 x 的取值范围及步长;
>>y1=x.^2;                 % "^"用于标量和方阵的函数计算,若为元素需用".^"
>>y2=x.^3-6*x;
>>plot(x,y1,'-',x,y2,'--')  % y1 用实线表示,y2 用虚线表示
```

输出图象,如图 4.7.1 所示:

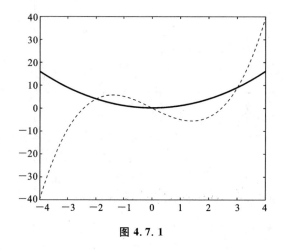

图 4.7.1

第二步:联立两曲线方程得交点为 $(-2,4),(0,0),(3,9)$. 所求面积为

$$A = \int_{-2}^{3} |x^3 - 6x - x^2| \, dx.$$

软件求解为

```
>>syms x
>>y=abs(x^3-6*x-x^2);
>>int(y,x,-2,3)
ans=253/12
```

例 4　某容器内侧是由曲线 $x^2+y^2=2y\left(y\geqslant\dfrac{1}{2}\right)$ 与 $x^2+y^2=1\left(y\leqslant\dfrac{1}{2}\right)$ 绕 y 轴旋转一周而形成的曲面,求该容器的容积.

解　第一步:绘制容器侧面曲线图象.
输入:

```
>>syms x y
>>f1=x^2+y^2-2*y;
>>f2=x^2+y^2-1;
>>ezplot(f1,[-1.5,1.5,0.5,2.5])        %画出 f1 的图象,并规定 x 轴范围是
                                         [-1.5,1.5]
>>hold on                              %保持 f1 的图象不动
>>ezplot(f2,[-1.5,1.5,-1,0.5])         %画出 f2 的图象,并规定 x 轴范围是
                                         [-1.5,1.5],y 轴范围是[-1,0.5];
>>ezplot('0.5',[-0.88,0.88])           %画出两函数相交两点之间的线段
>>grid on                              %添加网格线
>>axis([-1.5,1.5,-1.5,2.5])            %规定 x 轴范围是[-1.5,1.5],y 轴范围
                                         是[-1.5,2.5];
>>axis equal                           %将 x 轴和 y 轴的定标系数设成相同值
```

输出图象,如图 4.7.2 所示.

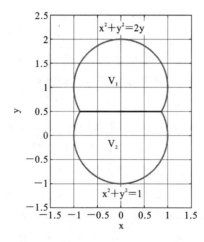

图 4. 7. 2

第二步:计算体积.
由于图象的对称性,容器体积

$$V = V_1 + V_2 = 2V_2 = 2\pi \int_{-1}^{\frac{1}{2}} (1 - y^2) \mathrm{d}y,$$

其中,V_1 和 V_2 分别是 $y=0.5$ 上方和下方部分的体积.

```
>>V=int(1-y^2,y,-1,1/2)*2*pi
V=(9*pi)/4
```

拓展阅读

数学家莱布尼茨

戈特弗里德·威廉·莱布尼茨(Gottfried Wilhelm Leibniz,1646—1716),德国哲学家、数学家,被誉为十七世纪的亚里士多德,一个举世罕见的科学天才.

1646年7月1日,莱布尼茨出生于德国东部莱比锡的一个书香之家.父亲在他6岁时去世,却给他留下了丰富藏书,莱布尼茨由此获得了坚实的文化功底和明确的学术目标.

1661年,15岁的莱布尼茨进入莱比锡大学学习法律,1663年获学士学位.1664年1月,获哲学硕士学位.同年2月12日,他母亲不幸去世,18岁的莱布尼茨从此只身一人生活.1665年,莱布尼茨向莱比锡大学提交了博士论文《论身份》,审查委员会以他太年轻(年仅20岁)而拒绝授予他法学博士学位,1667年2月,阿尔特多夫大学授予他法学博士学位,还聘请他为法学教授.

在1672年至1676年留居巴黎期间,莱布尼茨开始了自己的学术生涯,当时巴黎是欧洲科学文化中心.他一生中的许多科学成就和科学思想,如微积分等,都是在这一时期取得或萌发的.

1679年,莱布尼茨发明了二进制,现存的一份莱布尼茨题为《二进制算术》的拉丁文手稿写于1679年3月15日.文中不仅给出了二进制的记数规则,而且给出了其加减乘除四则运算的规则,并与十进制作了比较.但这份手稿当时没有公开发表,而在1696年和1697年,莱布尼茨才表现出对二进制的极大兴趣,并于1703年在法国《皇家科学院纪录》上进行了发表.

1682年,莱布尼茨与门克(O. Mencke)创办了近代科学史上卓有影响的拉丁文科学杂志《学术纪事》(又称《教师学报》).他的数学、哲学文章大都刊登在该杂志上.

1684年10月,莱布尼茨在该杂志上发表了一篇名为《一种求极大极小的奇妙类型的计算》的论文,比牛顿的《自然哲学的数学原理》早了3年时间,是最早的微积分文献.因此,这篇仅有6页的论文却有着划时代的意义.1686年,莱布尼茨又在该杂志上第一次发表他的积分学论文《深奥的几何及不可分量及无限的分析》.在这篇论文中,莱布尼茨给出了摆线方程,并指出不定积分 $\int \sqrt{a^2 \pm x^2}\,\mathrm{d}x$ 的结果是超越函数.正是在这篇论文中,积分符号"$\int$"第一次出现在印刷出版物上.

1700年,柏林科学院成立,莱布尼茨出任首任院长.1700年2月,他被选为法国科学院院士.至此,当时全世界的四大科学院(英国皇家学会、法国科学院、罗马科学与数学科学院、柏林科学院)都以莱布尼茨作为核心成员.在莱布尼茨生前积极倡议之下,在他去世以后,维也纳科学院、圣彼得堡科学院先后都建立起来了.据传,他还曾经通过传教士,建议中国清朝的康熙皇帝在北京建立科学院.

1699年,皇家学会收到了一篇论文,文中主要肯定了牛顿是微积分的第一发明者,而莱布尼茨可能是剽窃,于是掀起了一场发明微积分的优先权问题的论战.拥护莱布尼茨的欧洲大陆派与拥护牛顿的英国数学家之间开始了长达一个多世纪的争论.1713 年,莱布尼茨发表《微积分的历史和起源》一文,力图说明自己成就的独立性.实际上,牛顿在微积分方面的研究虽然早于莱布尼茨,但莱布尼茨成果的发表则早于牛顿.事实上后来人们都公认,他们是相互独立地创立了微积分.尽管如此,他们两人的工作确有差异,但各有特色.牛顿注重物理方面,而莱布尼茨则侧重在几何方面;牛顿的工作方式是经验的、具体的和谨慎的,在符号方面不甚用心,而莱布尼茨则是富于想象和大胆的,力图运用符号建立一般法则,善于把具体结果加以推广和普遍化.

牛顿与莱布尼茨,虽然在建立微积分优先权上有争论,但是可以看出他们相互之间是互相仰慕的.如牛顿称莱布尼茨是"最杰出的几何学家";而莱布尼茨在评价牛顿的数学成就时说:"在从世界开始到牛顿生活时代的全部数学中,牛顿的工作超过了一半。"

莱布尼茨被称为全才,除了在数学和哲学方面取得举世瞩目的成就外,他还在历史、法学、语言学、神学、逻辑学和外交等方面都有杰出的贡献.

习　题　4

习题答案

1. 填空题

(1) 若 $f(x)$ 的一个原函数为 e^{-x},则 $\int f(x)\mathrm{d}x = $ _____.

(2) 若 $\int f(x)\mathrm{d}x = 3^x + \sin x + C$,则 $f(x) = $ _____.

(3) 若 $f(x)$ 的一个原函数为 $\sin x$,则 $\int f'(x)\mathrm{d}x = $ _____.

(4) 若 $f(x)$ 的一个原函数为 $\arcsin x$,则 $\left[\int f(x)\mathrm{d}x\right]' = $ _____.

2. 验证下列等式是否成立:

(1) $\displaystyle\int \frac{1}{1+x^2}\mathrm{d}x = -\operatorname{arccot} x + C$;

(2) $\displaystyle\int e^{2x}\mathrm{d}x = e^{2x} + C$.

3. 计算下列不定积分:

(1) $\displaystyle\int \frac{1}{x^2\sqrt{x}}\mathrm{d}x$;

(2) $\displaystyle\int \left(\frac{1}{x} + 3^x - \frac{1}{\sqrt{1-x^2}}\right)\mathrm{d}x$;

(3) $\displaystyle\int \left(\frac{x+2}{x}\right)^2\mathrm{d}x$;

(4) $\displaystyle\int (\sqrt{x}+1)\left(x - \frac{1}{\sqrt{x}}\right)\mathrm{d}x$;

(5) $\displaystyle\int \frac{x^4}{1+x^2}\mathrm{d}x$;

(6) $\displaystyle\int \frac{x-4}{\sqrt{x}+2}\mathrm{d}x$;

(7) $\displaystyle\int \frac{2\cdot 3^x - 2^x}{3^x}\mathrm{d}x$;

(8) $\displaystyle\int \frac{e^{2x}-1}{e^x+1}\mathrm{d}x$;

(9) $\displaystyle\int \cot^2 x\,\mathrm{d}x$;

(10) $\displaystyle\int \left(\sin\frac{x}{2} + \cos\frac{x}{2}\right)^2\mathrm{d}x$;

(11) $\displaystyle\int \frac{\cos 2x}{\sin^2 x \cos^2 x}\mathrm{d}x$; \qquad\qquad (12) $\displaystyle\int \sec x\,(\sec x - \tan x)\,\mathrm{d}x$.

4. 证明函数 $F(x) = (\mathrm{e}^x + \mathrm{e}^{-x})^2$ 和 $G(x) = (\mathrm{e}^x - \mathrm{e}^{-x})^2$ 是同一函数的原函数.

5. 已知某曲线上任意一点 (x,y) 处的切线斜率为 $3x^2 + 1$, 且曲线通过点 $(1,3)$, 求曲线的方程.

6. 一物体以速度 $v = 3t^2 + 4t\,(\mathrm{m/s})$ 做直线运动, 当 $t = 2\ \mathrm{s}$ 时, 物体经过的路程为 $s = 16\ \mathrm{m}$, 求此物体的运动规律.

7. 计算下列不定积分:

(1) $\displaystyle\int (3x-1)^3\,\mathrm{d}x$; \qquad\qquad (2) $\displaystyle\int \cos(5x+4)\,\mathrm{d}x$;

(3) $\displaystyle\int \frac{1}{\sqrt[3]{3-2x}}\,\mathrm{d}x$; \qquad\qquad (4) $\displaystyle\int x^2 \sin x^3\,\mathrm{d}x$;

(5) $\displaystyle\int \frac{x}{9+4x^2}\,\mathrm{d}x$; \qquad\qquad (6) $\displaystyle\int \frac{1}{x^2}\mathrm{e}^{\frac{1}{x}}\,\mathrm{d}x$;

(7) $\displaystyle\int \frac{\sin\sqrt{x}}{\sqrt{x}}\,\mathrm{d}x$; \qquad\qquad (8) $\displaystyle\int \frac{\mathrm{e}^{\arcsin x}}{\sqrt{1-x^2}}\,\mathrm{d}x$;

(9) $\displaystyle\int \frac{1-2\ln x}{x}\,\mathrm{d}x$; \qquad\qquad (10) $\displaystyle\int \frac{1}{9+4x^2}\,\mathrm{d}x$;

(11) $\displaystyle\int \frac{2x-1}{\sqrt{1-x^2}}\,\mathrm{d}x$; \qquad\qquad (12) $\displaystyle\int \frac{1}{1-x^2}\,\mathrm{d}x$;

(13) $\displaystyle\int \sin^5 x\,\mathrm{d}x$; \qquad\qquad (14) $\displaystyle\int \cos^2 x\,\mathrm{d}x$;

(15) $\displaystyle\int \cos^2 x \sin^3 x\,\mathrm{d}x$; \qquad\qquad (16) $\displaystyle\int \frac{\sin^2 x}{\cos^4 x}\,\mathrm{d}x$;

(17) $\displaystyle\int \frac{1}{1+\mathrm{e}^x}\,\mathrm{d}x$; \qquad\qquad (18) $\displaystyle\int \frac{1}{\sqrt{\mathrm{e}^{2x}-1}}\,\mathrm{d}x$.

8. 计算下列不定积分:

(1) $\displaystyle\int \frac{1}{1+\sqrt[3]{1+x}}\,\mathrm{d}x$; \qquad\qquad (2) $\displaystyle\int \frac{\sqrt{x}}{1+\sqrt{x}}\,\mathrm{d}x$;

(3) $\displaystyle\int \frac{x^2}{\sqrt{4-x^2}}\,\mathrm{d}x$; \qquad\qquad (4) $\displaystyle\int \frac{1}{x^2\sqrt{x^2+1}}\,\mathrm{d}x$.

9. 计算下列不定积分.

(1) $\displaystyle\int x\sin x\,\mathrm{d}x$; \qquad\qquad (2) $\displaystyle\int x^3 \ln x\,\mathrm{d}x$;

(3) $\displaystyle\int \arctan x\,\mathrm{d}x$; \qquad\qquad (4) $\displaystyle\int \arcsin x\,\mathrm{d}x$;

(5) $\displaystyle\int x^2 \ln(x+1)\,\mathrm{d}x$; \qquad\qquad (6) $\displaystyle\int x^2 \cos x\,\mathrm{d}x$;

(7) $\displaystyle\int \mathrm{e}^x \cos x\,\mathrm{d}x$; \qquad\qquad (8) $\displaystyle\int x\mathrm{e}^{-x}\,\mathrm{d}x$;

(9) $\displaystyle\int x^2 \mathrm{e}^{2x}\,\mathrm{d}x$; \qquad\qquad (10) $\displaystyle\int x\tan^2 x\,\mathrm{d}x$.

10. 填空题：

(1) 由曲线 $y=\ln x$ 与直线 $x=1,x=\mathrm{e}$ 及 x 轴所围成的曲边梯形的面积,用定积分表示为 _____；

(2) 设物体以速度 $v=2t+1$ 做直线运动,用定积分表示时间 t 从 0 到 3 该物体走过的路程 $s=$ _____；

(3) 已知 $\int_0^3 f(x)\mathrm{d}x=m,\int_0^3 g(x)\mathrm{d}x=n$,则 $\int_3^0[4f(x)+5g(x)]\mathrm{d}x=$ _____.

11. 利用定积分的定义证明 $\int_a^b \mathrm{d}x=b-a$.

12. 根据定积分的几何意义计算下列定积分：

(1) $\int_{-1}^1 x\mathrm{d}x$；

(2) $\int_{-3}^3 \sqrt{9-x^2}\mathrm{d}x$；

(3) $\int_{-1}^1 |x|\mathrm{d}x$；

(4) $\int_0^\pi \cos x\mathrm{d}x$.

13. 不计算定积分,比较下列各组积分值的大小：

(1) $\int_0^1 x\mathrm{d}x$ 和 $\int_0^1 \sqrt{x}\mathrm{d}x$；

(2) $\int_0^{\frac{\pi}{2}} \sin x\mathrm{d}x$ 和 $\int_0^{\frac{\pi}{2}} \sin^2 x\mathrm{d}x$；

(3) $\int_0^1 x\mathrm{d}x$ 和 $\int_0^1 \sin x\mathrm{d}x$；

(4) $\int_1^{\mathrm{e}} x\mathrm{d}x$ 和 $\int_1^{\mathrm{e}} \ln(1+x)\mathrm{d}x$.

14. 估计下列各定积分的值：

(1) $\int_1^4 (x^2-4x)\mathrm{d}x$；

(2) $\int_0^{\frac{\pi}{2}} \mathrm{e}^{\sin x}\mathrm{d}x$；

(3) $\int_0^2 \frac{5-x}{9-x^2}\mathrm{d}x$.

15. 求函数 $y=\int_0^x \cos t\mathrm{d}t$ 在点 $x=0$ 及 $x=\frac{\pi}{3}$ 处的导数.

16. 求下列函数的导数：

(1) $\int_1^x \frac{1}{\sqrt{1+t^2}}\mathrm{d}t$；

(2) $\int_{\sqrt{x}}^0 \frac{1}{t}\mathrm{d}t$；

(3) $\int_x^{x^2} \frac{\sin t}{t}\mathrm{d}t$；

(4) $\int_{\sin x}^{\cos x} \cos(\pi t^2)\mathrm{d}t$.

17. 计算下列定积分：

(1) $\int_1^3 \frac{1}{\sqrt{x}}\mathrm{d}x$；

(2) $\int_1^{\sqrt{3}} \frac{1}{1+x^2}\mathrm{d}x$；

(3) $\int_1^2 \left(x^2+\frac{1}{x^4}-\frac{1}{x}\right)\mathrm{d}x$；

(4) $\int_1^2 \left(x+\frac{1}{x}\right)^2\mathrm{d}x$；

(5) $\int_{-3}^1 |x+1|\mathrm{d}x$；

(6) $\int_0^1 \frac{x^4}{1+x^2}\mathrm{d}x$；

(7) $\int_0^{\frac{\pi}{4}} \frac{1}{1+\cos 2x}\mathrm{d}x$；

(8) $\int_{\frac{\pi}{6}}^{\frac{\pi}{3}} \frac{1}{\sin^2 x\cos^2 x}\mathrm{d}x$.

18. 设 $f(x)=\begin{cases} x-1, & x\leqslant 2, \\ x^2-3, & x>2, \end{cases}$ 求 $\int_1^3 f(x)\mathrm{d}x$.

19. 求下列函数的极限：

(1) $\lim\limits_{x \to 0} \dfrac{\displaystyle\int_0^x \sin t^2 \, dt}{x^3}$;

(2) $\lim\limits_{x \to 0} \dfrac{x - \displaystyle\int_0^x e^{t^2} \, dt}{x^2 \sin 2x}$;

(3) $\lim\limits_{x \to 0} \dfrac{\displaystyle\int_0^{x^2} \sin t \, dt}{\displaystyle\int_x^0 t \ln(1 + t^2) \, dt}$.

20. 求函数 $f(x) = \displaystyle\int_0^x \left(1 - \dfrac{1}{\sqrt{1-t}}\right) dt$ 的单调区间.

21. 用换元法求下列定积分:

(1) $\displaystyle\int_0^3 e^{\frac{x}{3}} \, dx$;

(2) $\displaystyle\int_1^e \dfrac{1 + \ln x}{x} \, dx$;

(3) $\displaystyle\int_0^1 \dfrac{dx}{(5x-2)^2}$;

(4) $\displaystyle\int_1^{\frac{\pi}{2}} \cos x \sin^4 x \, dx$;

(5) $\displaystyle\int_0^\pi (1 - \sin^3 x) \, dx$;

(6) $\displaystyle\int_1^{\frac{\pi}{4}} \cos^2(2x) \, dx$;

(7) $\displaystyle\int_{\frac{1}{\pi}}^{\frac{2}{\pi}} \dfrac{1}{x^2} \sin \dfrac{1}{x} \, dx$;

(8) $\displaystyle\int_1^{\sqrt{2}} \dfrac{x}{\sqrt{4-x^2}} \, dx$;

(9) $\displaystyle\int_0^1 \dfrac{e^x}{1 + e^x} \, dx$;

(10) $\displaystyle\int_1^{\frac{\pi}{4}} \sec^2 x \tan x \, dx$;

(11) $\displaystyle\int_0^4 \dfrac{\sqrt{x}}{1 + \sqrt{x}} \, dx$;

(12) $\displaystyle\int_1^5 \dfrac{\sqrt{x-1}}{x} \, dx$;

(13) $\displaystyle\int_0^3 \dfrac{x}{1 + \sqrt{x+1}} \, dx$;

(14) $\displaystyle\int_{\ln 3}^{\ln 8} \sqrt{1 + e^x} \, dx$;

(15) $\displaystyle\int_0^1 \sqrt{4 - x^2} \, dx$;

(16) $\displaystyle\int_1^2 \dfrac{\sqrt{x^2 - 1}}{x} \, dx$.

22. 用分部积分法求下列定积分:

(1) $\displaystyle\int_0^1 x e^x \, dx$;

(2) $\displaystyle\int_1^{\ln 2} x e^{-x} \, dx$;

(3) $\displaystyle\int_1^e x \ln x \, dx$;

(4) $\displaystyle\int_1^{\frac{\pi}{2}} x \sin x \, dx$;

(5) $\displaystyle\int_1^{\frac{\pi}{2}} x^2 \cos x \, dx$;

(6) $\displaystyle\int_0^1 x \arctan x \, dx$;

(7) $\displaystyle\int_0^{\frac{\pi}{4}} \dfrac{x}{1 + \cos 2x} \, dx$;

(8) $\displaystyle\int_0^{\frac{\sqrt{3}}{2}} \arccos x \, dx$.

23. 利用函数的奇偶性计算下列定积分:

(1) $\displaystyle\int_{-2}^2 x^3 \cos x \, dx$;

(2) $\displaystyle\int_{-4}^4 x^4 \sin x \, dx$;

(3) $\displaystyle\int_{-1}^1 \dfrac{x^2 \sin^3 x}{(x^4 + 3x^2 - 5)^3} \, dx$;

(4) $\displaystyle\int_{-\pi}^\pi \dfrac{x^2 \sin x}{1 + x^6} \, dx$.

24. 当 $x > 0$ 时,证明 $\displaystyle\int_x^1 \dfrac{1}{1 + t^2} \, dt = \displaystyle\int_1^{\frac{1}{x}} \dfrac{1}{1 + t^2} \, dt$.

25. 设 $f(x)$ 连续,证明 $\displaystyle\int_a^b f(x) \, dx = (b-1) \displaystyle\int_0^1 f[a + (b-a)x] \, dx$.

26. 求由下列曲线所围成的图形的面积:

(1) $y = x^2 + 3, x = 1$ 与 x 轴和 y 轴;

(2) $y = e^x, y = e^{-x}$ 与 $y = 1$;

(3) $y = x^2, y = 2 - x^2$;

(4) $y = 3 - x^2, y = 2x$;

(5) $y = x^2, y = x$ 与 $y = 2x$;

(6) $y = \ln x, y = \ln 3, y = \ln 7$ 与 y 轴;

(7) $y = x^3, y = 1$ 与 y 轴.

27. 求下列旋转体体积:

(1) $y = \sqrt{x}, x = 1, x = 4$ 与 x 轴所围成图形绕 x 轴旋转;

(2) $xy = 4, x = 1, x = 4$ 与 x 轴所围成图形绕 x 轴旋转;

(3) $y = x^2 - 4$ 与 x 轴所围成图形绕 y 轴旋转;

(4) $y = \sqrt{x}, x = 1, x = 4$ 与 x 轴所围成图形绕 y 轴旋转.

28. 根据胡克定律,压缩弹簧所用的力与压缩量成正比. 已知某弹簧被压缩 0.01 m,需用力 2 N,求把弹簧从 0.025 m 压缩到 0.02 m 时所做的功.

29. 设一水平放置的水管,其断面是直径为 6 m 的圆,求当水半满时,水管一端的竖立闸门上所受的压力.

30. 有一闸门,它的形状和尺寸如题图 4.1 所示,水面超过门顶 1 m,求闸门上所受的压力.

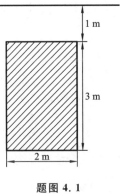

1 m

3 m

2 m

题图 4.1

31. 利用 MATLAB 求下列不定积分:

(1) $\int \left(\dfrac{5}{1 + x^2} + \dfrac{\ln x}{2x} \right) \mathrm{d}x$;

(2) $\int 3^x e^x \mathrm{d}x$;

(3) $\int x^3 (\sqrt{x} - 1) \mathrm{d}x$;

(4) $\int e^{2x} \sin 3x \mathrm{d}x$;

(5) $\int 3 \ln 5x \mathrm{d}x$;

(6) $\int \dfrac{1}{1 + \cos 2x} \mathrm{d}x$.

32. 利用 MATLAB 求下列定积分:

(1) $\int_{-\frac{1}{2}}^{\frac{1}{2}} \dfrac{1}{\sqrt{1-x^2}} \mathrm{d}x$;

(2) $\int_0^{2\pi} \left| \sin\left(x+\dfrac{\pi}{3}\right) \right| \mathrm{d}x$;

(3) $\int_1^2 \left(x^3 - \dfrac{1}{x^5}\right) \mathrm{d}x$;

(4) $\int_0^{\frac{3\pi}{4}} \sqrt{2\cos^2 x} \,\mathrm{d}x$;

(5) $\int_0^{\sqrt{2}} \dfrac{x}{\sqrt{3-x^2}} \mathrm{d}x$;

(6) $\int_0^2 x\ln(1+x^2) \,\mathrm{d}x$.

33. 利用 MATLAB 求由曲线 $y = x^{\frac{1}{2}}$ 和 $y = x$ 所围成的图形的面积.

34. 利用 MATLAB 求由曲线 $y = x^2$ 与 $x = y^2$ 所围成的图形绕 y 轴旋转一周所产生的旋转体的体积.

第 5 章　常微分方程

　　函数关系对研究客观事物的规律具有重要意义,但在许多实际问题中,表达运动规律的函数往往不能直接找到,需要根据问题所给的条件,引出含有要找到的函数及其导数或微分的等式,这样的等式就是微分方程.微分方程建立后,对它进行研究,找出未知函数,这就是解微分方程.微分方程已发展成为一门独立的数学学科,有完整的理论体系.本章主要介绍微分方程的基本概念和常见的几种类型的微分方程及其解法,并通过举例给出微分方程在实际问题中的一些简单应用.

5.1　常微分方程的基本概念

本节课件

　　为了叙述常微分方程的有关概念,先看两个例子.

　　例 1　已知曲线上任一点 $P(x,y)$ 处的切线的斜率为 $2x$,且过点 $(1,2)$,求这条曲线的方程.

　　解　设所求曲线的方程为 $y=f(x)$,根据导数的几何意义知,曲线在点 $P(x,y)$ 处的切线的斜率为 $\dfrac{\mathrm{d}y}{\mathrm{d}x}$,于是有

$$\frac{\mathrm{d}y}{\mathrm{d}x}=2x, \tag{5.1.1}$$

且未知函数 $y=f(x)$ 应满足条件:

$$y|_{x=1}=2. \tag{5.1.2}$$

对方程(5.1.1)两边积分,得

$$y=x^2+C, \tag{5.1.3}$$

把条件(5.1.2)代入式(5.1.3),得

$$C=1.$$

　　于是所求的曲线方程为

$$y=x^2+1. \tag{5.1.4}$$

　　例 2　列车在平直线路上以 20 m/s 的速度行驶,制动时列车获得加速度 -0.4 m/s^2.问开始制动后,列车的速度和位移与时间的关系.

　　解　设列车开始制动后的速度和位移与时间的关系分别为 $v=v(t),s=s(t)$,由二阶导数的物理意义知

$$\frac{\mathrm{d}^2 s}{\mathrm{d}t^2}=-0.4, \tag{5.1.5}$$

且未知函数 $s=s(t)$ 应满足条件:

$$\begin{cases} s|_{t=0}=0, \\ v|_{t=0}=20. \end{cases} \tag{5.1.6}$$

对方程(5.1.5)两边积分,得

$$v=\frac{\mathrm{d}s}{\mathrm{d}t}=-0.4t+C_1, \qquad (5.1.7)$$

再对式(5.1.7)两边积分,得

$$s(t)=-0.2t^2+C_1t+C_2. \qquad (5.1.8)$$

将条件(5.1.6)代入式(5.1.7)和式(5.1.8)可解得 $C_1=20,C_2=0$,故有

$$v(t)=-0.4t+20, \qquad (5.1.9)$$
$$s(t)=-0.2t^2+20t. \qquad (5.1.10)$$

上面两个例子中的等式(5.1.1)、(5.1.5)都含有未知函数的导数,它们都是微分方程.下面介绍微分方程的基本概念.

定义 5.1.1 含有未知函数的导数(或微分)的方程,称为**微分方程**.其中,未知函数是一元函数的微分方程,称为**常微分方程**.未知函数是多元函数的微分方程,称为**偏微分方程**.

注意 本章只讲常微分方程,在不引起混淆的情况下,这里将常微分方程简称为微分方程或方程.

定义 5.1.2 在微分方程中,所含未知函数的导数的最高阶数,称为**微分方程的阶**.

例如,方程(5.1.1)是一阶微分方程,方程(5.1.5)是二阶微分方程.又如,方程

$$x^2y'''+3xy''-xy'=7x^2+1$$

是三阶微分方程,方程

$$y^{(5)}-4x^2y''+12y'+5y=\cos x$$

是五阶微分方程.

一般地,n 阶微分方程的形式是

$$F(x,y,y',\cdots,y^{(n)})=0,$$

其中,x 是自变量,y 是 x 的未知函数,$y',y'',\cdots,y^{(n)}$ 依次是未知函数的一阶、二阶、$\cdots$、n 阶导数.如果方程中 $y',y'',\cdots,y^{(n)}$ 都是一次式,则称方程 $F(x,y,y',\cdots,y^{(n)})=0$ 为 n 阶线性微分方程.

定义 5.1.3 能使微分方程成为恒等式的函数称为该微分方程的**解**.如果方程的解中,含有独立的任意常数的个数与方程的阶数相等,这样的解称为微分方程的**通解**(这里所说的独立的任意常数是指不能通过合并含有任意常数的项而减少任意常数的个数).如果微分方程的解不包含任意常数,则称它为微分方程的**特解**.通解中的任意常数的取值通常是由附加条件来确定的,这种附加条件称为微分方程的**初始条件**.求微分方程满足初始条件的解的问题,称为微分方程的**初值问题**.

例如,函数(5.1.3)、(5.1.4)均是方程(5.1.1)的解,其中函数(5.1.3)是方程的通解,函数(5.1.4)是方程的特解.函数(5.1.8)、(5.1.10)均是方程(5.1.5)的解,其中函数(5.1.8)是方程的通解,函数(5.1.10)是方程的特解.函数(5.1.2)、(5.1.6)分别是方程(5.1.1)、(5.1.5)的初始条件.

定义 5.1.4 微分方程的通解的图形是平面上的一族曲线,称为**积分曲线族**;特解的图形是积分曲线族中一条确定的曲线,称为微分方程的**积分曲线**.这就是微分方程的解的几何意义.

例 3 验证:函数 $y=C_1\mathrm{e}^x+C_2\mathrm{e}^{2x}$($C_1,C_2$ 是任意常数)是微分方程 $y''-3y'+2y=0$ 的通解,并求其满足初始条件 $y(0)=0,y'(0)=1$ 的特解.

解 由于 $y=C_1\mathrm{e}^x+C_2\mathrm{e}^{2x}$,于是

$$y'=C_1\mathrm{e}^x+2C_2\mathrm{e}^{2x}, \quad y''=C_1\mathrm{e}^x+4C_2\mathrm{e}^{2x},$$

把 y,y',y'' 代入方程 $y''-3y'+2y=0$ 的左端,有

$$左端=y''-3y'+2y=C_1\mathrm{e}^x+4C_2\mathrm{e}^{2x}-3(C_1\mathrm{e}^x+2C_2\mathrm{e}^{2x})+2(C_1\mathrm{e}^x+C_2\mathrm{e}^{2x})$$
$$\equiv0=右端.$$

又因为 C_1,C_2 是独立的两个任意常数,所以函数

$$y=C_1\mathrm{e}^x+C_2\mathrm{e}^{2x}$$

是微分方程 $y''-3y'+2y=0$ 的通解.

由初始条件 $y(0)=0$,得 $C_1+C_2=0$.由初始条件 $y'(0)=1$,得 $C_1+2C_2=1$.联立解得 $C_1=-1,C_2=1$.于是,满足所给初始条件的特解为

$$y=-\mathrm{e}^x+\mathrm{e}^{2x}.$$

5.2 可分离变量的微分方程

本节课件

5.2.1 可分离变量的微分方程的定义

定义 5.2.1 一般地,若一阶微分方程

$$\frac{\mathrm{d}y}{\mathrm{d}x}=f(x,y) \tag{5.2.1}$$

中的 $f(x,y)$ 可化为 $h(x)\cdot g(y)$,即有

$$\frac{\mathrm{d}y}{\mathrm{d}x}=h(x)\cdot g(y),$$

则方程(5.2.1)称为**可分离变量的微分方程**.该类方程的等式右边可以表示为 x 的函数与 y 的函数的乘积.

例 1 下列微分方程中哪些是可分离变量的微分方程?

(1) $\dfrac{\mathrm{d}y}{\mathrm{d}x}=3xy$;   (2) $(x^2+y^2)\mathrm{d}x-xy\mathrm{d}y=0$;   (3) $y'=\mathrm{e}^{x+y}$.

解 (1) 是.方程右边 $f(x)=3x,g(y)=y$.

(2) 不是.方程变形为

$$\frac{\mathrm{d}y}{\mathrm{d}x}=\frac{x^2+y^2}{xy},$$

其右边无法表示为 x 的函数与 y 的函数的乘积形式.

(3) 是.方程变形为

$$\frac{\mathrm{d}y}{\mathrm{d}x}=\mathrm{e}^x\cdot\mathrm{e}^y,$$

方程右边 $f(x)=\mathrm{e}^x,g(y)=\mathrm{e}^y$.

5.2.2 可分离变量的微分方程的解法

例 2 求微分方程 $\dfrac{\mathrm{d}y}{\mathrm{d}x} = y^2 \cos x$ 的通解.

解 因为 y 是未知的,对方程两边直接积分时,右边的积分 $\int y^2 \cos x \mathrm{d}x$ 无法计算出,所以直接积分不能奏效. 但可以在方程两边同除以 y^2,使方程变形为

$$\frac{\mathrm{d}y}{y^2} = \cos x \mathrm{d}x.$$

这样,方程化为等式一边只含变量 y,而另一边只含变量 x 的形式,再对等式两边积分,得

$$-\frac{1}{y} = \sin x + C,$$

即

$$y = -\frac{1}{\sin x + C}.$$

可以验证,函数 $y = -\dfrac{1}{\sin x + C}$ 是方程的通解.

一般地,对于已经化为形如

$$\frac{\mathrm{d}y}{\mathrm{d}x} = h(x) \cdot g(y) \tag{5.2.2}$$

的微分方程,求通解的步骤如下.

第一步:分离变量,得

$$\frac{\mathrm{d}y}{g(y)} = h(x)\mathrm{d}x \ (g(y) \neq 0). \tag{5.2.3}$$

第二步:对方程两边积分,得

$$\int \frac{\mathrm{d}y}{g(y)} = \int h(x)\mathrm{d}x,$$

求出积分,得隐式通解为

$$G(y) = F(x) + C,$$

其中,$G(y)$ 和 $F(x)$ 分别是 $\dfrac{1}{g(y)}$ 和 $h(x)$ 的原函数.

说明:当 $g(y) \neq 0$ 时,方程(5.2.2)与方程(5.2.3)同解. 假设存在实数 b,使 $g(b)=0$,则函数 $y=b$ 显然满足方程(5.2.2),因此它是方程(5.2.2)的解,但它不是方程(5.2.3)的解. 因此,当用方程(5.2.3)去替代方程(5.2.2)时,要注意方程(5.2.3)的通解有时不能表示方程(5.2.2)所有的解,即通解有时并不能表示微分方程所有的解. 必要时,注意补上这些可能丢失的解.

例 3 求微分方程 $\dfrac{\mathrm{d}y}{\mathrm{d}x} = (1+x)(1+y^2)$ 的通解.

解 分离变量,得

$$\frac{\mathrm{d}y}{1+y^2} = (1+x)\mathrm{d}x,$$

对方程两边积分,得

$$\arctan y = \frac{1}{2}x^2 + x + C,$$

故方程的通解为

$$y = \tan\left(\frac{1}{2}x^2 + x + C\right).$$

例 4　求微分方程 $\dfrac{\mathrm{d}y}{\mathrm{d}x} = 3x^2 y$ 的通解.

解　当 $y \neq 0$ 时,分离变量,得

$$\frac{\mathrm{d}y}{y} = 3x^2 \mathrm{d}x,$$

对方程两边积分,得

$$\ln|y| = x^3 + C_1,$$

即

$$y = \pm \mathrm{e}^{x^3 + C_1} = \pm \mathrm{e}^{C_1} \cdot \mathrm{e}^{x^3}.$$

令 $C = \pm \mathrm{e}^{C_1} (C \neq 0)$,得方程的通解为

$$y = C\mathrm{e}^{x^3}.$$

另外,$y = 0$ 也是方程的解,因此方程的通解为

$$y = C\mathrm{e}^{x^3} \ (C \text{ 为任意常数}).$$

5.2.3　可分离变量的微分方程的应用

应用微分方程解决实际问题的一般步骤如下:

(1) 依题意,利用已知的公式或定律建立微分方程,并确定初始条件;

(2) 求出微分方程的通解;

(3) 利用初始条件求出特解;

(4) 根据某些实际问题的需要,利用所得的特解解释问题的实际意义.

例 5　某空降部队进行跳伞训练,伞兵打开降落伞后,降落伞和伞兵在下降过程中所受空气阻力与降落伞的下降速度成正比,设伞兵打开降落伞时($t=0$)的下降速度为 v_0,求降落伞下降的速度 v 与 t 的函数关系.

解　设时刻 t 降落伞下降速度为 $v(t)$,伞所受空气阻力为 kv(k 为比例系数),阻力与运动方向相反,还受到伞和伞兵的重力 $G = mg$ 的作用,由牛顿第二定律得

$$m\frac{\mathrm{d}v}{\mathrm{d}t} = mg - kv,$$

且有初始条件 $v|_{t=0} = v_0$.

对上述方程分离变量,得

$$\frac{\mathrm{d}v}{mg - kv} = \frac{\mathrm{d}t}{m},$$

对上述方程两边积分,得

$$-\frac{1}{k}\ln|mg - kv| = \frac{t}{m} + C_1,$$

整理得

$$v = \frac{mg}{k} + C\mathrm{e}^{-\frac{k}{m}t} \left(C = -\frac{1}{k}\mathrm{e}^{-kC_1}\right).$$

由初始条件得 $C = v_0 - \dfrac{mg}{k}$,故所求特解为

$$v = \frac{mg}{k} + \left(v_0 - \frac{mg}{k} \right) \mathrm{e}^{-\frac{k}{m}t}.$$

由此可见,随着 t 的增大,速度 v 逐渐趋于常数 $\dfrac{mg}{k}$.这说明伞兵打开伞后,开始阶段是减速运动,后来逐渐趋于匀速运动(见图 5.2.1).

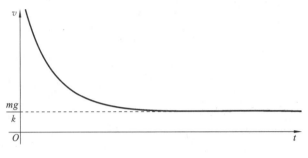

图 5.2.1

本节课件

5.3 一阶线性微分方程

5.3.1 一阶线性微分方程的定义

定义 5.3.1 形如

$$\frac{\mathrm{d}y}{\mathrm{d}x} + P(x)y = Q(x) \tag{5.3.1}$$

的微分方程称为**一阶线性微分方程**,其中 $P(x)$,$Q(x)$ 为已知函数,$Q(x)$ 称为**自由项**.

当自由项 $Q(x) \neq 0$ 时,方程(5.3.1)称为**一阶非齐次线性方程**.

当自由项 $Q(x) \equiv 0$ 时,方程

$$\frac{\mathrm{d}y}{\mathrm{d}x} + P(x)y = 0 \tag{5.3.2}$$

称为与一阶非齐次线性微分方程(5.3.1)相对应的**一阶齐次线性微分方程**.

例如,一阶微分方程

$$y' - \frac{2}{x}y = \frac{\cos x}{x}, \quad (x^2+1)y' + 2xy = 4x^2, \quad y' + 2xy = 0$$

都是一阶线性微分方程,其中,前两个是一阶非齐次线性微分方程,后面一个是一阶齐次线性微分方程.

又如,一阶微分方程

$$y' - y^2 = 0, \quad y' + \cos y = 0$$

都不是一阶线性微分方程,因为前一个微分方程中的 y^2 和后一个微分方程中的 $\cos y$ 都不是 y 的一次式.

5.3.2　一阶齐次线性微分方程的解法

先讨论一阶齐次线性微分方程的解法. 方程(5.3.2)可以看作是一个可分离变量的微分方程,因此,可以按照可分离变量的微分方程来求解.

方程(5.3.2)分离变量,得

$$\frac{\mathrm{d}y}{y} = -P(x)\mathrm{d}x,$$

两边积分,得

$$\ln|y| = -\int P(x)\mathrm{d}x + C_1,$$

于是方程的通解为

$$y = Ce^{-\int P(x)\mathrm{d}x},$$

其中, $C = \pm e^{C_1}$ 为不等于零的任意常数.

又因为 $y = 0$ 也是方程(5.3.2)的解,所以一阶齐次线性微分方程的通解为

$$y = Ce^{-\int P(x)\mathrm{d}x} (C \text{ 为任意常数}). \tag{5.3.3}$$

例 1　求方程 $\dfrac{\mathrm{d}y}{\mathrm{d}x} - \dfrac{1}{x}y = 0$ 的通解.

解　方法一　化为可分离变量的微分方程求解.

方程变形为

$$\frac{\mathrm{d}y}{\mathrm{d}x} = \frac{1}{x}y,$$

分离变量,得

$$\frac{\mathrm{d}y}{y} = \frac{\mathrm{d}x}{x},$$

两边积分,得

$$\ln|y| = \ln|x| + C_1,$$

即

$$y = Cx \ (C = \pm e^{C_1} \text{ 为不等于零的任意常数}).$$

又因为 $y = 0$ 也是方程的解,所以方程的通解为

$$y = Cx \ (C \text{ 为任意常数}).$$

方法二　直接代入公式(5.3.3)求解.

由题意知, $P(x) = -\dfrac{1}{x}$,所以方程的通解为

$$y = Ce^{-\int \left(-\frac{1}{x}\right)\mathrm{d}x} = Ce^{\int \frac{1}{x}\mathrm{d}x} = Ce^{\ln x}$$
$$= Cx \ (C \text{ 为任意常数}).$$

5.3.3　一阶非齐次线性微分方程的解法

一阶非齐次线性微分方程(5.3.1)可以通过**常数变易法**求解. 这种方法就是把一阶齐次线性微分方程通解中的任意常数 C 换成待定函数 $C(x)$,然后代入原方程求出函数 $C(x)$ 的表

达式,从而得到一阶非齐次线性微分方程通解的方法.

设一阶非齐次线性微分方程 (5.3.1)的通解为

$$y = C(x)e^{-\int P(x)dx}. \tag{5.3.4}$$

将式(5.3.4)代入方程(5.3.1),化简后得

$$C'(x)e^{-\int P(x)dx} = Q(x), \tag{5.3.5}$$

即

$$C'(x) = Q(x)e^{\int P(x)dx},$$

两边积分,得

$$C(x) = \int Q(x)e^{\int P(x)dx}dx + C.$$

将上式代入方程(5.3.4)得一阶非齐次线性微分方程 (5.3.1)的通解为

$$y = \left[\int Q(x)e^{\int P(x)dx}dx + C\right]e^{-\int P(x)dx} \tag{5.3.6}$$

或

$$y = Ce^{-\int P(x)dx} + \int Q(x)e^{\int P(x)dx}dx \cdot e^{-\int P(x)dx}. \tag{5.3.7}$$

从一阶非齐次线性微分方程的通解(5.3.7)可以看出,它由两部分组成,第一部分是其对应的齐次方程的通解,第二部分是非齐次方程的一个特解,即:

$$非齐次通解 = 齐次通解 + 非齐次特解.$$

一阶非齐次线性微分方程(5.3.1)的通解可以用公式(5.3.6)直接求得,也可以用常数变易法来求. 一般地,用常数变易法求一阶非齐次线性微分方程通解的步骤如下:

(1) 求出与非齐次线性微分方程对应的齐次线性微分方程的通解;

(2) 将齐次线性微分方程的通解中的任意常数 C 改为待定函数 $C(x)$,设其为非齐次线性微分方程的通解;

(3) 将所设的通解代入非齐次线性微分方程中,解出 $C(x)$,从而得到非齐次线性微分方程的通解.

说明:上述步骤的第三步,可以用简便的方法. 仔细观察前面的推导过程,不难发现,式(5.3.5)恰好为式(5.3.4)的右边将待定函数 $C(x)$ 换成它的导数 $C'(x)$ 后等于自由项 $Q(x)$ 而得,由此即可求得待定函数 $C(x)$. 使用此方法,可省去将式(5.3.4)代入式(5.3.1)时的繁杂运算. 不过,应用时要注意,式(5.3.1)中 $\dfrac{dy}{dx}$ 的系数必须为 1.

例 2　求方程 $\dfrac{dy}{dx} + 2xy = 2xe^{-x^2}$ 的通解.

解　方法一　公式法.由题意知

$$P(x) = 2x, \quad Q(x) = 2xe^{-x^2},$$

所以方程的通解为

$$y = \left(\int 2xe^{-x^2} \cdot e^{\int 2xdx}dx + C\right)e^{-\int 2xdx} = \left(\int 2xe^{-x^2} \cdot e^{x^2}dx + C\right)e^{-x^2}$$

$$= \left(\int 2xdx + C\right)e^{-x^2} = (x^2 + C)e^{-x^2}.$$

方法二　常数变易法.先求对应的齐次方程$\dfrac{\mathrm{d}y}{\mathrm{d}x} + 2xy = 0$的通解.

分离变量,得

$$\frac{\mathrm{d}y}{y} = -2x\mathrm{d}x,$$

两边积分,得

$$\ln|y| = -x^2 + C_1,$$

变形后整理,得齐次方程通解为

$$y = C\mathrm{e}^{-x^2} \ (C \text{ 为任意常数}).$$

再设非齐次方程的通解为 $y = C(x)\mathrm{e}^{-x^2}$,将其代入原方程,得

$$C'(x)\mathrm{e}^{-x^2} = 2x\mathrm{e}^{-x^2}, \quad 即 \quad C'(x) = 2x,$$

于是

$$C(x) = \int 2x\mathrm{d}x = x^2 + C,$$

所以原方程的通解为

$$y = (x^2 + C)\mathrm{e}^{-x^2}.$$

5.3.4　一阶非齐次线性微分方程的应用

例 3　一个由电阻 $R = 10$ 欧、电感 $L = 2$ 亨和电源电压 $U = 20\sin 5t$ 伏所组成的串联电路,如图 5.3.1 所示,开关 K 合上后,电路中有电流通过,求电流 $i(t)$ 的变化规律.

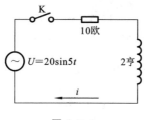

图 5.3.1

解　(1) 列方程. 根据回路电压定律知,电感上的电压与电阻上的电压之和等于电源电压,而电阻上的电压为 Ri,电感上的电压为 $L\dfrac{\mathrm{d}i}{\mathrm{d}t}$,故有

$$2\frac{\mathrm{d}i}{\mathrm{d}t} + 10i = 20\sin 5t,$$

即

$$\frac{\mathrm{d}i}{\mathrm{d}t} + 5i = 10\sin 5t. \tag{①}$$

未知函数 $i(t)$ 应满足方程①.此外,设开关 K 合上的时刻为 $t = 0$,这时 $i(t)$ 还应满足初始条件

$$i(0) = 0. \tag{②}$$

(2) 求通解. 方程②是一个非齐次线性微分方程,将 $P(t) = 5, Q(t) = 10\sin 5t$ 代入一阶非齐次线性微分方程通解公式(5.3.6),得

$$i(t) = \left[\int 10\sin 5t \cdot e^{\int 5dt} dt + C\right] e^{-\int 5dt} = \left[10 \int \sin 5t \cdot e^{5t} dt + C\right] e^{-5t}$$

$$= \left[e^{5t}(\sin 5t - \cos 5t) + C\right] e^{-5t}$$

$$= \sin 5t - \cos 5t + Ce^{-5t}. \qquad\qquad ③$$

(3) 求特解. 将初始条件 ② 代入方程 ③，得 $C = 1$，于是所求电流 $i(t)$ 为

$$i(t) = \sin 5t - \cos 5t + e^{-5t} = e^{-5t} + \sqrt{2}\sin\left(5t - \frac{\pi}{4}\right).$$

当 t 增大时，上式右端第一项 e^{-5t}（叫做暂态电流）逐渐变小而趋于零；第二项 $\sqrt{2}\sin\left(5t - \frac{\pi}{4}\right)$（叫做稳态电流）是正弦型函数，它的周期和电源电压的周期相同，而相角落后了 $\frac{\pi}{4}$.

注意　二阶和二阶以上的微分方程称为**高阶微分方程**. 有的高阶微分方程经过一定的变换后可转化为一阶微分方程的求解问题.

比如，在求解形式为 $y'' = f(x, y')$ 的微分方程时，可令

$$y' = p(x) \ (p(x) \text{ 为新的未知函数}),$$

则

$$y'' = p'(x),$$

将其代入原方程，将原方程化为一个关于自变量 x 和未知函数 $p(x)$ 的一阶微分方程：

$$p'(x) = f(x, p(x)).$$

若可以求出其通解 $p = p(x, C_1)$，则

$$y' = p(x, C_1).$$

再对上式两边积分，即得原方程的通解为

$$y = \int p(x, C_1) dx + C_2 \ (C_1, C_2 \text{ 为任意常数}).$$

* **例4**　求微分方程 $y'' - \frac{2}{x}y' = x^2 + 1$ 的通解.

解　该方程为二阶微分方程，且不显含未知函数 y，可考虑转化为一阶线性微分方程来求解.

令 $y' = p(x)$，则 $y'' = p'(x)$，将其代入原方程得

$$p' - \frac{2}{x}p = x^2 + 1.$$

这是一个一阶非齐次线性微分方程，代入通解公式(5.3.6)，得

$$p = \left[\int (x^2 + 1)e^{\int(-\frac{2}{x})dx} dx + C_1\right] e^{-\int(-\frac{2}{x})dx} = \left[\int (x^2 + 1)e^{-2\ln x} dx + C_1\right] e^{2\ln x}$$

$$= \left[\int (x^2 + 1) \cdot \frac{1}{x^2} dx + C_1\right] x^2 = x^3 - x + C_1 x^2,$$

则

$$y' = x^3 - x + C_1 x^2.$$

再对上式两边积分，得原方程的通解为

$$y = \frac{1}{4}x^4 + \frac{C_1}{3}x^3 - \frac{1}{2}x^2 + C_2.$$

5.4　二阶常系数齐次线性微分方程

本节课件

5.4.1　二阶常系数齐次线性微分方程的定义

形如

$$y'' + P(x)y' + Q(x)y = f(x) \tag{5.4.1}$$

的方程称为**二阶线性微分方程**.

当 $f(x) \equiv 0$ 时,方程(5.4.1)转化为

$$y'' + P(x)y' + Q(x)y = 0, \tag{5.4.2}$$

方程(5.4.2)称为**二阶齐次线性微分方程**.

当 $f(x)$ 不恒等于 0 时,方程(5.4.1)称为**二阶非齐次线性微分方程**.

当 $P(x), Q(x)$ 分别为常数 p, q 时,方程

$$y'' + py' + qy = 0 \tag{5.4.3}$$

称为**二阶常系数齐次线性微分方程**. 方程

$$y'' + py' + qy = f(x) \tag{5.4.4}$$

称为**二阶常系数非齐次线性微分方程**.

例 1　根据二阶微分方程的定义判断下列微分方程的类型:

(1) $y'' + 3xy' + 5x^2 y = x$;　　　　　(2) $y'' + 3y' + 12y = e^x$;

(3) $y'' + \sin x \cdot y' + 7xy = 0$;　　　(4) $y'' + 9y' + 7y = 0$.

解　(1) 因等式右端 $f(x) \neq 0$,且 $P(x), Q(x)$ 不是常数,故为二阶非齐次线性微分方程.

(2) 因等式右端 $f(x) \neq 0$,且 $P(x), Q(x)$ 为常数,故为二阶常系数非齐次线性微分方程.

(3) 因等式右端 $f(x) = 0$,且 $P(x), Q(x)$ 不是常数,故为二阶齐次线性微分方程.

(4) 因等式右端 $f(x) = 0$,且 $P(x), Q(x)$ 为常数,故为二阶常系数齐次线性微分方程.

本节主要讨论二阶常系数齐次线性微分方程.

5.4.2　二阶常系数齐次线性微分方程解的结构

首先介绍线性相关和线性无关的概念.

定义 5.4.1　设 $y_1(x), y_2(x)$ 是定义在区间 I 内的函数,若存在两个不全为零的常数 k_1, k_2 使得对于区间 I 内的任意 x,恒有 $k_1 y_1(x) + k_2 y_2(x) = 0$ 成立,则称函数 $y_1(x), y_2(x)$ 在区间 I 内线性相关,否则称为线性无关.

由定义 5.4.1 可知,函数 y_1, y_2 线性相关的充分必要条件是 $\dfrac{y_1}{y_2}$ 的值在区间 I 内恒为常数,若 $\dfrac{y_1}{y_2}$ 不恒为常数时,则函数 y_1, y_2 是线性无关的.

例 2　判断下列函数是否线性相关:

(1) e^{2x} 与 e^{3x};　　　　　(2) x^2 与 $5x^2$;

(3) e^x 与 xe^x;　　　　　(4) $\sin x$ 与 $\cos x$.

解　(1) $\dfrac{e^{2x}}{e^{3x}} = e^{-x} \neq$ 常数,故函数 e^{2x} 与 e^{3x} 是线性无关的.

(2) $\dfrac{x^2}{5x^2} = \dfrac{1}{5} =$ 常数,故函数 x^2 与 $5x^2$ 是线性相关的.

(3) $\dfrac{e^x}{x e^x} = \dfrac{1}{x} \neq$ 常数,故函数 e^x 与 $x e^x$ 是线性无关的.

(4) $\dfrac{\sin x}{\cos x} = \tan x \neq$ 常数,故函数 $\sin x$ 与 $\cos x$ 是线性无关的.

下面引入齐次线性方程解的叠加原理.

定理 5.4.1(齐次线性方程解的叠加原理)　若函数 y_1, y_2 是齐次线性方程
$$y'' + py' + qy = 0$$
的两个解,则 $y = C_1 y_1 + C_2 y_2$ 也是方程的解;若 y_1, y_2 线性无关,则 $y = C_1 y_1 + C_2 y_2$ 是方程的通解(C_1, C_2 为任意常数).

证明　因为 y_1, y_2 是齐次线性方程的两个解,则有
$$y_1'' + py_1' + qy_1 = 0, \quad y_2'' + py_2' + qy_2 = 0.$$
将 $y = C_1 y_1 + C_2 y_2$ 代入方程左端,得
$$\begin{aligned}\text{左端} &= y'' + py' + qy = (C_1 y_1'' + C_2 y_2'') + p(C_1 y_1' + C_2 y_2') + q(C_1 y_1 + C_2 y_2)\\ &= C_1(y_1'' + py_1' + qy_1) + C_2(y_2'' + py_2' + qy_2) = 0 = \text{右端},\end{aligned}$$
所以 $y = C_1 y_1 + C_2 y_2$ 是方程的解.

若 y_1 与 y_2 线性相关,则有
$$\dfrac{y_1}{y_2} = k \ (k \text{ 为常数}), \quad \text{即} \quad y_1 = ky_2,$$
于是解得
$$y = C_1 y_1 + C_2 y_2 = C_1 ky_2 + C_2 y_2 = Cy_2,$$
其中 $C = C_1 k + C_2$,所以 $y = C_1 y_1 + C_2 y_2$ 不是方程的通解.

若 y_1 与 y_2 线性无关,则解 $y = C_1 y_1 + C_2 y_2$ 中 C_1 和 C_2 是两个独立的任意常数,且其个数与方程的阶数相同,由通解的定义知,$y = C_1 y_1 + C_2 y_2$ 是方程的通解.

例 3　已知二阶常系数齐次线性微分方程 $y'' + y = 0$,验证 $y_1 = \sin x$ 与 $y_2 = \cos x$ 都是方程的解,并求该微分方程的通解.

解　已知 $y_1 = \sin x$,则
$$y_1' = \cos x, \quad y_1'' = -\sin x,$$
代入微分方程,得
$$\text{左端} = -\sin x + \sin x = 0 = \text{右端},$$
即 $y_1 = \sin x$ 是方程的解.

同理可证,$y_2 = \cos x$ 也是方程 $y'' + y = 0$ 的解.

因为
$$\dfrac{y_1}{y_2} = \dfrac{\sin x}{\cos x} = \tan x \neq \text{常数},$$
所以 $y_1 = \sin x$ 与 $y_2 = \cos x$ 是线性无关的.

由齐次线性方程解的叠加原理知,方程 $y'' + y = 0$ 的通解为
$$y = C_1 \sin x + C_2 \cos x \ (C_1, C_2 \text{ 为任意常数}).$$

5.4.3　二阶常系数齐次线性微分方程的解法

由定理 5.4.1 的齐次线性方程解的叠加原理可知,要求方程 (5.4.3) 的通解,只要求出它的两个线性无关的特解即可.那么,如何求特解呢?从方程的特点来进行分析.对于方程
$$y'' + py' + qy = 0,$$
方程左边是未知函数及其一阶导数、二阶导数分别乘以"适当"的常数后求和,右边为零.这就是说,方程的解 y 必须与其一阶导数 y' 和二阶导数 y'' 是同类函数,而具有此特性的最简单函数是指数函数:
$$y = e^{rx} (r\ 常数).$$

假设 $y = e^{rx}$ 为方程的解,其中 r 是待定常数,代入方程 $y'' + py' + qy = 0$,得
$$r^2 e^{rx} + pre^{rx} + qe^{rx} = 0,$$
整理得
$$(r^2 + pr + q)e^{rx} = 0.$$

由于上式中 $e^{rx} \neq 0$,因此
$$r^2 + pr + q = 0. \tag{5.4.5}$$

由此可见,只要 $y = e^{rx}$ 为方程(5.4.3)的解,则方程(5.4.5)一定成立.反过来,只要 r 满足一元二次方程 $r^2 + pr + q = 0$,函数 $y = e^{rx}$ 就一定是方程(5.4.3)的解.而方程(5.4.5)的形式完全由方程(5.4.3)所确定,所以我们把方程(5.4.5)称为微分方程(5.4.3)的**特征方程**,它的根称为**特征根**.

按照一元二次方程(5.4.5)特征根的三种不同情况,下面分情况讨论二阶常系数齐次线性微分方程的通解的形式.

(1) 当 $\Delta = p^2 - 4q > 0$ 时,特征方程有两个不同的实根 r_1 和 r_2,则方程有两个特解 $y_1 = e^{r_1 x}$,$y_2 = e^{r_2 x}$.因为
$$\frac{y_1}{y_2} = \frac{e^{r_1 x}}{e^{r_2 x}} = e^{(r_1 - r_2)x} \neq 常数,$$
即 $y_1 = e^{r_1 x}$ 与 $y_2 = e^{r_2 x}$ 线性无关,因此方程(5.4.3)的通解为
$$y = C_1 e^{r_1 x} + C_2 e^{r_2 x} (C_1, C_2\ 为任意常数).$$

(2) 当 $\Delta = p^2 - 4q = 0$ 时,特征方程有两个相等的实根,令 $r_1 = r_2 = r$,微分方程(5.4.3)可得一个解 $y_1 = e^{rx}$.由解的叠加原理知,只需求出另一个与 $y_1 = e^{rx}$ 线性无关的特解,即可得方程(5.4.3)通解.在所有与 $y_1 = e^{rx}$ 线性无关的函数中,函数 $y_2 = xe^{rx}$ 的形式最简单.

下面验证函数 $y_2 = xe^{rx}$ 也是方程(5.4.3)的解.

将 $y_2 = xe^{rx}$ 代入方程(5.4.3)得
$$左边 = (r^2 xe^{rx} + 2re^{rx}) + p(e^{rx} + rxe^{rx}) + qxe^{rx}$$
$$= (r^2 + pr + q)xe^{rx} + (2r + p)e^{rx} = 0 = 右边,$$
所以函数 $y_2 = xe^{rx}$ 是方程(5.4.3)的另一个特解.由于 y_1 与 y_2 线性无关,因此方程(5.4.3)的通解为
$$y = (C_1 + C_2 x)e^{rx} (C_1, C_2\ 为任意常数).$$

(3) 当 $\Delta = p^2 - 4q < 0$ 时,特征方程有一对共轭复根,即

$$r = \alpha \pm i\beta \ (\alpha,\beta \text{ 均为实常数，且 } \beta \neq 0),$$

此时方程(5.4.3)有两个线性无关的解

$$y_1 = e^{(\alpha+i\beta)x}, \quad y_2 = e^{(\alpha-i\beta)x}.$$

这是两个复数形式的特解，利用欧拉公式 $e^{i\theta} = \cos\theta + i\sin\theta$，得函数

$$\bar{y}_1 = \frac{1}{2}(y_1 + y_2) = e^{\alpha x}\cos\beta x,$$

$$\bar{y}_2 = \frac{1}{2i}(y_1 - y_2) = e^{\alpha x}\sin\beta x.$$

根据定理 5.4.1 可知，$\bar{y}_1, \bar{y}_2$ 仍然是方程(5.4.3)的解，且为实数形式. 由于 $\dfrac{\bar{y}_1}{\bar{y}_2} = \cot\beta x$ 不是常数，故方程(5.4.3)的实数形式的通解为

$$y = e^{\alpha x}(C_1\cos\beta x + C_2\sin\beta x) \ (C_1, C_2 \text{ 为任意常数}).$$

综上所述，求二阶常系数齐次线性微分方程(5.4.3)的通解的步骤如下：

第一步：写出微分方程的特征方程 $r^2 + pr + q = 0$.

第二步：求出特征根 r_1, r_2.

第三步：根据特征根的不同情况按表 5.4.1 写出微分方程的通解.

表 5.4.1

特征方程的根	通解形式
两个不等实根 r_1、r_2	$y = C_1 e^{r_1 x} + C_2 e^{r_2 x}$
两个相等实根 $r_1 = r_2 = r$	$y = (C_1 + C_2 x)e^{rx}$
一对共轭复根 $r_{1,2} = \alpha \pm i\beta$	$y = e^{\alpha x}(C_1\cos\beta x + C_2\sin\beta x)$

例 4 求微分方程 $y'' - 5y' + 6y = 0$ 的通解.

解 方程的特征方程为

$$r^2 - 5r + 6 = 0,$$

其特征根为

$$r_1 = 2, \quad r_2 = 3,$$

所以方程的通解为

$$y = C_1 e^{2x} + C_2 e^{3x} \ (C_1, C_2 \text{ 为任意常数}).$$

例 5 求微分方程 $y'' - 2y' + y = 0$ 的通解.

解 方程的特征方程为

$$r^2 - 2r + 1 = 0,$$

其特征根为

$$r_1 = r_2 = 1 \ (\text{二重特征根}),$$

所以方程的通解为

$$y = (C_1 + C_2 x)e^x \ (C_1, C_2 \text{ 为任意常数}).$$

例 6 求微分方程 $y'' + 6y' + 10y = 0$ 满足初始条件 $y(0) = 1, y'(0) = 1$ 的特解.

解 方程的特征方程为

$$r^2 + 6r + 10 = 0,$$

其特征根为

$$r_1 = -3 + i, \quad r_2 = -3 - i,$$

所以,方程的通解为

$$y = e^{-3x}(C_1 \cos x + C_2 \sin x).$$

由初始条件 $y(0) = 1$ 得 $C_1 = 1$;由 $y'(0) = 1$ 得 $C_2 = 4$.

所以,微分方程满足初始条件的特解为

$$y = e^{-3x}(\cos x + 4\sin x).$$

实际上,二阶常系数齐次线性微分方程的解法可以推广到 n 阶常系数齐次线性微分方程. 求解常系数齐次线性微分方程问题

$$y^{(n)} + a_1 y^{(n-1)} + \cdots + a_{n-1} y' + a_n y = 0$$

均可转化为求解一个代数方程问题

$$r^n + a_1 r^{n-1} + \cdots + a_{n-1} r + a_n = 0,$$

然后按特征根的不同情况写出通解(见表 5.4.2).

表 5.4.2

特征方程的根	微分方程通解中的对应项
单实根 r	给出 1 项:Ce^{rx}
k 重实根 r	给出 k 项:$e^{rx}(C_1 + C_2 x + \cdots + C_k x^{k-1})$
一对共轭复根 $r_{1,2} = \alpha \pm i\beta$	给出 2 项:$e^{\alpha x}(C_1 \cos \beta x + C_2 \sin \beta x)$
一对 k 重共轭复根 $r_{1,2} = \alpha \pm i\beta$	给出 $2k$ 项:$e^{\alpha x}[(C_1 + C_2 x + \cdots + C_k x^{k-1})\cos \beta x + (D_1 + D_2 x + \cdots + D_k x^{k-1})\sin \beta x]$

* **例 7**　求微分方程 $\dfrac{d^4 y}{dx^4} - 5\dfrac{d^2 y}{dx^2} + 4y = 0$ 的通解.

解　该方程是四阶常系数齐次线性微分方程,也可参考二阶常系数齐次线性微分方程的解法.

方程的特征方程为

$$r^4 - 5r^2 + 4 = 0,$$

其特征根为

$$r_1 = -1, \quad r_2 = 1, \quad r_3 = -2, \quad r_4 = 2.$$

对应的 4 个线性无关特解为

$$y_1 = e^{-x}, \quad y_2 = e^x, \quad y_3 = e^{-2x}, \quad y_4 = e^{2x},$$

所求方程的通解为

$$y = C_1 e^{-x} + C_2 e^x + C_3 e^{-2x} + C_4 e^{2x} \ (C_1, C_2, C_3, C_4 \text{ 为任意常数}).$$

5.4.4　二阶常系数齐次线性微分方程的应用

例 8　某动能导弹战斗部的质量为 $m(\text{kg})$,当时间 $t = 0(\text{s})$ 时,它以速度 $v_0(\text{m/s})$ 射入厚度为 $h(\text{cm})$ 的均质钢板中,如图 5.4.1 所示,并已知该动能导弹战斗部所受阻力 f 与速度 v 的大小成正比,阻力系数为 $\mu(\text{kg/s})$.

(1) 求导弹进入的钢板厚度 s 随时间 t 变化的微分方程；

(2) 当该动能导弹的质量为 100 kg，且它以 1200 m/s 的速度射入钢板时，钢板厚度 h 至少为多少才不会被击穿？(已知此时的阻力系数为 8.0×10^5 kg/s)

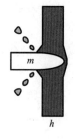

解 (1) 根据牛顿第二定律，可知导弹在击穿钢板的运动中所受的力满足

$$F = ma \left(\text{其中 } a = \frac{\mathrm{d}^2 s}{\mathrm{d} t^2} \right).$$

图 5.4.1

导弹在射入钢板后，受到使导弹减速并逐渐趋向停止的阻力 f，即

$$F = f.$$

已知该动能导弹战斗部所受阻力 f 与速度 v 的大小成正比，且阻力方向与速度方向相反，阻力系数为 μ kg/s，即

$$f = -\mu v,$$

其中 $v = \frac{\mathrm{d} s}{\mathrm{d} t}$.因此，有以下微分方程

$$m \frac{\mathrm{d}^2 s}{\mathrm{d} t^2} = -\mu \frac{\mathrm{d} s}{\mathrm{d} t},$$

即

$$\frac{\mathrm{d}^2 s}{\mathrm{d} t^2} + \frac{\mu}{m} \cdot \frac{\mathrm{d} s}{\mathrm{d} t} = 0,$$

初始条件为

$$s \mid_{t=0} = 0, \frac{\mathrm{d} s}{\mathrm{d} t} \Big|_{t=0} = v_0.$$

(2) 将 $m = 100, \mu = 8 \times 10^5$ 代入微分方程 $\frac{\mathrm{d}^2 s}{\mathrm{d} t^2} + \frac{\mu}{m} \cdot \frac{\mathrm{d} s}{\mathrm{d} t} = 0$，得

$$\frac{\mathrm{d}^2 s}{\mathrm{d} t^2} + 8000 \frac{\mathrm{d} s}{\mathrm{d} t} = 0,$$

初始条件为

$$s \mid_{t=0} = 0, \quad \frac{\mathrm{d} s}{\mathrm{d} t} \Big|_{t=0} = 1200.$$

因为特征方程为

$$r^2 + 8000r = 0,$$

特征根为

$$r_1 = 0, \quad r_2 = -8000,$$

所以方程的通解为

$$s(t) = C_1 + C_2 \mathrm{e}^{-8000t} (C_1, C_2 \text{ 为任意常数}).$$

为确定满足初始条件的特解，对 s 求导，得

$$\frac{\mathrm{d} s}{\mathrm{d} t} = -8000 C_2 \mathrm{e}^{-8000t}.$$

将初始条件 $s \mid_{t=0} = 0, \quad \frac{\mathrm{d} s}{\mathrm{d} t} \Big|_{t=0} = 1200$ 代入上面两式，得

$$\begin{cases} C_1 + C_2 = 0, \\ -8000C_2 = 1200, \end{cases}$$

解得 $C_1 = 0.15, C_2 = -0.15$. 因此,方程的特解为

$$s(t) = 0.15(1 - e^{-8000t})(m)$$

或

$$s(t) = 15(1 - e^{-8000t})(cm).$$

通过特解能够看出,当 $t \to +\infty$ 时,$s \to 15$ cm,因此可以得出,钢板厚度 h 至少为 15 cm 时才不会被击穿.

5.5 常微分方程的 MATLAB 求解

本节课件

常微分方程是解决工程实例的常用工具,在建立常微分方程之后,还需要求出方程的解. 本节介绍利用 MATLAB 求解常微分方程的通解和特解.

5.5.1 基本命令

函数 dsolve 通常用来计算常微分方程的解,其基本命令语法如表 5.5.1 所示.

表 5.5.1

命令语法	功能说明
dsolve ('eq','x')	计算常微分方程 eq 的通解,自变量为 x
dsolve ('eq','cond1','cond2',…,'x')	计算常微分方程 eq 满足初始条件 cond1,cond2,…的特解,自变量为 x
dsolve ('eq')	计算常微分方程 eq 的通解,默认自变量为 t

说明:(1)一般情况下,函数 dsolve 返回微分方程的显式解,其中可能会出现任意常数 C1,C2 等;如果得不到显式解,则返回隐式解;如果得不到解析解,则返回警告信息.

(2)函数 dsolve 中的方程、条件和自变量用单引号"′"括起来.

(3)常微分方程 eq 由包含表示微分的字母 D 的符号表达式来表示,大写字母 D 表示对自变量的微分算子,符号 D2,D3,…,Dn 分别对应于二阶导数、三阶导数和 n 阶导数. 例如,假设自变量为 x,则 $D = \dfrac{d}{dx}$,$D2 = \dfrac{d^2}{dx^2}$,…. D 后面的字母则表示因变量,即待求解的函数.

5.5.2 求解示例

例 1 求下列一阶线性微分方程的通解.

(1) $\dfrac{dy}{dx} = 2xy$;

(2) $3x^2 + 5x - 5y' = 0$;

(3) $ydx + (x^2 - 4x)dy = 0$;

(4) $y' = \dfrac{y + x\ln x}{x}$.

解 （1）输入：

```
>>dsolve('Dy=2* x* y','x')
ans=
    C1* exp(x^2)
```

即方程的解为

$$y = C_1 e^{2x}.$$

（2）输入：

```
>>dsolve('3* x^2+5* x-5* Dy=0','x')
ans=
    C1+ (x^2* (2* x+5))/10
```

即方程的解为

$$y = C_1 + \frac{1}{10} x^2 (2x + 5).$$

（3）先将方程进行适当的变形，得 $\dfrac{\mathrm{d}y}{\mathrm{d}x} = \dfrac{-y}{x^2 - 4x}$.

```
>>dsolve('Dy=- y/(x^2- 4* x)','x')
ans=
(C1* x^(1/4)/(x- 4)^(1/4)
```

即方程的解为

$$y = \frac{C_1 x^{\frac{1}{4}}}{(x-4)^{\frac{1}{4}}}.$$

（4）输入：

```
>>dsolve ('Dy=(y+x* log(x))/x','x')
ans=
    C1* x+ (x* log(x)^2)/2
```

即方程的解为

$$y = C_1 x + \frac{1}{2} x (\ln x)^2.$$

例 2　求下列可降阶高阶微分方程的通解.

（1）$y''' = \cos x$；　　　　　　（2）$xy'' = 2y' + x^3 + x$.

解 （1）输入：

```
>>dsolve('D3y=cos(x)','x')
ans=
    C1- sin(x)+C2* x+ (C3* x^2)/2
```

即方程的解为

$$y = C_1 - \sin x + C_2 x + \frac{C_3}{2} x^2.$$

（2）输入：

```
>>dsolve('x*D2y=2*Dy+x^3+x','x')

ans=
    C1*x^3+x^3*(x/4+(-x^2+C2)/(2*x^3))
```

即方程的解为

$$y = C_1 x^3 + x^3 \left(\frac{x}{4} + \frac{C_2 - x^2}{2x^3} \right).$$

例 3　求下列二阶常系数线性微分方程的通解.

（1）$y'' + 5y' + 6y = 0$ ；　　　　　　（2）$y'' - 2y' - y = 0$.

解　（1）输入：

```
>>dsolve('D2y+5*Dy+6*y=0','x')

ans=
    C1*exp(-2*x)+C2*exp(-3*x)
```

即方程的解为

$$y = C_1 e^{-2x} + C_2 e^{-3x}.$$

（2）输入：

```
>>dsolve('D2y-2*Dy-y=0','x')

ans=
    C1*exp(2*x)+C2*exp(-x)
```

即方程的解为

$$y = C_1 e^{2x} + C_2 e^{-x}.$$

例 4　求下列微分方程满足初始条件的特解.

（1）$y' = e^{2x-y}, y(0) = 0$；　　　　（2）$y'' + 2y' + y = 0, y(0) = 4, y'(0) = -2$.

解　（1）输入：

```
>>dsolve('Dy=exp(2*x-y)','y(0)=0','x')

ans=
    log(exp(2*x)/2+1/2)
```

即方程的解为

$$y = \ln \left(\frac{e^{2x} + 1}{2} \right).$$

（2）输入：

```
>>dsolve('D2y+2*Dy+y=0','y(0)=4','Dy(0)=-2','x')

ans=
    4*exp(-x)+2*x*exp(-x)
```

即方程的解为

$$y = 4e^{-x} + 2xe^{-x}.$$

数学家欧拉

　　莱昂哈德·欧拉(Leonhard Euler,1707—1783),18 世纪最伟大的数学家,与阿基米德、牛顿、高斯并称为人类最伟大的四大数学家.

　　欧拉,1707 年 4 月 15 日出生于瑞士的巴塞尔,1783 年 9 月 18 日于俄国圣彼得堡去世.欧拉出生于牧师家庭,自幼受父亲的影响.13 岁时入读巴塞尔大学,15 岁大学毕业,16 岁获得硕士学位.他不但为数学界作出贡献,更把整个数学推广到物理领域.他是数学史上最多产的数学家,平均每年写出 800 多页的论文,还写了大量的力学、分析学、几何学、变分法等的课本,《无穷小分析引论》《微分学原理》和《积分学原理》等都成为数学界中的经典著作.欧拉对数学的研究如此之广泛,以致在许多数学的分支中也可经常见到以他的名字命名的重要常数、公式和定理.此外,欧拉还涉及建筑学、弹道学、航海学等领域.

　　在瑞士,当时青年从事数学工作的条件非常艰难,而俄国新组建的圣彼得堡科学院正在网罗人才.1726 年秋,欧拉在巴塞尔收到圣彼得堡科学院的聘书,请他去那里任生理学院士助理,1727 年 5 月他抵达圣彼得堡.从那时起,欧拉的一生和他的科学工作都紧密地同圣彼得堡科学院和俄国联系在一起.他再也没有回过瑞士,但是,出于对祖国的深厚感情,欧拉始终保留了他的瑞士国籍.欧拉在科学院数学部的 6 年时间里,埋头于自己的研究,完全沉浸在数学王国里.在丹尼尔·伯努利回到瑞士以后,欧拉接替了他在圣彼得堡科学院的数学教授职位,那年欧拉 26 岁,并在俄国安了家.

　　在圣彼得堡的头 14 年间,欧拉以无可匹敌的工作效率在分析学、数论和力学等领域有了许多辉煌的发现.截至 1741 年,他完成了近 90 种著作,公开发表了 55 种,其中包括 1936 年完成的两卷本《力学或运动科学的分析解说》.他的研究硕果累累,声望与日俱增,赢得了各国科学家的尊敬.欧拉从前的导师约翰·伯努利称他为"最善于学习和最有天赋的科学家"和"最驰名和最博学的数学家".欧拉后来谦逊地说:"我和所有其他有幸在俄罗斯帝国科学院工作过一段时间的人都不能不承认,我们应把所获得的一切和所掌握的一切归功于我们在那儿拥有的有利条件."

　　由于过度的劳累,1738 年,欧拉在一场疾病之后右眼失明了.在完全失明之前,他努力尝试用粉笔把公式写在大石板上,然后让儿子或秘书抄下来,他自己再口述对公式的说明和其他文字.这样一来,他写作论文的效率非但未有降低,反而提高了.与许多失明者一样,欧拉有着非凡的记忆力.他 70 岁时,还能够背诵出当时数学领域的主要公式和前 100 个素数的前六次幂,还能准确地回忆起年轻时读过的荷马史诗《伊利亚特》每页的首行和末行,其优美智慧的诗句、结构和韵律达到了尽善尽美的地步.或许,欧拉从中获得了某种共鸣,他的数学发明总是以优美的形式出现.尤其令人感动的是,欧拉有 400 多篇论文和许多数学著作,是在他完全失明的 17 年中完成的.欧拉默默地忍受着完全失明的痛苦,用惊人的毅力顽强拼搏,决心用自己闪光的数学思想,照耀他人深入探索的道路.

1783 年 9 月 18 日,欧拉跟往常一样,度过了这一天的前半天,他给孙女辅导了一节数学课,然后同莱克塞尔和富斯讨论两年前赫歇尔发现的天王星的轨道计算.晚餐后,欧拉一边喝着茶,一边和小孙女玩耍,突然之间,烟斗从他手中掉了下来.他说了一句"我要死了",就失去知觉.晚上 11 时,欧拉停止了呼吸.孔多塞在圣彼得堡科学院和巴黎科学院的追悼会上耐人寻味地说:"欧拉停止了生命,也停止了计算."

消息传到圣彼得堡科学院,全体教授停止工作,起立默哀;消息传到俄国王宫,女皇叶卡捷琳娜二世立即下令停止了当天的化装舞会;消息传到瑞士、德国、法国、英国,吊唁的信函雪片一样飞来,几乎全欧洲的数学家,都向他们敬仰的老师欧拉遥致深切的哀悼.欧拉渊博的知识、高尚的品德、顽强拼搏的精神,赢得人们广泛的尊敬.

虽然欧拉 20 岁便离开了瑞士,一直没有回去过,但他是一位爱国者,至死没有改变国籍,所以现在我们还说欧拉是瑞士数学家.瑞士教育与研究国务秘书曾表示:"没有欧拉的众多科学发现,今天的我们将过着完全不一样的生活."由于欧拉出色的工作,后世的著名数学家都极度推崇欧拉.被誉为数学王子的高斯曾赞扬欧拉:"研究欧拉的著作永远是了解数学的最好方法."

欧拉的一生,是为数学发展而奋斗的一生,他那杰出的智慧、顽强的毅力、孜孜不倦的奋斗精神和高尚的科学道德,永远是值得我们学习的榜样.在他的著作中有我们永远汲取不完的养料,数学家拉普拉斯则向年轻人呼唤:"读读欧拉,他是我们所有人的老师."

习 题 5

习题答案

1. 下列哪些是微分方程? 如果是微分方程,指出其阶数.

(1) $y'' + 3y' - 10y = 0$;

(2) $(y'')^3 - 2y' + x = 0$;

(3) $y^2 + 3y + 5 = 0$;

(4) $\mathrm{d}y = (5x - 6)\mathrm{d}x$;

(5) $\dfrac{\mathrm{d}^2 y}{\mathrm{d}x^2} + 2x\dfrac{\mathrm{d}y}{\mathrm{d}x} = 4 + x$;

(6) $y^{(4)} - 2y'' + y = 0$.

2. 验证:函数 $y = C_1 \mathrm{e}^x + C_2 \mathrm{e}^{-2x}$ 是微分方程 $y'' + y' - 2y = 0$ 的通解,并求满足初始条件 $y|_{x=0} = 1$, $y'|_{x=0} = 1$ 的特解.

3. 求微分方程 $\dfrac{\mathrm{d}y}{\mathrm{d}x} = \dfrac{x}{1 + x^2} y$ 的通解.

4. 求微分方程 $(xy^2 + x)\mathrm{d}x + y(1 + x^2)\mathrm{d}y = 0$ 的通解.

5. 求微分方程 $\dfrac{\mathrm{d}y}{\mathrm{d}x} = -\dfrac{x}{y}$ 的通解,并求满足初始条件 $y|_{x=0} = 1$ 的特解.

6. 已知物体在空气中冷却的速度与该物体及空气两者的温度差成正比.设有一个温度为 100 ℃ 的物体置于 20 ℃ 的恒温室中冷却,经过 20 min,物体的温度降为 60 ℃.求物体温度的变化规律.(提示:$\ln 2 \approx 0.694$)

7. 求微分方程 $\dfrac{\mathrm{d}y}{\mathrm{d}x} - \dfrac{1}{1+x}y = -\dfrac{1}{1+x}$ 的通解.

8. 求微分方程 $\dfrac{\mathrm{d}y}{\mathrm{d}x}+y=\mathrm{e}^{-x}$ 的通解.

9. 求微分方程 $\dfrac{\mathrm{d}y}{\mathrm{d}x}+\dfrac{2}{x}y=x^3$ 满足初始条件 $y|_{x=1}=\dfrac{1}{6}$ 的特解.

10. 求微分方程 $\dfrac{\mathrm{d}y}{\mathrm{d}x}+\dfrac{1}{x}y=\dfrac{\mathrm{e}^x}{x}$ 满足初始条件 $y|_{x=1}=\mathrm{e}$ 的特解.

11. 求下列微分方程的通解:

(1) $y''-y'=x$；   (2) $xy''+y'=0$.

12. 一质量为 m 的潜水艇从水面由静止状态开始下沉,所受阻力与下沉速度成正比(正比系数 $k>0$),求潜水艇下沉速度与时间的函数关系.

13. 判断下列函数是否线性相关:

(1) $\ln x$ 与 $\ln x^2$；   (2) $\tan x$ 与 $\cot x$；

(3) $\ln x$ 与 $\ln^2 x$；   (4) 3^x 与 3^{x+1}.

14. 求解下列二阶常系数齐次线性微分方程:

(1) $y''+3y'+2y=0$；   (2) $y''+7y'+10y=0$；

(3) $y''-3y'+2y=0$；   (4) $y''-7y'+10y=0$；

(5) $y''+2y'-15y=0$；   (6) $y''-5y'-24y=0$；

(7) $y''+6y'+9y=0$；   (8) $y''-8y'+16y=0$；

(9) $y''+y'=0$；   (10) $y''+8y'+25y=0$；

*(11) $y^{(4)}-2y'''+5y''=0$；   *(12) $y^{(4)}-y=0$.

15. 在日常生活当中,荡秋千的小孩、随风晃动的吊灯和钟摆,这些十分常见的物理现象,都具备同一种机械运动的特征,那就是单摆运动。假设单摆长为 l,一端固定,另一端系一个质量为 m 的小球,如题图 5.1 所示,它在垂直于地面的平面上做圆周运动,最大摆角是 θ_0,试建立单摆的运动方程(仅考虑重力 mg 作用)。

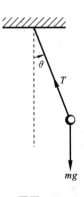

题图 5.1

16. 用 MATLAB 求下列一阶线性微分方程的通解:

(1) $\dfrac{\mathrm{d}y}{\mathrm{d}x}=xy$；   (2) $x-y'=0$；

(3) $y\mathrm{d}x+x\mathrm{d}y=0$；   (4) $y'=x^3y$.

17. 用 MATLAB 求下列可降阶高阶微分方程的通解:

(1) $y'''=\sin x$；   (2) $y'''+y''+y'=x$.

18. 用 MATLAB 求下列二阶常系数线性微分方程的通解:

(1) $3y''+2y'-y=0$；   (2) $y''+2y-3=0$.

19. 用 MATLAB 求下列微分方程满足初始条件的特解:

(1) $y'=\mathrm{e}^x$, $y(0)=1$；   (2) $y''-y'-2y=0$, $y(0)=1$, $y'(0)=3$.

第6章 无穷级数

无穷级数是高等数学的一个重要组成部分,它是表示函数、研究函数的性质以及进行数值计算的一种工具,在自然科学、工程技术等方面有着广泛的应用.本章先讨论常数项级数,介绍无穷级数的一些基本内容,然后讨论函数项级数.

6.1 常数项级数

本节课件

6.1.1 常数项级数的概念

引例 西南高原地区,部队战士容易患上某种慢性病,患病后需长期服用某种药物.按照病情,体内药量最多维持在 0.15 mg,体内的药物每天有 20% 排出体外,问随军医疗人员应怎样安排战士每天的服药量?

分析 设患慢性病的战士每天的服药量为 x mg,服药第一天,体内药量为 x mg,服药第二天,体内药量为 $x\left(1+\frac{4}{5}\right)$ mg,服药第三天,体内药量为 $x\left[1+\frac{4}{5}+\left(\frac{4}{5}\right)^2\right]$ mg,以此类推,可以得到体内药量

$$x\left[1+\frac{4}{5}+\left(\frac{4}{5}\right)^2+\left(\frac{4}{5}\right)^3+\cdots\right]=x\cdot\frac{1}{1-\frac{4}{5}}\leqslant 0.15 \text{ mg},$$

求得 $x\leqslant 0.03$ mg.所以,随军医疗人员安排战士每天的服药量不超过 0.03 mg.

由此例可以发现,对于一个数列和 $u_1+u_2+u_3+\cdots+u_n+\cdots$,若当 $n\to\infty$ 时,就是我们要研究的无穷级数.

设有数列 $u_1,u_2,\cdots,u_n,\cdots$,则和式

$$u_1+u_2+u_3+\cdots+u_n+\cdots$$

称为**常数项无穷级数**,简称**级数**,记为 $\sum\limits_{n=1}^{\infty}u_n$,即

$$\sum_{n=1}^{\infty}u_n=u_1+u_2+u_3+\cdots+u_n+\cdots, \tag{6.1.1}$$

其中,第 n 项 u_n 称为级数的**一般项或通项**.

例如:

① $\sum\limits_{n=1}^{\infty}\frac{1}{n}=1+\frac{1}{2}+\frac{1}{3}+\cdots+\frac{1}{n}+\cdots$,通项 $u_n=\frac{1}{n}$;

② $\sum\limits_{n=1}^{\infty}\frac{1}{n^p}=1+\frac{1}{2^p}+\frac{1}{3^p}+\cdots+\frac{1}{n^p}+\cdots$,通项 $u_n=\frac{1}{n^p}$;

③ $\sum_{n=1}^{\infty} q^{n-1} = 1 + q + q^2 + \cdots + q^{n-1} + \cdots$，通项 $u_n = q^{n-1}$.

从级数的定义可以看出，级数实际上是无穷多个数的代数和. 有限个数是可相加的，然而无穷多个数怎么相加？我们不可能按照通常的办法逐项相加起来. 由数列极限得到启发，将级数转化为数列和，再运用极限方法来进行研究.

级数(6.1.1)的前 n 项之和

$$S_n = u_1 + u_2 + u_3 + \cdots + u_n$$

称为级数的前 n 项部分和，简称**部分和**.

当 n 依次取 $1,2,3,\cdots$ 时，可以得到一个部分和数列 $\{S_n\}$:

$$S_1, S_2, \cdots, S_n, \cdots.$$

显然，部分和数列的极限便是级数的和.

定义 6.1.1 如果级数 $\sum_{n=1}^{\infty} u_n$ 的部分和数列 $\{S_n\}$ 有极限 S，即

$$\lim_{n \to \infty} S_n = S,$$

则称级数 $\sum_{n=1}^{\infty} u_n$ **收敛**，极限 S 称为该级数的和（或称级数收敛于 S），记为 $\sum_{n=1}^{\infty} u_n = S$; 如果数列 $\{S_n\}$ 没有极限，则称级数 $\sum_{n=1}^{\infty} u_n$ **发散**.

若级数收敛，则其和 S 与部分和 S_n 之差

$$r_n = S - S_n = u_{n+1} + u_{n+2} + \cdots$$

称为级数的**余项**. 也就是说，当用级数的部分和 S_n 作为级数的和 S 的近似值时，所产生的误差为 $|r_n|$.

定义实际上给出了判定数项级数敛散性的一种基本方法，即

$$常数项级数收敛（发散）\Leftrightarrow \lim_{n \to \infty} S_n \text{ 存在（不存在）}.$$

例 1 证明级数 $1 + 2 + 3 + 4 + \cdots + n + \cdots$ 是发散的.

证明 级数的部分和

$$S_n = 1 + 2 + 3 + \cdots + n = \frac{n(n+1)}{2}.$$

显然，$\lim\limits_{n \to \infty} S_n = +\infty$，故所讨论级数是发散的.

例 2 级数

$$\sum_{n=0}^{\infty} aq^n = a + aq + aq^2 + \cdots + aq^{n-1} + \cdots$$

叫做**等比级数**（又称为**几何级数**），其中 $a \neq 0, q \neq 0$，q 为级数的**公比**. 讨论此级数的敛散性.

解 当 $|q| \neq 1$ 时，由等比数列的求和公式知，其部分和

$$S_n = a + aq + aq^2 + \cdots + aq^{n-1} = a \cdot \frac{1-q^n}{1-q}.$$

当 $|q| < 1$ 时，$\lim\limits_{n \to \infty} q^n = 0$，于是 $\lim\limits_{n \to \infty} S_n = \frac{a}{1-q}$，即级数收敛，且其和为 $\frac{a}{1-q}$.

当 $|q| > 1$ 时，$\lim\limits_{n \to \infty} q^n = \infty$，于是 $\lim\limits_{n \to \infty} S_n = \infty$，即级数发散.

当 $q=1$ 时,级数成为 $a+a+a+\cdots$,于是 $S_n=na$,$\lim\limits_{n\to\infty}S_n=\infty$,即级数发散.

当 $q=-1$ 时,级数成为 $a-a+a-a+\cdots$;当 n 为奇数时,$S_n=a$;当 n 为偶数时,$S_n=0$,$\lim\limits_{n\to\infty}S_n$ 不存在,即级数发散.

综上所述,当 $|q|<1$ 时,几何级数 $\sum\limits_{n=0}^{\infty}aq^n$ 收敛,且和为 $\dfrac{a}{1-q}$;当 $|q|\geqslant 1$ 时,几何级数发散.

例 3 判别级数 $\sum\limits_{n=1}^{\infty}\dfrac{1}{n(n+1)}$ 的敛散性.

解 利用定义判断级数的敛散性.因为

$$u_n=\frac{1}{n(n+1)}=\frac{1}{n}-\frac{1}{n+1},$$

于是

$$S_n=\frac{1}{1\cdot 2}+\frac{1}{2\cdot 3}+\cdots+\frac{1}{n(n+1)}$$

$$=\left(1-\frac{1}{2}\right)+\left(\frac{1}{2}-\frac{1}{3}\right)+\cdots+\left(\frac{1}{n}-\frac{1}{n+1}\right)$$

$$=1-\frac{1}{n+1},$$

从而

$$\lim_{n\to\infty}S_n=\lim_{n\to\infty}\left(1-\frac{1}{n+1}\right)=1.$$

所以原级数收敛,其和为 1.

例 4 判别级数 $\sum\limits_{n=1}^{\infty}\dfrac{1}{n(n+1)(n+2)}$ 的敛散性.

解 由通项

$$u_n=\frac{1}{n(n+1)(n+2)}=\frac{1}{2}\left[\frac{(n+2)-n}{n(n+1)(n+2)}\right]$$

$$=\frac{1}{2}\left[\frac{1}{n(n+1)}-\frac{1}{(n+1)(n+2)}\right],$$

则

$$S_n=\frac{1}{2}\left[\frac{1}{1\times 2}-\frac{1}{2\times 3}+\frac{1}{2\times 3}-\frac{1}{3\times 4}+\cdots+\frac{1}{n(n+1)}-\frac{1}{(n+1)(n+2)}\right]$$

$$=\frac{1}{2}\left[\frac{1}{2}-\frac{1}{(n+1)(n+2)}\right],$$

得到 $\lim\limits_{n\to\infty}S_n=\dfrac{1}{4}$,故级数收敛.

6.1.2 收敛级数的基本性质

根据级数收敛和发散的概念,可以得到收敛级数的几个基本性质.

性质 6.1.1 若级数 $\sum\limits_{n=1}^{\infty}u_n$ 收敛于和 S,则级数 $\sum\limits_{n=1}^{\infty}ku_n$ 也收敛,且 $\sum\limits_{n=1}^{\infty}ku_n=kS$.

证明 设 $\sum\limits_{n=1}^{\infty}u_n$ 与 $\sum\limits_{n=1}^{\infty}ku_n$ 的部分和分别为 S_n 与 σ_n,则

$$\lim_{n \to \infty} \sigma_n = \lim_{n \to \infty}(ku_1 + ku_2 + \cdots + ku_n) = k \lim_{n \to \infty}(u_1 + u_2 + \cdots + u_n) = k \lim_{n \to \infty} S_n = kS.$$

这表明级数 $\sum_{n=1}^{\infty} ku_n$ 收敛，且其和为 kS.

性质 6.1.2　若级数 $\sum_{n=1}^{\infty} u_n$ 收敛于 S，级数 $\sum_{n=1}^{\infty} v_n$ 收敛于 σ，则 $\sum_{n=1}^{\infty}(u_n \pm v_n)$ 必收敛于 $S \pm \sigma$.

例 5　判定级数 $\sum_{n=1}^{\infty} \left(\dfrac{1}{5^n} + \dfrac{2^n}{3^n} \right)$ 的敛散性.

解　因为级数 $\sum_{n=1}^{\infty} \dfrac{1}{5^n}$、$\sum_{n=1}^{\infty} \dfrac{2^n}{3^n}$ 是几何级数，公比分别为 $\dfrac{1}{5}$ 和 $\dfrac{2}{3}$，且其绝对值都小于 1，故级数 $\sum_{n=1}^{\infty} \dfrac{1}{5^n}$、$\sum_{n=1}^{\infty} \dfrac{2^n}{3^n}$ 都收敛，所以级数 $\sum_{n=1}^{\infty} \left(\dfrac{1}{5^n} + \dfrac{2^n}{3^n} \right)$ 收敛.

性质 6.1.3　在级数 $\sum_{n=1}^{\infty} u_n$ 中去掉、添加或改变有限项，级数的敛散性不变.

证明　设级数 $\sum_{n=1}^{\infty} u_n$ 中去掉或添加有限项所构成的新级数为 $\sum_{n=1}^{\infty} v_n$，当项数给定之后，两者的部分和之差为一个常数，因此这两个部分和要么同时存在极限，要么同时没有极限，所以两个级数的敛散性不变.

性质 6.1.4　收敛级数中的各项按其原来的次序任意加上括号以后所构成的新级数仍然收敛，且其和不变.

需要注意的是，如果加括号后所成的级数收敛，则不能断定原来的级数也收敛. 例如，级数 $(1-1) + (1-1) + \cdots (1-1) + \cdots$ 收敛，但级数 $1 - 1 + 1 - 1 + 1 - 1 + \cdots$ 发散. 这表明不能将有限项求和的结合律，随意运用到无限项求和运算之中.

反之，一个级数如果添加括号后所构成的新级数发散，那么原级数一定发散.

性质 6.1.5（级数收敛的必要条件）　若级数 $\sum_{n=1}^{\infty} u_n$ 收敛，则必有 $\lim\limits_{n \to \infty} u_n = 0$.

证明　设级数 $\sum_{n=1}^{\infty} u_n$ 收敛，则 $\lim\limits_{n \to \infty} S_n = S$，同时有 $\lim\limits_{n \to \infty} S_{n-1} = S$，又由于

$$u_n = S_n - S_{n-1},$$

故

$$\lim_{n \to \infty} u_n = \lim_{n \to \infty}(S_n - S_{n-1}) = \lim_{n \to \infty} S_n - \lim_{n \to \infty} S_{n-1}$$
$$= S - S = 0.$$

这个性质的逆命题并不正确，即一般项的极限为零，级数不一定收敛.

例 6　判定调和级数 $1 + \dfrac{1}{2} + \dfrac{1}{3} + \dfrac{1}{4} + \cdots + \dfrac{1}{n} + \cdots$ 的敛散性.

解　假设级数 $\sum_{n=1}^{\infty} \dfrac{1}{n}$ 收敛且其和为 S，S_n 是它的部分和，显然有

$$\lim_{n \to \infty} S_n = S, \quad \lim_{n \to \infty} S_{2n} = S,$$

于是

$$\lim_{n \to \infty}(S_{2n} - S_n) = 0.$$

但另一方面，

$$S_{2n} - S_n = \frac{1}{n+1} + \frac{1}{n+2} + \cdots + \frac{1}{2n} > \frac{1}{2n} + \frac{1}{2n} + \cdots + \frac{1}{2n} = \frac{1}{2}$$

则

$$\lim_{n \to \infty}(S_{2n} - S_n) \neq 0,$$

于是假设不成立,所以调和级数 $\sum\limits_{n=1}^{\infty} \dfrac{1}{n}$ 发散.

由性质 6.1.5 的逆否命题可以得到,若 $\lim\limits_{n \to \infty} u_n \neq 0$,则级数 $\sum\limits_{n=1}^{\infty} u_n$ 必定发散. 我们常用这个结论来判定级数发散.

例 7　判定级数 $\sum\limits_{n=1}^{\infty} \dfrac{2n+1}{2n-1}$ 的敛散性.

解　由于

$$\lim_{n \to \infty} u_n = \lim_{n \to \infty} \frac{2n+1}{2n-1} = 1 \neq 0,$$

所以由性质 6.1.5 知,级数 $\sum\limits_{n=1}^{\infty} \dfrac{2n+1}{2n-1}$ 发散.

例 8　判定级数 $\sum\limits_{n=1}^{\infty} \dfrac{5n^n}{(1+n)^n}$ 的敛散性.

解　因为

$$\lim_{n \to \infty} u_n = \lim_{n \to \infty} \frac{5}{\left(1 + \dfrac{1}{n}\right)^n} = \frac{5}{e} \neq 0,$$

所以级数 $\sum\limits_{n=1}^{\infty} \dfrac{5n^n}{(1+n)^n}$ 发散.

本节课件

6.2　常数项级数的审敛法

对于一般的常数项级数,它的各项可以是正数、负数或者零. 利用定义来判定级数的敛散性是比较困难的,因此要建立一套判定常数项级数敛散性的审敛法. 正项级数是常数项级数中重要的一类级数,许多级数的敛散性可归结为正项级数的收敛性问题.

6.2.1　正项级数及其审敛法

常数项级数 $\sum\limits_{n=1}^{\infty} u_n$ 中,若有 $u_n \geqslant 0 (n=1,2,\cdots)$,则这种级数称为**正项级数**.

对于正项级数 $\sum\limits_{n=1}^{\infty} u_n$,由于 $u_n \geqslant 0$,则

$$S_{n+1} = S_n + u_{n+1} \geqslant S_n,$$

即其部分和数列 $\{S_n\}$ 是单调递增的,而单调递增数列极限存在的充要条件是该数列有上界. 由此得如下定理.

定理 6.2.1 正项级数 $\sum\limits_{n=1}^{\infty}u_n$ 收敛的充要条件是它的部分和数列 $\{S_n\}$ 有上界.

这是判定正项级数收敛的理论基础,根据定理 6.2.1,可得关于正项级数的一个基本的审敛法.

定理 6.2.2(比较审敛法) 设正项级数 $\sum\limits_{n=1}^{\infty}u_n$ 和 $\sum\limits_{n=1}^{\infty}v_n$,且 $u_n \leqslant v_n (n=1,2,\cdots)$,如果级数 $\sum\limits_{n=1}^{\infty}v_n$ 收敛,那么级数 $\sum\limits_{n=1}^{\infty}u_n$ 收敛;如果级数 $\sum\limits_{n=1}^{\infty}u_n$ 发散,那么级数 $\sum\limits_{n=1}^{\infty}v_n$ 发散.

若存在正整数 N,当 $n \geqslant N$ 时,有 $u_n \leqslant v_n$ 时,定理 6.2.2 仍成立.

定理简记为:**正项级数大的收敛,则小的收敛;小的发散,则大的发散.**

例 1 判定级数 $\sum\limits_{n=1}^{\infty}\dfrac{1}{\sqrt{n^2+1}}$ 的敛散性.

解 因为

$$u_n = \frac{1}{\sqrt{n^2+1}} > \frac{1}{\sqrt{n^2+2n+1}} = \frac{1}{n+1},$$

而级数 $\sum\limits_{n=1}^{\infty}\dfrac{1}{n+1}$ 是调和级数 $\sum\limits_{n=1}^{\infty}\dfrac{1}{n}$ 去掉了第一项,由于调和级数是发散的,故级数 $\sum\limits_{n=1}^{\infty}\dfrac{1}{n+1}$ 发散.

根据比较审敛法可知,所给级数 $\sum\limits_{n=1}^{\infty}\dfrac{1}{\sqrt{n^2+1}}$ 也是发散的.

例 2 讨论 p- 级数

$$\sum_{n=1}^{\infty}\frac{1}{n^p} = 1 + \frac{1}{2^p} + \frac{1}{3^p} + \frac{1}{4^p} + \cdots + \frac{1}{n^p} + \cdots$$

的敛散性,其中常数 $p > 0$.

解 (1) 当 $0 < p \leqslant 1$ 时,$\dfrac{1}{n^p} \geqslant \dfrac{1}{n}$,而调和级数 $\sum\limits_{n=1}^{\infty}\dfrac{1}{n}$ 发散,由比较审敛法知,当 $0 < p \leqslant 1$ 时,p- 级数发散.

(2) 当 $p > 1$ 时,$\dfrac{1}{n^p} \cdot 1 \leqslant \displaystyle\int_{n-1}^{n}\frac{1}{x^p}\mathrm{d}x (n=2,3,\cdots)$,于是

$$S_n = 1 + \frac{1}{2^p} + \frac{1}{3^p} + \frac{1}{4^p} + \cdots + \frac{1}{n^p} \leqslant 1 + \int_1^n \frac{1}{x^p}\mathrm{d}x$$
$$= 1 + \frac{1}{p-1}\left(1 - \frac{1}{n^{p-1}}\right) < 1 + \frac{1}{p-1},$$

即 S_n 有界,所以,当 $p > 1$ 时,p- 级数收敛.

综上所述,当 $p > 1$ 时,p- 级数收敛;当 $0 < p \leqslant 1$ 时,p- 级数发散.

注意 几何级数、调和级数和 p- 级数都是重要的级数,其敛散性的结论要熟记.

例 3 判定级数 $\sum\limits_{n=1}^{\infty}\dfrac{1}{(3n+1)^2}$ 的敛散性.

解 因为 $\dfrac{1}{(3n+1)^2} < \dfrac{1}{(3n)^2}$,而级数 $\sum\limits_{n=1}^{\infty}\dfrac{1}{(3n)^2} = \dfrac{1}{9}\sum\limits_{n=1}^{\infty}\dfrac{1}{n^2}$ 收敛,所以级数 $\sum\limits_{n=1}^{\infty}\dfrac{1}{(3n+1)^2}$ 收敛.

总之,利用比较审敛法判定正项级数 $\sum\limits_{n=1}^{\infty} u_n$ 的敛散性,先要找到一个已知敛散性的正项级数 $\sum\limits_{n=1}^{\infty} v_n$ 与之进行比较(我们称级数 $\sum\limits_{n=1}^{\infty} v_n$ 为参照级数). 为了在寻找正项级数时有正确的方向,在利用比较审敛法之前,应该对给定的正项级数的敛散性有一个猜想,然后再选择一个收敛或发散的参照级数 $\sum\limits_{n=1}^{\infty} v_n$. 如果猜想 $\sum\limits_{n=1}^{\infty} u_n$ 收敛,则需要放大 u_n,使放大后的表达式 $u_n \leqslant v_n$, 且正项级数 $\sum\limits_{n=1}^{\infty} v_n$ 收敛. 如果猜想 $\sum\limits_{n=1}^{\infty} u_n$ 发散,需要缩小 u_n,使缩小后的表达式 $v_n \leqslant u_n$,且正项级数 $\sum\limits_{n=1}^{\infty} v_n$ 发散. 常用的参照级数有几何级数、调和级数、p- 级数等.

为应用上的方便,下面给出比较审敛法的极限形式:

定理 6.2.3(比较审敛法的极限形式)　设正项级数 $\sum\limits_{n=1}^{\infty} u_n$ 和 $\sum\limits_{n=1}^{\infty} v_n$,如果 $\lim\limits_{n\to\infty} \dfrac{u_n}{v_n} = l$,则

(1) $0 < l < +\infty$ 时,级数 $\sum\limits_{n=1}^{\infty} u_n$ 和级数 $\sum\limits_{n=1}^{\infty} v_n$ 同时收敛或同时发散;

(2) $l = 0$ 时,$\sum\limits_{n=1}^{\infty} v_n$ 收敛,则 $\sum\limits_{n=1}^{\infty} u_n$ 收敛;

(3) $l = +\infty$ 时,$\sum\limits_{n=1}^{\infty} v_n$ 发散,则 $\sum\limits_{n=1}^{\infty} u_n$ 发散.

例 4　判定级数 $\sum\limits_{n=1}^{\infty} \sin\dfrac{1}{n}$ 的敛散性.

解　因为 $\lim\limits_{n\to\infty} \dfrac{\sin(1/n)}{1/n} = 1$,又 $\sum\limits_{n=1}^{\infty} \dfrac{1}{n}$ 发散,由定理 6.2.3 知级数 $\sum\limits_{n=1}^{\infty} \sin\dfrac{1}{n}$ 发散.

例 5　判定级数 $\sum\limits_{n=1}^{\infty} \ln\left(1+\dfrac{1}{n^2}\right)$ 的敛散性.

解　因为当 $n \to \infty$ 时,

$$\ln\left(1+\frac{1}{n^2}\right) \sim \frac{1}{n^2},$$

即

$$\lim\limits_{n\to\infty} \frac{\ln\left(1+\dfrac{1}{n^2}\right)}{\dfrac{1}{n^2}} = 1.$$

由于级数 $\sum\limits_{n=1}^{\infty} \dfrac{1}{n^2}$ 收敛,由定理 6.2.3 知级数 $\sum\limits_{n=1}^{\infty} \ln\left(1+\dfrac{1}{n^2}\right)$ 收敛.

由此可知,当 $n \to \infty$ 时,若 u_n 与 v_n 是同阶或等价无穷小,则级数 $\sum\limits_{n=1}^{\infty} u_n$ 与级数 $\sum\limits_{n=1}^{\infty} v_n$ 具有相同的敛散性.

用上面两种审敛法,有时参照级数 $\sum\limits_{n=1}^{\infty} v_n$ 不易找到,下面给出判定级数敛散性的另一个方法.

定理 6.2.4(比值审敛法,或称达朗贝尔审敛法) 设正项级数 $\sum\limits_{n=1}^{\infty} u_n$ 满足 $\lim\limits_{n\to\infty}\dfrac{u_{n+1}}{u_n}=\rho$,则当 $\rho<1$ 时,级数 $\sum\limits_{n=1}^{\infty} u_n$ 收敛;当 $\rho>1$(或 $\rho=\infty$)时,级数 $\sum\limits_{n=1}^{\infty} u_n$ 发散;当 $\rho=1$ 时,级数可能收敛也可能发散.

例 6 讨论级数 $\sum\limits_{n=1}^{\infty}\dfrac{5^n}{n!}$ 敛散性.

解 因为

$$\lim_{n\to\infty}\frac{u_{n+1}}{u_n}=\lim_{n\to\infty}\frac{5^{n+1}}{(n+1)!}\cdot\frac{n!}{5^n}=\lim_{n\to\infty}\frac{5}{n+1}=0<1,$$

所以级数 $\sum\limits_{n=1}^{\infty}\dfrac{5^n}{n!}$ 收敛.

例 7 讨论级数 $\sum\limits_{n=1}^{\infty}\dfrac{n!}{n^n}$ 敛散性.

解 因为

$$\lim_{n\to\infty}\frac{u_{n+1}}{u_n}=\lim_{n\to\infty}\frac{(n+1)!}{(n+1)^{n+1}}\cdot\frac{n^n}{n!}=\lim_{n\to\infty}\left(\frac{n}{n+1}\right)^n=\frac{1}{e}<1,$$

所以级数 $\sum\limits_{n=1}^{\infty}\dfrac{n!}{n^n}$ 收敛.

例 8 讨论级数 $\sum\limits_{n=1}^{\infty}\dfrac{a^n}{n}(a>0)$ 敛散性.

解 因为

$$\lim_{n\to\infty}\frac{u_{n+1}}{u_n}=\lim_{n\to\infty}\frac{a^{n+1}}{n+1}\cdot\frac{n}{a^n}=\lim_{n\to\infty}\frac{na}{n+1}=a,$$

所以,当 $0<a<1$ 时,级数收敛;当 $a>1$ 时,级数发散.

当 $a=1$ 时,比值审敛法不能判定其敛散性,但此时级数变为 $\sum\limits_{n=1}^{\infty}\dfrac{1}{n}$,它是调和级数,故级数发散.

所以,当 $0<a<1$ 时,原级数收敛,当 $a\geq 1$ 时原级数发散.

当正项级数的 u_n 中含有幂或阶乘因式时,利用比值审敛法较方便,但是在 $\rho=1$ 的情况下,比值审敛法不能作出判断,必须用其他方法来判定级数的敛散性.

6.2.2 交错级数及其审敛法

相邻两项的符号正负交错的级数,即形如

$$u_1-u_2+u_3-u_4+\cdots \quad 或 \quad -u_1+u_2-u_3+u_4-\cdots$$

的级数称为**交错级数**,其中 $u_1,u_2,u_3,u_4,\cdots$ 都是正数.

关于交错级数的敛散性,有如下重要定理.

定理 6.2.5(莱布尼茨定理) 如果交错级数 $\sum\limits_{n=1}^{\infty}(-1)^{n-1}u_n$ 满足

(1) $u_n\geq u_{n+1}(n=1,2,\cdots)$;   (2) $\lim\limits_{n\to\infty}u_n=0$,

则级数收敛,且其和 $S \leqslant u_1$,其余项 r_n 的绝对值 $|r_n| \leqslant u_{n+1}$.

例 9 判定级数 $\displaystyle\sum_{n=1}^{\infty} (-1)^{n-1} \frac{1}{\sqrt{n}}$ 敛散性.

解 级数为交错级数,且满足

(1) $u_n = \dfrac{1}{\sqrt{n}} > \dfrac{1}{\sqrt{n+1}} = u_{n+1}$ $(n=1,2,\cdots)$; 　　　(2) $\displaystyle\lim_{n\to\infty} u_n = \lim_{n\to\infty} \frac{1}{\sqrt{n}} = 0$.

由定理 6.2.5 知,级数 $\displaystyle\sum_{n=1}^{\infty} (-1)^{n-1} \frac{1}{\sqrt{n}}$ 收敛.

例 10 判定级数 $\displaystyle\sum_{n=1}^{\infty} (-1)^{n-1} \frac{1}{n\sqrt{n}}$ 敛散性.

解 级数为交错级数,且满足

(1) $u_n = \dfrac{1}{n\sqrt{n}} > \dfrac{1}{(n+1)\sqrt{n+1}} = u_{n+1}$ $(n=1,2,\cdots)$;

(2) $\displaystyle\lim_{n\to\infty} u_n = \lim_{n\to\infty} \frac{1}{n\sqrt{n}} = 0$.

由定理 6.2.5 知,级数 $\displaystyle\sum_{n=1}^{\infty} (-1)^{n-1} \frac{1}{n\sqrt{n}}$ 收敛.

6.2.3　绝对收敛与条件收敛

下面我们讨论一般的级数 $u_1 + u_2 + \cdots + u_n + \cdots$.

级数 $\displaystyle\sum_{n=1}^{\infty} u_n$ 的各项为任意实数,这种级数称为任意项级数.任意项级数 $\displaystyle\sum_{n=1}^{\infty} u_n$ 的敛散性,可将其各项取绝对值,转化为正项级数 $\displaystyle\sum_{n=1}^{\infty} |u_n|$ 来讨论.若级数 $\displaystyle\sum_{n=1}^{\infty} |u_n|$ 收敛,则称级数 $\displaystyle\sum_{n=1}^{\infty} u_n$ **绝对收敛**;若级数 $\displaystyle\sum_{n=1}^{\infty} |u_n|$ 发散,而级数 $\displaystyle\sum_{n=1}^{\infty} u_n$ 收敛,则称级数 $\displaystyle\sum_{n=1}^{\infty} u_n$ **条件收敛**.

关于级数收敛与绝对收敛的关系,给出如下的定理.

定理 6.2.6 如果级数 $\displaystyle\sum_{n=1}^{\infty} u_n$ 绝对收敛,则级数 $\displaystyle\sum_{n=1}^{\infty} u_n$ 必定收敛.

该定理说明,若 $\displaystyle\sum_{n=1}^{\infty} |u_n|$ 收敛,则任意项级数 $\displaystyle\sum_{n=1}^{\infty} u_n$ 必收敛(也称绝对收敛).若 $\displaystyle\sum_{n=1}^{\infty} |u_n|$ 发散,但任意项级数 $\displaystyle\sum_{n=1}^{\infty} u_n$ 不一定发散;若用其他方法判定任意项级数 $\displaystyle\sum_{n=1}^{\infty} u_n$ 收敛,此时称任意项级数 $\displaystyle\sum_{n=1}^{\infty} u_n$ 为条件收敛.

例 11 判定下列级数的敛散性,如果收敛,是条件收敛还是绝对收敛?

(1) $\displaystyle\sum_{n=1}^{\infty} (-1)^n \ln\frac{n+1}{n}$;　　　(2) $\displaystyle\sum_{n=1}^{\infty} (-1)^{n+1} \frac{\ln n}{n!}$.

解 (1) 因为

$$\sum_{n=1}^{\infty} \left| (-1)^n \ln\frac{n+1}{n} \right| = \sum_{n=1}^{\infty} \ln\frac{n+1}{n} = \sum_{n=1}^{\infty} \ln\left(1+\frac{1}{n}\right),$$

而 $\lim\limits_{n\to\infty}\dfrac{\ln(1+1/n)}{1/n}=1$，又 $\sum\limits_{n=1}^{\infty}\dfrac{1}{n}$ 发散，则由定理 6.2.3（比值审敛法）的极限形式可得 $\sum\limits_{n=1}^{\infty}\left|(-1)^n\ln\dfrac{n+1}{n}\right|$ 发散；又

$$\ln\left(1+\frac{1}{n}\right)>\ln\left(1+\frac{1}{n+1}\right) \quad 且 \quad \lim_{n\to\infty}u_n=\lim_{n\to\infty}\ln\left(1+\frac{1}{n}\right)=0,$$

所以原级数条件收敛.

（2）因为

$$\lim_{n\to\infty}\left|\frac{u_{n+1}}{u_n}\right|=\lim_{n\to\infty}\frac{\ln(n+1)/(n+1)!}{\ln n/n!}=\lim_{n\to\infty}\frac{\ln(n+1)^{\frac{1}{n+1}}}{\ln n}=0<1,$$

所以级数 $\sum\limits_{n=1}^{\infty}(-1)^{n+1}\dfrac{\ln n}{n!}$ 绝对收敛.

例 12　证明级数 $\sum\limits_{n=1}^{\infty}\dfrac{\sin n\alpha}{n^2}$ 绝对收敛.

证明　因为 $\left|\dfrac{\sin n\alpha}{n^2}\right|\leqslant\dfrac{1}{n^2}$，且级数 $\sum\limits_{n=1}^{\infty}\dfrac{1}{n^2}$ 是收敛的，所以级数 $\sum\limits_{n=1}^{\infty}\left|\dfrac{\sin n\alpha}{n^2}\right|$ 收敛，故级数 $\sum\limits_{n=1}^{\infty}\dfrac{\sin n\alpha}{n^2}$ 绝对收敛.

6.3　幂　级　数

本节课件

本节将在介绍函数项级数概念的基础上，重点讨论幂级数的概念、收敛域和运算性质，函数展开成为幂级数及其应用.

6.3.1　函数项级数的一般概念

定义 6.3.1　设给定在区间 I 上的函数列 $\{u_n(x)\}$，则
$$u_1(x)+u_2(x)+u_3(x)+\cdots+u_n(x)+\cdots$$
称为定义在区间 I 上的**函数项级数**，简称**级数**，记为 $\sum\limits_{n=1}^{\infty}u_n(x)$.

如果在区间 I 内取某个确定的值 x_0，函数项级数 $\sum\limits_{n=1}^{\infty}u_n(x)$ 就变成了一个数项级数 $\sum\limits_{n=1}^{\infty}u_n(x_0)$. 若 $\sum\limits_{n=1}^{\infty}u_n(x_0)$ 收敛，则称函数项级数 $\sum\limits_{n=1}^{\infty}u_n(x)$ 在点 x_0 处收敛，称点 x_0 为函数项级数 $\sum\limits_{n=1}^{\infty}u_n(x)$ 的**收敛点**；若数项级数 $\sum\limits_{n=1}^{\infty}u_n(x_0)$ 发散，则称函数项级数 $\sum\limits_{n=1}^{\infty}u_n(x)$ 在点 x_0 处发散，称点 x_0 为函数项级数 $\sum\limits_{n=1}^{\infty}u_n(x)$ 的**发散点**.

函数项级数 $\sum\limits_{n=1}^{\infty}u_n(x)$ 全体收敛点构成的集合称为它的**收敛域**.

设函数项级数 $\sum\limits_{n=1}^{\infty}u_n(x)$ 的收敛域为 D，则对于任意 $x_0 \in D$，级数 $\sum\limits_{n=1}^{\infty}u_n(x_0)$ 对应一个确定

的和 $S(x_0)$，因此在收敛域 D 上定义了函数 $S(x)$，称为函数项级数 $\sum\limits_{n=1}^{\infty}u_n(x)$ 的**和函数**，记为

$$S(x) = \sum_{n=1}^{\infty}u_n(x).$$

函数项级数 $\sum\limits_{n=1}^{\infty}u_n(x)$ 的前 n 项的和称为它的**部分和**，记为 $S_n(x)$，即

$$S_n(x) = u_1(x) + u_2(x) + u_3(x) + \cdots + u_n(x).$$

显然，在收敛域上有

$$\lim_{n\to\infty}S_n(x) = S(x),$$

并且，函数项级数 $\sum\limits_{n=1}^{\infty}u_n(x)$ 的和函数 $S(x)$ 与部分和 $S_n(x)$ 的差为

$$r_n(x) = S(x) - S_n(x),$$

称 $r_n(x)$ 为**函数项级数的余项**，在收敛域上有 $\lim\limits_{n\to\infty}r_n(x) = 0$。

6.3.2　幂级数及其收敛域

函数项级数中简单而常见的一类级数就是各项都是幂函数的函数项级数，即幂级数。

定义 6.3.2　形如

$$a_0 + a_1(x-x_0) + a_2(x-x_0)^2 + \cdots + a_n(x-x_0)^n + \cdots$$

的函数项级数称为 $x-x_0$ 的**幂级数**，记为 $\sum\limits_{n=0}^{\infty}a_n(x-x_0)^n$，其中常数 $a_0, a_1, a_2, \cdots, a_n, \cdots$ 称为**幂级数的系数**。

当 $x_0 = 0$ 时，幂级数 $\sum\limits_{n=0}^{\infty}a_n(x-x_0)^n$ 变为

$$\sum_{n=0}^{\infty}a_nx_i^n = a_0 + a_1x + a_2x^2 + \cdots + a_nx^n + \cdots,$$

称为 x 的幂级数。

如果令 $t = x - x_0$，则级数 $\sum\limits_{n=0}^{\infty}a_n(x-x_0)^n$ 变为 $\sum\limits_{n=0}^{\infty}a_nt^n$，即为 a_nx^n 的形式，因此只需研究在零点处的幂级数即可。

下面讨论幂级数的收敛性。

定理 6.3.1(阿贝尔定理)　若幂级数 $\sum\limits_{n=0}^{\infty}a_nx^n$ 在点 $x=x_0(x_0\neq0)$ 处收敛，则对于满足不等式 $|x|<|x_0|$ 的一切 x，幂级数绝对收敛；若幂级数 $\sum\limits_{n=0}^{\infty}a_nx^n$ 在点 $x=x_0$ 处发散，则对于满足不等式 $|x|>|x_0|$ 的一切 x，幂级数发散。

定理 6.3.1 表明，如果幂级数在点 $x=x_0$ 处收敛，则对于开区间 $(-|x_0|, |x_0|)$ 内的任意 x，幂级数都收敛；如果幂级数在点 $x=x_0$ 处发散，则对于闭区间 $[-|x_0|, |x_0|]$ 外的任意 x，幂级数都发散。

由此可知,幂级数在数轴上既有收敛点(不仅是零点),又有发散点.现在从原点沿数轴向右方走,最初只遇到收敛点,然后就只遇到发散点,这两部分的分界点可能是收敛点,也可能是发散点.从原点沿数轴向左方移动的情形也是如此,如图6.3.1所示.

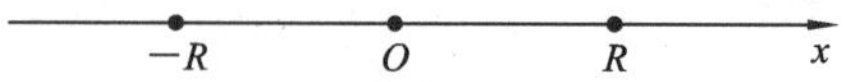

图 6.3.1

根据其几何说明,得到如下推论:

推论 6.3.1 如果幂级数 $\sum_{n=0}^{\infty} a_n x^n$ 不是仅在点 $x=0$ 处收敛,也不是在整个数轴上都收敛,则必存在一个确定的正数 R,使得

(1) 当 $|x| < R$ 时,级数绝对收敛;

(2) 当 $|x| > R$ 时,级数发散;

(3) 当 $x=R$ 与 $x=-R$ 时,级数可能收敛也可能发散.

正数 R 称为幂级数的**收敛半径**,开区间 $(-R,R)$ 称为幂级数的**收敛区间**.通过讨论幂级数在端点 $x=\pm R$ 处的敛散性,就可以确定幂级数的**收敛域**,显然幂级数的收敛域是 $(-R,R)$,$(-R,R]$,$[-R,R)$,$[-R,R]$ 四个区间之一.

特别地,若幂级数只在点 $x=0$ 处收敛,则规定其收敛半径 $R=0$(幂级数在点 $x=0$ 处总是收敛的);若幂级数对一切 x 都收敛,则规定其收敛半径 $R=+\infty$,这时级数的收敛域为 $(-\infty,+\infty)$.

关于幂级数的收敛半径求法,可用下面的定理.

定理 6.3.2 设有幂级数 $\sum_{n=0}^{\infty} a_n x^n$ 的所有系数 $a_n \neq 0$,且 $\lim_{n\to\infty}\left|\dfrac{a_{n+1}}{a_n}\right| = \rho$,则当 $0 < \rho < +\infty$ 时,$R = \dfrac{1}{\rho}$;当 $\rho = 0$ 时,$R = +\infty$;当 $\rho = +\infty$ 时,$R = 0$.

证明 将幂级数的各项取绝对值,再利用比值审敛法.

$$\lim_{n\to\infty}\left|\frac{a_{n+1}x^{n+1}}{a_n x^n}\right| = \lim_{n\to\infty}\left|\frac{a_{n+1}}{a_n}\right| \cdot |x| = \rho|x|,$$

当 $0 < \rho < +\infty$ 时,若 $\rho|x| < 1$,即 $|x| < \dfrac{1}{\rho}$,则级数绝对收敛;若 $\rho|x| > 1$,即 $|x| > \dfrac{1}{\rho}$,则存在 N,当 $n > N$ 时,$|a_{n+1}x^{n+1}| > |a_n x^n|$,故 $\lim_{n\to\infty} a_n x^n \neq 0$,所以级数发散.因此,$R = \dfrac{1}{\rho}$ 就是所给级数的收敛半径.

当 $\rho = 0$ 时,若对一切 x,都有 $\rho|x| = 0 < 1$,所以级数绝对收敛,因此 $R = +\infty$.

当 $\rho = +\infty$ 时,若对任意 $x \neq 0$,都有 $\rho|x| = +\infty$,由前面讨论的 $\rho|x|$ 的情形可知,级数发散,所以级数只在 $x=0$ 处收敛,因此 $R=0$.

例 1 求幂级数 $\sum_{n=0}^{\infty} n! x^n$ 的收敛半径.

解 因为

$$\rho = \lim_{n\to\infty}\left|\frac{a_{n+1}}{a_n}\right| = \lim_{n\to\infty}\frac{(n+1)!}{n!} = \lim_{n\to\infty}(n+1) = +\infty,$$

所以级数的收敛半径为 $R=0$,即级数仅在 $x=0$ 处收敛.

例 2　求幂级数 $\displaystyle\sum_{n=0}^{\infty}(-1)^{n-1}\frac{x^{n}}{n}$ 的收敛区间.

解　因为

$$\rho=\lim_{n\to\infty}\left|\frac{a_{n+1}}{a_{n}}\right|=\lim_{n\to\infty}\frac{n}{n+1}=1,$$

所以级数的收敛半径为 $R=1$,收敛区间为 $(-1,1)$.

例 3　求幂级数 $\displaystyle\sum_{n=1}^{\infty}\frac{x^{n}}{2^{n}\cdot n}$ 的收敛域.

解　因为

$$\rho=\lim_{n\to\infty}\left|\frac{a_{n+1}}{a_{n}}\right|=\lim_{n\to\infty}\frac{2^{n}n}{2^{n+1}(n+1)}=\frac{1}{2},$$

所以级数的收敛半径为 $R=2$,收敛区间为 $(-2,2)$.

当 $x=-2$ 时,级数为 $\displaystyle\sum_{n=1}^{\infty}\frac{(-1)^{n}}{n}$,此级数收敛;当 $x=2$ 时,级数为 $\displaystyle\sum_{n=1}^{\infty}\frac{1}{n}$,此级数发散.所以,原级数的收敛域为 $[-2,2)$.

例 4　求幂级数 $\displaystyle\sum_{n=1}^{\infty}2^{n}x^{2n-1}$ 的收敛半径.

解　由于该幂级数只有奇数次项,定理 6.3.2 不能直接使用,此时应将 x 当作取定的常数,用比值审敛法确定它的收敛半径.

$$\lim_{n\to\infty}\left|\frac{u_{n+1}(x)}{u_{n}(x)}\right|=\lim_{n\to\infty}\left|\frac{2^{n+1}x^{2n+1}}{2^{n}x^{2n-1}}\right|=\lim_{n\to\infty}2x^{2}=2x^{2},$$

当 $2x^{2}<1$,即 $|x|<\dfrac{\sqrt{2}}{2}$ 时,所给级数收敛;

当 $2x^{2}>1$,即 $|x|>\dfrac{\sqrt{2}}{2}$ 时,所给级数发散.

综上所述,该级数的收敛半径为 $R=\dfrac{\sqrt{2}}{2}$.

6.3.3　幂级数的运算性质

设幂级数 $\displaystyle\sum_{n=0}^{\infty}a_{n}x^{n}$ 与 $\displaystyle\sum_{n=0}^{\infty}b_{n}x^{n}$ 的收敛半径分别为 R_{1},R_{2},且不为零,其和函数分别为 $S(x)$ 和 $T(x)$,记 $R=\min(R_{1},R_{2})$,则在区间 $(-R,R)$ 上有加、减运算性质:

$$\sum_{n=0}^{\infty}a_{n}x^{n}\pm\sum_{n=0}^{\infty}b_{n}x^{n}=\sum_{n=0}^{\infty}(a_{n}\pm b_{n})x^{n}=S(x)\pm T(x).$$

关于幂级数的和函数有下面重要性质.

性质 6.3.1　幂级数 $\displaystyle\sum_{n=0}^{\infty}a_{n}x^{n}$ 的和函数 $S(x)$ 在其收敛区间 $(-R,R)$ 内连续.

性质 6.3.2(逐项积分运算)　幂级数 $\displaystyle\sum_{n=0}^{\infty}a_{n}x^{n}$ 的和函数 $S(x)$ 在其收敛区间 $(-R,R)$ 内逐项可积,且对任意的 $x\in(-R,R)$,有

$$\int_0^x S(x)\mathrm{d}x = \int_0^x \Big(\sum_{n=0}^\infty a_n x^n\Big)\mathrm{d}x = \sum_{n=0}^\infty \int_0^x a_n x^n \mathrm{d}x = \sum_{n=0}^\infty \frac{a_n}{n+1}x^{n+1}.$$

逐项积分后所得到的幂级数与原级数有相同的收敛半径. 在 $x=\pm R$ 处的敛散性可能改变.

性质 6.3.3(逐项微分运算) 幂级数 $\sum\limits_{n=0}^\infty a_n x^n$ 的和函数 $S(x)$ 在其收敛区间 $(-R,R)$ 内逐项可导,并且有

$$S'(x) = \Big(\sum_{n=0}^\infty a_n x^n\Big)' = \sum_{n=0}^\infty (a_n x^n)' = \sum_{n=1}^\infty na_n x^{n-1}.$$

逐项求导后所得到的幂级数与原级数有相同的收敛半径. 在 $x=\pm R$ 处的敛散性可能改变.

运用上述性质时,要注意等式两端 $\sum$ 下标的变化.

例 5 求 $1+\dfrac{x}{4}+\dfrac{x^2}{2\cdot 4^2}+\dfrac{x^3}{3\cdot 4^3}+\cdots+\dfrac{x^n}{n\cdot 4^n}+\cdots$ 在 $(-4,4)$ 内的和函数.

解 设

$$S(x) = 1+\frac{x}{4}+\frac{x^2}{2\cdot 4^2}+\frac{x^3}{3\cdot 4^3}+\cdots+\frac{x^n}{n\cdot 4^n}+\cdots, \quad x\in(-4,4),$$

则

$$S'(x) = \frac{1}{4}+\frac{x}{4^2}+\frac{x^2}{4^3}+\cdots+\frac{x^{n-1}}{4^n}+\cdots = \frac{1}{4-x},$$

因此

$$\int_0^x S'(t)\mathrm{d}t = \int_0^x \frac{\mathrm{d}t}{4-t},$$

所以有

$$S(x)-S(0) = -\ln(4-t)\Big|_0^x = \ln4-\ln(4-x),$$

因为 $S(0)=1$,所以

$$S(x) = 1+\ln4-\ln(4-x), \quad x\in(-4,4).$$

6.3.4 将函数展开为幂级数

给定函数 $f(x)$,要考虑它是否能在某个区间内"展开成幂级数",如果能找到这样的幂级数,我们就说,函数 $f(x)$ 在该区间内能展开成幂级数.

1. 泰勒级数

定义 6.3.3 如果 $f(x)$ 在点 x_0 处具有任意阶导数,则幂级数

$$\sum_{n=0}^\infty \frac{f^{(n)}(x_0)}{n!}(x-x_0)^n$$

称为函数 $f(x)$ 在点 x_0 处的**泰勒级数**.

当 $x_0=0$ 时,幂级数 $\sum\limits_{n=0}^\infty \dfrac{f^{(n)}(0)}{n!}x^n$ 称为 $f(x)$ 的**麦克劳林级数**.

定义 6.3.4 如果 $f(x)$ 在点 x_0 处具有任意阶导数,则在该邻域内有

$$f(x) = f(x_0) + f'(x_0)(x - x_0) + \frac{f''(x_0)}{2!}(x - x_0)^2 + \cdots$$
$$+ \frac{f^{(n)}(x_0)}{n!}(x - x_0)^n + R_n(x),$$

其中，$R_n(x) = \frac{f^{(n+1)}(\xi)}{(n+1)!}(x - x_0)^{n+1}$（$\xi$ 介于 x 和 x_0 之间），这个公式称为**泰勒公式**，$R_n(x)$ 称为**拉格朗日型余项**.

定理 6.3.3　设函数 $f(x)$ 在点 x_0 的某一邻域 $U(x_0)$ 内具有任意阶导数，则 $f(x)$ 在该邻域内能展开成泰勒级数的充分必要条件是 $f(x)$ 的泰勒公式中的余项 $R_n(x)$ 当 $n \to \infty$ 时的极限为零，即

$$\lim_{n \to \infty} R_n(x) = 0, \quad x \in U(x_0).$$

该定理说明，函数 $f(x)$ 在 $U(x_0)$ 内能展开成幂级数的充要条件是 $f(x)$ 的泰勒级数 $\sum_{n=0}^{\infty} \frac{f^{(n)}(x_0)}{n!}(x - x_0)^n$ 在 $U(x_0)$ 内收敛，且收敛到自身.

下面我们来研究将函数展开成幂级数的方法.

2. 函数展开成幂级数

函数展开成幂级数，可以按照下列步骤进行：

（1）求出函数 $f(x)$ 的各阶导数在点 x_0 处的值；

（2）写出幂级数，并求出收敛半径区间；

（3）在收敛区间内，考察余项的极限 $\lim_{n \to \infty} R_n(x)$ 是否为零. 如果为零，写出函数的幂级数展开式.

例 6　将函数 $f(x) = e^x$ 展开成 x 的幂级数.

解　因为 $f^{(n)}(x) = e^x$（$n = 0, 1, 2, \cdots$），因此
$$f^{(n)}(0) = 1 \ (n = 0, 1, 2, \cdots),$$
得麦克劳林级数
$$1 + x + \frac{1}{2!}x^2 + \cdots + \frac{1}{n!}x^n + \cdots.$$

它的收敛半径 $R = +\infty$，收敛区间为 $(-\infty, +\infty)$. 又
$$0 \leqslant \lim_{n \to +\infty} |R_n(x)| = \lim_{n \to +\infty} \left| \frac{e^\xi}{(n+1)!}x^{n+1} \right| = \lim_{n \to +\infty} e^\xi \left| \frac{x^{n+1}}{(n+1)!} \right|$$
$$\leqslant \lim_{n \to +\infty} \frac{e^\xi |x^{n+1}|}{(n+1)!} \ (n = 0, 1, 2, \cdots).$$

由于对指定的 x 来说，$|\xi| < |x|$，e^ξ 是非零有界变量. 由正项级数比值审敛法可知，对任意的 $x \in \mathbf{R}$，级数 $\sum_{n=0}^{\infty} \frac{|x^{n+1}|}{(n+1)!}$ 都收敛，因而
$$\lim_{n \to +\infty} \frac{|x^{n+1}|}{(n+1)!} = 0.$$

由夹逼准则有 $\lim_{n \to +\infty} |R_n(x)| = 0$，所以
$$e^x = 1 + x + \frac{1}{2!}x^2 + \cdots + \frac{1}{n!}x^n + \cdots, \ x \in (-\infty, +\infty).$$

类似的方法可以得到以下常用展开式:

(1) $\dfrac{1}{1-x}=1+x+x^2+\cdots+x^n+\cdots$ $(-1<x<1)$;

(2) $\mathrm{e}^x=1+x+\dfrac{1}{2!}x^2+\cdots+\dfrac{1}{n!}x^n+\cdots$ $(-\infty<x<+\infty)$;

(3) $\sin x=x-\dfrac{x^3}{3!}+\dfrac{x^5}{5!}-\cdots+(-1)^{n-1}\dfrac{x^{2n-1}}{(2n-1)!}+\cdots$ $(-\infty<x<+\infty)$;

(4) $\cos x=1-\dfrac{x^2}{2!}+\dfrac{x^4}{4!}-\cdots+(-1)^n\dfrac{x^{2n}}{(2n)!}+\cdots$ $(-\infty<x<+\infty)$;

(5) $\ln(1+x)=x-\dfrac{x^2}{2}+\dfrac{x^3}{3}-\dfrac{x^4}{4}+\cdots+(-1)^n\dfrac{x^{n+1}}{n+1}+\cdots$ $(-1<x\leqslant1)$;

(6) $\ln(1-x)=-\left(x+\dfrac{x^2}{2}+\dfrac{x^3}{3}+\cdots+\dfrac{x^{n+1}}{n+1}+\cdots\right)$ $(-1\leqslant x<1)$.

利用这些函数的幂级数展开式,结合变量代换、四则运算、逐项求导、逐项积分等幂级数的性质,可以将其他函数展开成幂级数.

例 7 将函数 $f(x)=\dfrac{1}{1+x^2}$ 展开成 x 的幂级数.

解 因为

$$\frac{1}{1-x}=1+x+x^2+\cdots+x^n+\cdots \quad (-1<x<1),$$

把 x 换成 $-x^2$,由 $-1<-x^2<1$ 得 $-1<x<1$,于是有

$$\frac{1}{1+x^2}=1-x^2+x^4-\cdots+(-1)^nx^{2n}+\cdots \quad (-1<x<1).$$

6.4 傅里叶级数

本节课件

在科学实验与工程技术的某些现象中常会碰到周期运动.例如,描述简谐振动的函数

$$y=A\sin(\omega t+\phi)$$

就是一个以 $\dfrac{2\pi}{\omega}$ 为周期的正弦型函数,其中 y 为动点的位置,t 为时间,A 为振幅,ω 为角频率,ϕ 为初相.

较为复杂的周期运动,则常是几个简谐振动

$$y_k=A_k\sin(k\omega t+\phi_k) \quad (k=1,2,\cdots,n)$$

的叠加

$$y=\sum_{k=1}^{n}y_k=\sum_{k=1}^{n}A_k\sin(k\omega t+\phi_k).$$

如电子技术中常用的矩形波就是由一系列正弦型函数叠加而成的,如图 6.4.1 所示.

对无穷多个简谐振动进行叠加就得到函数项级数

$$A_0+\sum_{n=1}^{\infty}A_n\sin(n\omega x+\phi_n),$$

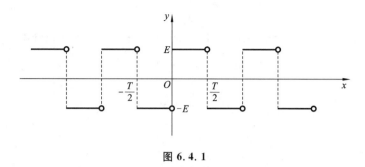

图 6.4.1

其中 $A_0, A_n, \phi_n (n = 1, 2, 3, \cdots)$ 均为常数. 若级数 $A_0 + \sum\limits_{n=1}^{\infty} A_n \sin(n\omega x + \phi_n)$ 收敛, 则它所描述的是更为一般的周期现象.

对于级数 $A_0 + \sum\limits_{n=1}^{\infty} A_n \sin(n\omega x + \phi_n)$, 只要讨论 $\omega = 1$ 的情形(如果 $\omega \neq 1$, 可用 x 代换 ωx). 由于

$$\sin(nx + \phi_n) = \sin\phi_n \cos nx + \cos\phi_n \sin nx,$$

所以

$$A_0 + \sum\limits_{n=1}^{\infty} A_n \sin(nx + \phi_n) = A_0 + \sum\limits_{n=1}^{\infty} (A_n \sin\phi_n \cos nx + A_n \cos\phi_n \sin nx).$$

令 $A_n \sin\phi_n = a_n, A_n \cos\phi_n = b_n, A_0 = \dfrac{a_0}{2}$, 则上式右边可以写成

$$\frac{a_0}{2} + \sum\limits_{n=1}^{\infty} (a_n \cos nx + b_n \sin nx).$$

该函数项级数称为**三角级数**, 其中 $a_0, a_n, b_n (n = 1, 2, \cdots)$ 都是常数.

将周期函数展开成三角级数, 就是把一个较为复杂的周期性运动看成是许多不同频率的简谐振动的叠加. 因此, 三角级数在自然科学和工程技术中有着十分重要的意义. 如同讨论幂级数一样, 必须讨论三角级数的收敛问题.

6.4.1　三角函数系的正交性

我们称定义在 $[-\pi, \pi]$ 上的函数列 $1, \cos x, \sin x, \cos 2x, \sin 2x, \cdots, \cos nx, \sin nx, \cdots$ 为**三角函数系**.

在三角函数系中, 任意两个不同函数的乘积在区间 $[-\pi, \pi]$ 上的积分等于零, 即

$$\int_{-\pi}^{\pi} 1 \cdot \cos nx \, dx = 0,$$

$$\int_{-\pi}^{\pi} 1 \cdot \sin nx \, dx = 0,$$

$$\int_{-\pi}^{\pi} \sin kx \cos nx \, dx = 0,$$

$$\int_{-\pi}^{\pi} \sin kx \sin nx \, dx = 0 \ (n \neq k),$$

$$\int_{-\pi}^{\pi} \cos kx \cos nx \, dx = 0 \ (n \neq k),$$

其中 $k,n = 1,2,\cdots$.

在三角函数系中,任意两个相同函数的乘积在区间 $[-\pi,\pi]$ 上的积分不等于零,即

$$\int_{-\pi}^{\pi} 1^2 \mathrm{d}x = 2\pi,$$

$$\int_{-\pi}^{\pi} \cos^2 nx \, \mathrm{d}x = \pi \ (n = 1,2,\cdots),$$

$$\int_{-\pi}^{\pi} \sin^2 nx \, \mathrm{d}x = \pi \ (n = 1,2,\cdots).$$

通常把两个函数 $\varphi(x)$ 与 $\psi(x)$ 在 $[a,b]$ 上可积,且 $\int_a^b \varphi(x)\psi(x)\mathrm{d}x = 0$ 的函数 $\varphi(x)$ 与 $\psi(x)$ 称为在 $[a,b]$ 上是**正交**的. 由此,可以说三角函数系在 $[-\pi,\pi]$ 上具有正交性,或者说三角函数系是正交函数系.

6.4.2 函数展开为傅里叶级数

1. 傅里叶级数

设函数 $f(x)$ 以 2π 为周期,且在 $[-\pi,\pi]$ 上能展开成逐项可积的三角级数,即

$$f(x) = \frac{a_0}{2} + \sum_{n=1}^{\infty} (a_n \cos nx + b_n \sin nx), \tag{6.4.1}$$

对式(6.4.1)两端在区间 $[-\pi,\pi]$ 上逐项积分,得

$$\int_{-\pi}^{\pi} f(x)\mathrm{d}x = \int_{-\pi}^{\pi} \frac{a_0}{2}\mathrm{d}x + \sum_{n=1}^{\infty} \left(a_n \int_{-\pi}^{\pi} \cos nx \, \mathrm{d}x + b_n \int_{-\pi}^{\pi} \sin nx \, \mathrm{d}x\right).$$

根据三角函数系的正交性,上式右端除了第一项外,其余各项为零,所以有

$$\int_{-\pi}^{\pi} f(x)\mathrm{d}x = a_0\pi,$$

即

$$a_0 = \frac{1}{\pi}\int_{-\pi}^{\pi} f(x)\mathrm{d}x.$$

把式(6.4.1)的两端都乘以 $\cos nx$,并在区间 $[-\pi,\pi]$ 上逐项积分,得

$$\int_{-\pi}^{\pi} f(x)\cos nx \, \mathrm{d}x = \frac{a_0}{2}\int_{-\pi}^{\pi} \cos nx \, \mathrm{d}x + \sum_{n=1}^{\infty} \left(\int_{-\pi}^{\pi} a_n \cos kx \cos nx \, \mathrm{d}x + \int_{-\pi}^{\pi} b_n \sin kx \cos nx \, \mathrm{d}x\right).$$

根据三角函数系的正交性,上式右端只有 $k = n$ 的项不为零,其余的项均等于零,所以

$$\int_{-\pi}^{\pi} f(x)\cos nx \, \mathrm{d}x = a_n \int_{-\pi}^{\pi} \cos^2 nx \, \mathrm{d}x = \pi a_n,$$

即

$$a_n = \frac{1}{\pi}\int_{-\pi}^{\pi} f(x)\cos nx \, \mathrm{d}x \ (n = 1,2,\cdots).$$

类似地,把式(6.4.1)的两端都乘以 $\sin nx$,并在区间 $[-\pi,\pi]$ 上逐项积分,得

$$b_n = \frac{1}{\pi}\int_{-\pi}^{\pi} f(x)\sin nx \, \mathrm{d}x \ (n = 1,2,\cdots).$$

上述结果即为

$$\begin{cases} a_n = \dfrac{1}{\pi}\displaystyle\int_{-\pi}^{\pi} f(x)\cos nx \, \mathrm{d}x \ (n = 0,1,2,\cdots), \\ b_n = \dfrac{1}{\pi}\displaystyle\int_{-\pi}^{\pi} f(x)\sin nx \, \mathrm{d}x \ (n = 1,2,3,\cdots), \end{cases}$$

a_n, b_n 称为 $f(x)$ 的**傅里叶系数**. 由 $f(x)$ 的傅里叶系数所确定的三角级数

$$\frac{a_0}{2} + \sum_{n=1}^{\infty}(a_n \cos nx + b_n \sin nx)$$

称为 $f(x)$ 的**傅里叶级数**.

函数 $f(x)$ 在怎样的条件下,它的傅里叶级数不仅收敛,而且收敛于 $f(x)$ 呢?也就是说,$f(x)$ 满足什么条件可以展开成傅里叶级数?下面介绍的收敛定理给出此问题的重要结论.

2. 狄利克雷收敛定理

对于定义在 $[-\pi,\pi]$ 上的周期函数 $f(x)$,求出傅里叶系数,不难得到它的傅里叶级数,问题是这个傅里叶级数是否一定收敛于 $f(x)$?这个问题,傅里叶本人也没有解决,直到 1829 年才由狄利克雷完成.

定理 6.4.1(狄利克雷收敛定理)　设 $f(x)$ 是以 2π 为周期的函数,如果它在一个周期 $[-\pi,\pi]$ 内连续或只有有限个第一类间断点,且至多只有有限个极值点,则 $f(x)$ 的傅里叶级数收敛,并且满足:

(1) 当 x 是 $f(x)$ 的连续点时,级数收敛于 $f(x)$;

(2) 当 x 是 $f(x)$ 的间断点时,级数收敛于 $\frac{1}{2}[f(x-0)+f(x+0)]$.

该定理表明只要周期函数满足定理条件:在一个周期内连续或只有有限个第一类间断点,且不做无限次振动,则函数的傅里叶级数在连续点处收敛于函数值本身,在间断点处收敛于该点的左右极限的算术平均值.

例 1　设函数 $f(x)$ 的周期为 2π,它在 $[-\pi,\pi)$ 上的表达式为

$$f(x) = \begin{cases} -1, & -\pi \leqslant x < 0, \\ 1, & 0 \leqslant x < \pi, \end{cases}$$

将 $f(x)$ 展开成傅里叶级数.

解　所给函数满足狄利克雷收敛定理的条件,它在点 $x=k\pi\,(k=0,\pm1,\pm2,\cdots)$ 处不连续,在其他点处连续,从而由狄利克雷收敛定理知 $f(x)$ 的傅里叶级数收敛,并且

当 $x=k\pi$ 时,级数收敛于

$$\frac{1}{2}[f(x-0)+f(x+0)] = \frac{1}{2}(-1+1) = 0;$$

当 $x \neq k\pi$ 时,级数收敛于 $f(x)$.

$f(x)$ 的傅里叶系数为

$$a_n = \frac{1}{\pi}\int_{-\pi}^{\pi} f(x)\cos nx\, \mathrm{d}x$$

$$= \frac{1}{\pi}\int_{-\pi}^{0}(-1)\cos nx\, \mathrm{d}x + \frac{1}{\pi}\int_{0}^{\pi} 1 \cdot \cos nx\, \mathrm{d}x = 0 \ (n=0,1,2,\cdots),$$

$$b_n = \frac{1}{\pi}\int_{-\pi}^{\pi} f(x)\sin nx\, \mathrm{d}x = \frac{1}{\pi}\int_{-\pi}^{0}(-1)\sin nx\, \mathrm{d}x + \frac{1}{\pi}\int_{0}^{\pi} 1 \cdot \sin nx\, \mathrm{d}x$$

$$= \frac{1}{\pi}\left[\frac{\cos nx}{n}\right]_{-\pi}^{0} + \frac{1}{\pi}\left[-\frac{\cos nx}{n}\right]_{0}^{\pi} = \frac{2}{n\pi}(1-\cos n\pi)$$

$$= \begin{cases} \dfrac{4}{n\pi}, & n=1,3,5,\cdots, \\ 0, & n=2,4,6,\cdots. \end{cases}$$

于是 $f(x)$ 的傅里叶级数展开式为

$$f(x) = \frac{4}{\pi}\left[\sin x + \frac{1}{3}\sin 3x + \cdots + \frac{1}{2k-1}\sin(2k-1)x + \cdots\right]$$

$$(-\infty < x < +\infty; x \neq 0, \pm\pi, \pm 2\pi, \cdots).$$

和函数的图象如图 6.4.2 所示.

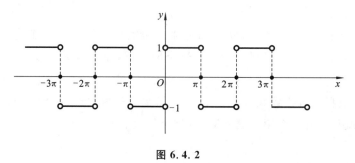

图 6. 4. 2

展开式表明方波 $f(x)$ 可用一系列不同频率的正弦波的叠加来表示. 图 6.4.3 表示傅里叶级数的一次、三次和五次谐波的合成波形, 是如何逼近方波的. 可以想象, 若将所有谐波合成, 其波形必收敛于方波 $f(x)$.

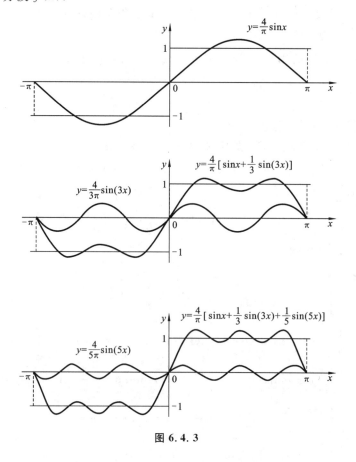

图 6. 4. 3

例2 设 $f(x)$ 是周期为 2π 的函数, 它在 $[-\pi, \pi]$ 上的表达式为

$$f(x) = \begin{cases} x, & -\pi \leqslant x < 0, \\ 0, & 0 \leqslant x < \pi, \end{cases}$$

将 $f(x)$ 展开成傅里叶级数.

解　函数满足狄利克雷收敛定理条件,它在点 $x = (2k+1)\pi \ (k = 0, \pm1, \pm2, \cdots)$ 处不连续,因此,$f(x)$ 的傅里叶级数在 $x = (2k+1)\pi$ 处收敛于

$$\frac{1}{2}\big[f(x-0) + f(x+0)\big] = \frac{1}{2}(0 - \pi) = -\frac{\pi}{2},$$

在连续点 $x \ (x \neq (2k+1)\pi)$ 处级数收敛于 $f(x)$.

$f(x)$ 的傅里叶系数为

$$a_0 = \frac{1}{\pi}\int_{-\pi}^{\pi} f(x)\mathrm{d}x = \frac{1}{\pi}\int_{-\pi}^{0} x\mathrm{d}x = -\frac{\pi}{2},$$

$$a_n = \frac{1}{\pi}\int_{-\pi}^{\pi} f(x)\cos nx\,\mathrm{d}x = \frac{1}{\pi}\int_{-\pi}^{0} x\cos nx\,\mathrm{d}x$$

$$= \frac{1}{\pi}\left[\frac{x\sin nx}{n} + \frac{\cos nx}{n^2}\right]_{-\pi}^{0} = \frac{1}{n^2\pi}(1 - \cos n\pi)$$

$$= \begin{cases} \dfrac{2}{n^2\pi}, & n = 1,3,5,\cdots, \\ 0, & n = 2,4,6,\cdots, \end{cases}$$

$$b_n = \frac{1}{\pi}\int_{-\pi}^{\pi} f(x)\sin nx\,\mathrm{d}x = \frac{1}{\pi}\int_{-\pi}^{0} x\sin nx\,\mathrm{d}x$$

$$= \frac{1}{\pi}\left[-\frac{x\cos nx}{n} + \frac{\sin nx}{n^2}\right]_{-\pi}^{0} = -\frac{\cos n\pi}{n} = \frac{(-1)^{n+1}}{n} \quad (n = 1,2,\cdots).$$

所以,$f(x)$ 的傅里叶级数展开式为

$$f(x) = -\frac{\pi}{4} + \left(\frac{2}{\pi}\cos x + \sin x\right) - \frac{1}{2}\sin 2x + \left(\frac{2}{3^2\pi}\cos 3x + \frac{1}{3}\sin 3x\right) - \frac{1}{4}\sin 4x$$

$$+ \left(\frac{2}{5^2\pi}\cos 5x + \frac{1}{5}\sin 5x\right) - \cdots \quad (-\infty < x < +\infty; x \neq \pm\pi, \pm 3\pi, \cdots).$$

和函数的图象如图 6.4.4 所示.

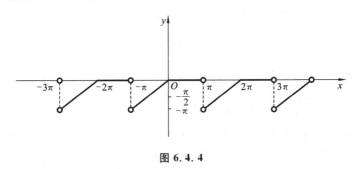

图 6.4.4

6.4.3　正弦级数和余弦级数

一般来说,一个函数的傅里叶级数既含有正弦项,又含有余弦项.但是,也有一些函数的傅里叶级数只含有正弦项或者只含有余弦项.这是什么原因呢?实际上,这些情况与所给函数 $f(x)$ 的奇偶性有密切关系.

当 $f(x)$ 在 $[-\pi,\pi]$ 上为奇函数时,其傅里叶系数为

$$a_n = \frac{1}{\pi}\int_{-\pi}^{\pi} f(x)\cos nx\,\mathrm{d}x = 0 \ (n = 0,1,2,\cdots),$$

$$b_n = \frac{1}{\pi}\int_{-\pi}^{\pi} f(x)\sin nx\,\mathrm{d}x = \frac{2}{\pi}\int_{0}^{\pi} f(x)\sin nx\,\mathrm{d}x \ (n = 1,2,\cdots),$$

其傅里叶级数展开式只有正弦项,级数为 $\sum\limits_{n=1}^{\infty} b_n\sin nx$,称为**正弦级数**.

当 $f(x)$ 在 $[-\pi,\pi]$ 上为偶函数时,傅里叶系数为

$$a_n = \frac{2}{\pi}\int_{0}^{\pi} f(x)\cos nx\,\mathrm{d}x \ (n = 0,1,2,\cdots),$$

$$b_n = 0 \ (n = 1,2,\cdots),$$

傅里叶级数展开式只含有常数项和余弦项,级数

$$\frac{a_0}{2} + \sum\limits_{n=1}^{\infty} a_n\cos nx$$

称为**余弦级数**.

例 3　将周期为 2π 的函数 $f(x) = x^2(-\pi \leqslant x < \pi)$ 展开成傅里叶级数.

解　所给函数满足狄利克雷收敛定理条件,且 $f(x)$ 在 $(-\infty,+\infty)$ 上连续,因此函数 $f(x)$ 的傅里叶级数处处收敛于 $f(x)$.由于 $f(x)$ 是偶函数,所以 $b_n = 0 \ (n = 1,2,\cdots)$,且

$$a_0 = \frac{2}{\pi}\int_{0}^{\pi} f(x)\,\mathrm{d}x = \frac{2}{\pi}\int_{0}^{\pi} x^2\,\mathrm{d}x = \frac{2\pi^2}{3},$$

$$a_n = \frac{2}{\pi}\int_{0}^{\pi} f(x)\cos nx\,\mathrm{d}x = \frac{2}{\pi}\int_{0}^{\pi} x^2\cos nx\,\mathrm{d}x$$

$$= \left[\frac{2}{\pi}x^2\frac{\sin nx}{n}\right]_{0}^{\pi} - \frac{4}{n\pi}\int_{0}^{\pi} x\sin nx\,\mathrm{d}x$$

$$= \left[\frac{4}{n^2\pi}x\cos nx\right]_{0}^{\pi} - \frac{4}{n^2\pi}\int_{0}^{\pi}\cos nx\,\mathrm{d}x$$

$$= (-1)^n\frac{4}{n^2} \ (n = 1,2,\cdots).$$

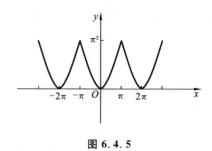

图 6.4.5

所以,$f(x)$ 的傅里叶级数展开式为

$$f(x) = \frac{\pi^2}{4} + 4\sum\limits_{n=1}^{\infty}(-1)^n\frac{\cos nx}{n^2} \ (-\infty < x < +\infty).$$

和函数的图象如图 6.4.5 所示.

6.4.4　非周期函数的傅里叶级数

在求周期为 2π 的函数 $f(x)$ 的傅里叶级数时,只用到 $f(x)$ 在 $[-\pi,\pi]$ 上的部分.现在,函数 $f(x)$ 只定义在区间 $[-\pi,\pi]$ 上,可以在 $[-\pi,\pi)$ 或 $(-\pi,\pi]$ 外补充函数 $f(x)$ 的定义,使它延拓成周期为 2π 的周期函数 $F(x)$(称为周期延拓).利用前面的方法,将 $F(x)$ 展开成傅里叶级数,由于在 $(-\pi,\pi)$ 内,$F(x) \equiv f(x)$,这样就得到 $f(x)$ 的傅里叶级数.根据收敛定理,$f(x)$ 的傅里叶级数在 $(-\pi,\pi)$ 内的连续点处收敛于 $f(x)$,在区间端点处收敛于

$$\frac{1}{2}\big[f(\pi-0) + f(\pi+0)\big].$$

例 4　将函数 $f(x) = \begin{cases} -x, & -\pi \leqslant x < 0 \\ x, & 0 \leqslant x \leqslant \pi \end{cases}$ 展开成傅里叶级数.

解　所给函数在区间 $[-\pi, \pi]$ 上满足狄利克雷收敛定理条件, 且延拓为周期函数 $F(x)$ 时, 它在每一点 x 处都连续, 如图 6.4.6 所示, 因此延拓的周期函数 $F(x)$ 的傅里叶级数在 $[-\pi, \pi]$ 上收敛于 $f(x)$.

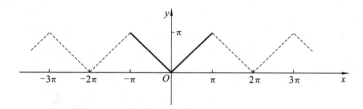

图 6.4.6

因为 $f(x)$ 在 $[-\pi, \pi]$ 上是偶函数, 所以有 $b_n = 0 \ (n = 1, 2, \cdots)$, 且

$$a_0 = \frac{2}{\pi} \int_0^\pi f(x) \mathrm{d}x = \frac{2}{\pi} \int_0^\pi x \mathrm{d}x = \pi,$$

$$a_n = \frac{2}{\pi} \int_0^\pi f(x) \cos nx \, \mathrm{d}x = \frac{2}{\pi} \int_0^\pi x \cos nx \, \mathrm{d}x$$

$$= \frac{2}{\pi} \left[\frac{x \sin nx}{n} + \frac{\cos nx}{n^2} \right]_0^\pi = \frac{2}{n^2 \pi} (\cos n\pi - 1)$$

$$= \begin{cases} -\dfrac{4}{n^2 \pi}, & n = 1, 3, 5, \cdots, \\ 0, & n = 2, 4, 6, \cdots, \end{cases}$$

于是 $f(x)$ 的傅里叶展开式为

$$f(x) = \frac{\pi}{2} - \frac{4}{\pi} \left(\cos x + \frac{1}{3^2} \cos 3x + \frac{1}{5^2} \cos 5x + \cdots \right) \quad (-\pi \leqslant x \leqslant \pi).$$

类似地, 如果函数 $f(x)$ 只在区间 $[0, \pi]$ 上有定义, 并且满足收敛定理的条件, 可以在开区间 $(-\pi, 0)$ 内补充函数 $f(x)$ 的定义, 得到一个定义在 $(\pi, \pi]$ 上的函数, 补充定义时一般是使该函数在 $(-\pi, \pi)$ 上成为奇函数 (或偶函数), 按这种方式延拓函数定义域的过程称为**奇延拓** (或**偶延拓**). 然后, 再按定义在 $[-\pi, \pi]$ 上的函数展开成傅里叶级数的方法展开.

例 5　将函数 $f(x) = x + 1 \ (0 \leqslant x \leqslant \pi)$ 展开成正弦级数.

解　因为要把函数展开为正弦级数, 所以对函数 $f(x)$ 进行奇延拓, 如图 6.4.7 所示, 在 $(-\pi, \pi]$ 上, 有

$$F(x) = \begin{cases} x + 1, & 0 \leqslant x \leqslant \pi, \\ x - 1, & -\pi < x < 0, \end{cases}$$

于是

$$b_n = \frac{2}{\pi} \int_0^\pi F(x) \sin nx \, \mathrm{d}x = \frac{2}{\pi} \int_0^\pi (x + 1) \sin nx \, \mathrm{d}x$$

$$= \frac{2}{\pi} \left[-\frac{x \cos nx}{n} + \frac{\sin nx}{n^2} - \frac{\cos nx}{n} \right]_0^\pi$$

$$= \frac{2}{\pi} (1 - \pi \cos n\pi - \cos n\pi)$$

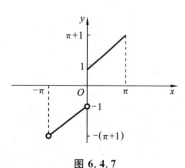

图 6.4.7

$$= \begin{cases} \dfrac{2}{\pi} \cdot \dfrac{\pi+2}{n}, & n=1,3,5,\cdots, \\ -\dfrac{2}{n}, & n=2,4,6,\cdots. \end{cases}$$

所以,函数 $f(x)$ 的正弦级数展开式为

$$x+1 = \frac{2}{\pi}\left[(\pi+2)\sin x - \frac{\pi}{2}\sin 2x + \frac{1}{3}(\pi+2)\sin 3x - \frac{\pi}{4}\sin 4x + \cdots\right] \quad (0 < x < \pi).$$

当 $0 < x < \pi$ 时,级数收敛于 $f(x)$;当 $x=0$ 及 $x=\pi$ 时,该级数收敛于0,不是原来函数 $f(x)$ 的值.

例6 将函数 $f(x) = 2x+3 \ (0 \leqslant x \leqslant \pi)$ 展开成余弦级数.

解 因为要把函数展开成余弦级数,为此对 $f(x)$ 进行偶延拓,如图 6.4.8 所示,在 $(-\pi, \pi]$ 上有

$$F(x) = \begin{cases} 2x+3, & 0 \leqslant x \leqslant \pi, \\ -2x+3, & -\pi < x < 0, \end{cases}$$

于是

$$a_0 = \frac{2}{\pi}\int_0^\pi (2x+3)\,\mathrm{d}x = \frac{2}{\pi}\left[x^2+3x\right]_0^\pi = 2(\pi+3),$$

$$a_n = \frac{2}{\pi}\int_0^\pi F(x)\cos nx\,\mathrm{d}x = \frac{2}{\pi}\int_0^\pi (2x+3)\cos nx\,\mathrm{d}x$$

$$= \frac{2}{\pi}\left[\frac{2x+3}{n}\sin nx + \frac{2}{n^2}\cos nx\right]_0^\pi = \frac{4}{n^2\pi}(\cos n\pi - 1)$$

$$= \begin{cases} 0, & n=2,4,6,\cdots, \\ -\dfrac{8}{n^2\pi}, & n=1,3,5,\cdots. \end{cases}$$

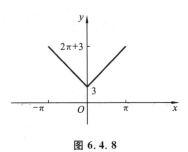

图 6.4.8

所以,函数 $f(x)$ 在 $[0,\pi]$ 的余弦级数展开式为

$$2x+3 = \pi+3 - \frac{8}{\pi}\sum_{n=1}^{\infty}\frac{\cos(2n-1)x}{(2n-1)^2} \quad (0 \leqslant x \leqslant \pi).$$

6.5 无穷级数的 MATLAB 求解

本节课件

6.5.1 基本命令

无穷级数的 MATLAB 求解的基本命令如表 6.5.1 所示.

表 6.5.1

命令语法	功能说明
symsum(通项,变量,起点,终点)	级数求和
taylor(函数,项数,变量,函数展式)	泰勒级数展开

6.5.2　求解示例

MATLAB 符号运算工具箱提供了函数 symsum( )求级数的和,若级数收敛,则返回级数的和;若级数发散,则返回 inf. 因此,此函数可以同时解决求和问题和收敛性问题. 函数 symsum( )可以处理常数项级数和函数项级数.

例 1　计算级数 $\sum\limits_{n=1}^{\infty} \dfrac{1}{n^2}$ 的和.

解　在命令窗口输入:

```
>>syms n;
>>f=1/n^2;
>>fs=symsum(f,n,1,inf)
```

运算结果为

```
fs=
    pi^2/6
```

例 2　求调和级数 $\sum\limits_{n=1}^{\infty} \dfrac{1}{n}$ 的和.

解　在命令窗口输入:

```
>>syms n;
>>f=1/n
>>fs=symsum(f,n,1,inf)
```

运算结果为

```
fs=
    inf
```

我们知道调和级数发散,计算结果和结论是一致的.

级数是高等数学中函数的一种重要表示形式,有许多复杂的函数都可以用级数简单地来表示,而将一个复杂的函数展开成幂级数,并取其前面的若干项来近似表达这个函数,是一种很好的近似方法. MATLAB 符号运算工具箱提供了一元函数展开成幂级数的函数 taylor( )及可视化的 Taylor 级数逼近计算器.

例 3　求函数 $y = \dfrac{\sin x}{x}$ 的 5 阶麦克劳林型近似展开.

解　在命令窗口输入:

```
>>syms x;
>>f=sin(x)/x;
>>y1=taylor(f,'order',5)
```

运算结果为

```
y1=
```

```
x^4/120-x^2/6+1
```

MATLAB 中不存在现成的傅里叶级数展开命令,可以根据傅里叶级数的定义编写一个函数文件来完成这个计算.

例 4　计算 $f(x) = x^2$ 在区间 $[-\pi, \pi]$ 上的傅里叶系数.

解　编写计算区间 $[-\pi, \pi]$ 上的傅里叶系数的 fourierzpipi.m 文件.

```
>>function [a0,an,bn]=fourierzpipi(f)
>>syms x n
>>a0=int(f,-pi,pi)/pi;
>>an=int(f*cos(n*x),-pi,pi)/pi;
>>bn=int(f*sin(n*x),-pi,pi)/pi;
```

在命令行中输入以下命令.

```
>>clear
>>syms x
>>f=x^2;
>>[a0,an,bn]=fourierzpipi(f)
```

运算结果为

```
a0=
    (2*pi^2)/3
an=
    (2*(n^2*pi^2*sin(pi*n)-2*sin(pi*n)+2*n*pi*cos(pi*n)))/(n^3*pi)
bn=
    0
```

┌─────────────┐
│ **拓展阅读** │
└─────────────┘

数学史上的三次危机

从哲学上看,矛盾是无处不在的,数学中就存在许许多多的矛盾,有的矛盾还非常深刻,例如,有穷与无穷、连续与离散、具体与抽象等.在数学史上,一直存在着矛盾的斗争与解决,当矛盾激化到涉及整个数学学科的基础时,就产生了数学危机,而伴随着危机的解决,往往能给数学带来新内容、新发展,甚至引起革命性的变革.数学的发展就经历过三次关于基础理论的危机.

第一次数学危机——无理数的发现

古希腊有一位大学问家毕达哥拉斯,他是当时政治、科学和宗教的领袖.在数学上,形成了毕达哥拉斯学派,他们证明了勾股定理、三角形内角和为 $180°$ 等重要定理.毕达哥拉斯认为万物都可以用整数或整数之比表示,即"万物皆数",这些数被称为有理数.

公元前 470 年,该学派的学生希帕索斯发现,边长为 1 的正方形,其对角线长 $\sqrt{2}$ 是无法写成两个整数之比的. 这个问题激怒了毕达哥拉斯学派的权威们, 他们无法解决这个问题, 便解决提出问题的人, 为了维护门派的正统性他们把希帕索斯杀害了. 虽然希帕索斯死了, 但是又有更多的人发现了如 $\sqrt{3}$、$\sqrt{5}$ 等此类的数, 这些数既不是整数, 也无法用整数之比表示, 这就是数学史上的第一次危机. 后来, 数学家们把这类无法用整数或整数之比表示的数称为无理数.

因为毕达哥拉斯学派在古希腊数学界地位很高, 无理数的发现对古希腊的数学研究产生了深远的影响. 毕达哥拉斯之后, 涌现出一批数学家, 比如欧几里得、阿基米德等, 他们不再根据经验得出结论, 而是通过严谨的数学证明推理得出结论. 因为无理数的发现, 古希腊数学家将研究方向转向了几何学. 欧几里得创作了《几何原本》, 阿基米德使用穷竭法计算出抛物线的面积、圆周率的数值等. 第一次数学危机对数学的发展起到了推动作用.

第二次数学危机——无穷小是什么?

在十七、十八世纪, 关于微积分发生过激烈的争论, 被称为第二次数学危机. 这次危机的萌芽出现在公元前 450 年左右, 古希腊哲学家芝诺注意到由于对无限性理解而产生的矛盾, 他提出了关于时空有限与无限的悖论. 芝诺悖论揭示的矛盾是深刻的, 说明古希腊人已经看到了"无穷小"和"很小很小"的矛盾, 但是他们无法解决这个矛盾.

到了十七世纪晚期, 形成了微积分这门学科, 牛顿和莱布尼茨被公认为微积分的奠基者. 由于微积分运算的完整性和应用的广泛性, 成为了当时解决问题的重要工具, 但同时关于微积分基础的问题也越来越严重, 关键问题就是无穷小是不是零? 英国大主教乔治·贝克莱抓住微积分关于无穷小方法中一些不合逻辑的问题提出质疑, 但牛顿始终无法解决上述矛盾. 莱布尼茨曾试图用与无穷小量成比例的有限量的差分来代替无穷小量, 但是他也没有找到从有限量过渡到无穷小量的桥梁. 直到后来, 经过柯西、欧拉、魏尔斯特拉斯等众多数学家的努力, 建立了实数理论, 用极限定义无穷小量, 才彻底解决这个问题.

第二次数学危机也带来很多好处, 在解决这个问题的道路上, 人类在数学、天文、物理等领域的发展突飞猛进, 且大大推进了工业革命的进展. 可以说, 没有第二次数学危机就没有现代社会.

第三次数学危机——罗素悖论

十九世纪下半叶, 康托尔创立了著名的集合论. 数学家们发现, 从自然数和康托尔集合论出发可以建立起整个数学大厦, 一切数学成果可以建立在集合论的基础上, 但罗素悖论的出现动摇了数学大厦. 罗素悖论有很多通俗的描述, 理发师悖论就是其中之一: 有一位理发师, 他只给所有不给自己理发的人理发, 不给那些给自己理发的人理发. 那么, 他要不要给自己理发呢? 如果他给自己理发, 他就属于那些给自己理发的人, 因此他不能给自己理发; 如果他不给自己理发, 他就属于那些不给自己理发的人, 因此他应该给自己理发.

罗素悖论就是数学史上的第三次危机, 这场危机把许多数学家卷入进来, 他们看到这次危机涉及到数学的根本. 直到 1931 年, 库尔特·哥德尔成功证明: 任何一个数学系统, 只要它是从有限的公理和基本概念中推导出来的, 并且从中能推证出自然数系统, 就可以在其中找到一个命题, 对于它我们既没有办法证明, 又没有办法推翻. 哥德尔不完全定理的证明结束了关于数学基础的争论, 宣告了把数学彻底形式化的愿望是不可能实现的.

数学中的矛盾是固有的, 一系列经典问题得到解决, 同时又产生更多的新问题, 在这个过程中数学呈现出兴旺的发展景象, 这正是人们同数学中的矛盾危机斗争的产物.

习题答案

习 题 6

1. 根据级数收敛的定义,判定下列级数的敛散性:

(1) $\displaystyle\sum_{n=3}^{\infty}\frac{1}{n(n-2)}$;

(2) $\displaystyle\sum_{n=2}^{\infty}\frac{1}{\sqrt{n}+\sqrt{n-1}}$;

(3) $\displaystyle\sum_{n=2}^{\infty}(\sqrt{n-1}-\sqrt{n})$;

(4) $\displaystyle\sum_{n=1}^{\infty}\frac{3}{4^{n}}$.

2. 判定下列级数的敛散性:

(1) $\displaystyle\sum_{n=1}^{\infty}\frac{1}{5n}$;

(2) $\displaystyle\sum_{n=1}^{\infty}\frac{(-1)^{n}+3}{2^{n}}$;

(3) $\displaystyle\sum_{n=1}^{\infty}\frac{3n+2}{n+1}$;

(4) $\displaystyle\sum_{n=1}^{\infty}(\ln 2)^{n}$;

(5) $\displaystyle\sum_{n=1}^{\infty}\frac{1}{2^{n}}+\frac{1}{3^{n}}$;

(6) $\displaystyle\sum_{n=1}^{\infty}\ln\frac{n+1}{n}$;

(7) $\displaystyle\sum_{n=1}^{\infty}\left(\frac{n}{n+1}\right)^{n}$;

(8) $\displaystyle\sum_{n=1}^{\infty}n\sin\frac{1}{n}$.

3. 用比值审敛法或比值审敛法的极限形式判定下列级数的敛散性:

(1) $\displaystyle\sum_{n=1}^{\infty}\frac{1}{3n+5}$;

(2) $\displaystyle\sum_{n=1}^{\infty}\frac{1}{(2n+1)^{2}}$;

(3) $\displaystyle\sum_{n=1}^{\infty}\frac{1}{n\sqrt{n+1}}$;

(4) $\displaystyle\sum_{n=1}^{\infty}\frac{1}{2^{n}+5}$;

(5) $\displaystyle\sum_{n=1}^{\infty}\frac{1}{\ln(n+1)}$;

(6) $\displaystyle\sum_{n=1}^{\infty}\tan\frac{1}{n^{2}}$;

(7) $\displaystyle\sum_{n=1}^{\infty}\sin\frac{\pi}{n}$;

(8) $\displaystyle\sum_{n=1}^{\infty}\left(1-\cos\frac{\pi}{n}\right)$;

(9) $\displaystyle\sum_{n=1}^{\infty}\frac{1}{4n^{2}-3}$.

4. 用比值审敛法判定下列级数的敛散性:

(1) $\displaystyle\sum_{n=1}^{\infty}\frac{1}{n!}$;

(2) $\displaystyle\sum_{n=1}^{\infty}\frac{n^{2}}{n!}$;

(3) $\displaystyle\sum_{n=1}^{\infty}\frac{3^{n}}{n!}$;

(4) $\displaystyle\sum_{n=1}^{\infty}\frac{n+1}{2^{n}}$;

(5) $\displaystyle\sum_{n=1}^{\infty}\frac{n^{3}}{3^{n}}$;

(6) $\displaystyle\sum_{n=1}^{\infty}\frac{n^{n}}{n!}$;

(7) $\displaystyle\sum_{n=1}^{\infty}\frac{4^{n}}{n^{2}}$;

(8) $\displaystyle\sum_{n=1}^{\infty}\frac{4n-1}{3^{n}}$;

(9) $\displaystyle\sum_{n=1}^{\infty}\frac{3^{n}}{n\cdot 2^{n}}$.

5. 判断下列级数的敛散性,如果收敛,它是绝对收敛还是条件收敛?

(1) $\displaystyle\sum_{n=1}^{\infty}\frac{(-1)^{n+1}}{n^{2}}$;

(2) $\displaystyle\sum_{n=1}^{\infty}\frac{(-1)^{n}}{3n-1}$;

(3) $\displaystyle\sum_{n=1}^{\infty}\frac{(-1)^{n}n}{5n+3}$;

(4) $\displaystyle\sum_{n=1}^{\infty}\frac{(-1)^{n}n}{(n+1)^{\frac{5}{2}}}$;

(5) $\displaystyle\sum_{n=1}^{\infty}\frac{(-1)^{n-1}}{\sqrt{n+1}}$;

(6) $\displaystyle\sum_{n=1}^{\infty}\frac{(-1)^{n-1}}{\ln n}$;

(7) $\displaystyle\sum_{n=1}^{\infty}\frac{\sin n\pi}{3^n}$;　　　　　　(8) $\displaystyle\sum_{n=1}^{\infty}\frac{\sin n\alpha}{n^4}$.

6. 求下列级数的收敛半径与收敛区间：

(1) $\displaystyle\sum_{n=1}^{\infty}\frac{x^n}{n!}$;　　　　　　(2) $\displaystyle\sum_{n=0}^{\infty}\frac{2^n}{n^2+1}x^n$;

(3) $\displaystyle\sum_{n=1}^{\infty}(-1)\frac{x^n}{n^2}$;　　　　　　(4) $\displaystyle\sum_{n=1}^{\infty}\frac{x^{2n}}{3^n}$;

(5) $\displaystyle\sum_{n=1}^{\infty}(-1)^n\frac{(1+x)^n}{n}$;　　　　(6) $\displaystyle\sum_{n=1}^{\infty}(-1)^{n-1}\frac{x^n}{n}$;

(7) $\displaystyle\sum_{n=1}^{\infty}\frac{n^2+1}{n}x^n$;　　　　　(8) $\displaystyle\sum_{n=1}^{\infty}\frac{n+1}{n!}x^n$;

(9) $\displaystyle\sum_{n=1}^{\infty}\frac{1}{3^n}(x-1)^n$;　　　　(10) $\displaystyle\sum_{n=1}^{\infty}\frac{1}{2^n}x^{2n}$.

7. 将下列函数展开为 x 的幂级数：

(1) $f(x)=\dfrac{e^x-e^{-x}}{2}$;　　　　　(2) $f(x)=\sin\dfrac{x}{2}$;

(3) $f(x)=\dfrac{1}{2+x}$;　　　　　　(4) $f(x)=\dfrac{1}{x^2-5x+6}$;

(5) $f(x)=\sin^2 x$;　　　　　　(6) $f(x)=\dfrac{1}{(1-x)^2}$;

(7) $f(x)=\arctan x$;　　　　　　(8) $f(x)=\ln\dfrac{1+x}{1-x}$.

8. 求下列幂级数在收敛区间内的和函数：

(1) $\displaystyle\sum_{n=0}^{\infty}\left(\frac{x}{2}\right)^n$;　　　　　　(2) $\displaystyle\sum_{n=1}^{\infty}\frac{x^n}{n}$;

(3) $\displaystyle\sum_{n=0}^{\infty}\frac{x^{2n+1}}{2n+1}$;　　　　　(4) $\displaystyle\sum_{n=1}^{\infty}(n+1)x^n$;

(5) $\displaystyle\sum_{n=1}^{\infty}\frac{n+1}{n!}x^n$;　　　　　(6) $\displaystyle\sum_{n=1}^{\infty}\frac{n(n+1)}{2}x^{n-1}$.

9. 将下列周期为 2π 的函数展开成傅里叶级数，其中 $f(x)$ 在 $[-\pi,\pi)$ 上的表达式为：

(1) $f(x)=\begin{cases}1,&-\pi\leqslant x<0,\\2,&0\leqslant x<\pi;\end{cases}$　　(2) $f(x)=\begin{cases}\pi+x,&-\pi\leqslant x<0,\\\pi-x,&0\leqslant x<\pi;\end{cases}$

(3) $f(x)=2\sin\dfrac{x}{3}$.

10. 将函数 $f(x)=\cos\dfrac{x}{2}(-\pi\leqslant x\leqslant\pi)$ 展开为傅里叶级数.

11. 将函数 $f(x)=\dfrac{\pi-x}{2}(0<x\leqslant\pi)$ 展开为正弦级数.

12. 将函数 $f(x)=\begin{cases}1,&0\leqslant x<\dfrac{\pi}{2}\\0,&\dfrac{\pi}{2}<x\leqslant\pi\end{cases}$ 展开为余弦级数.

13. 将函数 $f(x)=\pi-2x(0\leqslant x\leqslant\pi)$ 分别展开为正弦级数和余弦级数.

参 考 文 献

[1] 同济大学数学系. 高等数学[M].7 版. 北京:高等教育出版社,2014.

[2] 廖毕文,蒋彦,孔凡田,等. 高等数学[M]. 北京:高等教育出版社,2007.

[3] 黄亚群. 基于 MATLAB 的高等数学实验[M]. 北京:电子工业出版社,2014.

[4] 谢颖. 应用数学[M].2 版. 北京:机械工业出版社,2020.